岩土工程地质

与地球物理综合研究

盛志刚　杨占军　闫俊茂　著

吉林科学技术出版社

图书在版编目（CIP）数据

岩土工程地质与地球物理综合研究/盛志刚,杨占军,闫俊茂著.--长春:吉林科学技术出版社,2023.5

ISBN 978-7-5744-0537-0

Ⅰ.①岩… Ⅱ.①盛…②杨…③闫… Ⅲ.①岩土工程一地质勘探 Ⅳ.①TU412

中国国家版本馆CIP数据核字(2023)第103919号

岩土工程地质与地球物理综合研究

著　　盛志刚　杨占军　闫俊茂
出 版 人　宛　霞
责任编辑　吕东伦
封面设计　南昌德昭文化传媒有限公司
制　　版　南昌德昭文化传媒有限公司
幅面尺寸　185mm×260mm
开　　本　16
字　　数　296千字
印　　张　13.75
印　　数　1-1500册
版　　次　2023年5月第1版
印　　次　2024年2月第1次印刷

出　　版　吉林科学技术出版社
发　　行　吉林科学技术出版社
地　　址　长春市南关区福祉大路5788号出版大厦A座
邮　　编　130118
发行部电话/传真　0431—81629529　81629530　81629531
　　　　　　　　　81629532　81629533　81629534
储运部电话　0431-86059116
编辑部电话　0431-81629510
印　　刷　三河市嵩川印刷有限公司

书　　号　ISBN 978-7-5744-0537-0
定　　价　100.00元

前　言

人类的工程建设活动都是在地壳表层进行的，任何建筑物都支承在岩土层上，建筑物的重量通过基础传到地基中，所以，地基也是一种承受荷载的材料。为了保证建筑物的安全与正常使用，必须有良好的地基和与之相适应的基础，因此，在建筑物基础设计及施工前必须查清地基岩土层的分布规律，相应的物理力学性质等，才能为设计、施工提供依据。

岩土是一种复杂的材料，无论何种力学模型都难以全面而准确地描述其性状；岩土具有明显的时空差异，在复杂的地质条件下，再细致的测试也难以完全查明岩土性状的时空分布：岩土又有很强的地区性特点，不同地区往往形成各种各样的特殊性岩土。地球物理学是地球科学的重要分支，也是探索地球内部的高科技。它是在地质学和物理学的基础上发展起来的一门学科。

本书是岩土工程方向的著作，主要岩土工程地质与地球物理综合，本书从岩土的工程性质与分类介绍入手，针对不良地质作用和地质灾害、特殊性岩土的岩土工程勘察与评价、地下水及其工程影响进行了分析研究；另外对岩土工程地球物理勘探方法做了一定的介绍；还对各类工程地质勘察提出了一些建议；旨在摸索出一条适合岩土工程地质工作的科学道路，帮助其工作者在应用中少走弯路，运用科学方法，提高效率。并以地球为研究对象，从物理学原理出发，深入浅出地阐述了地球物理学的定义，应用地球物理学的原理和方法，系统介绍地球物理学在认识地球、矿产资源勘探与开发、环境的检测与保护以及灾害的预测与防治等领域中的应用。

本书分为岩土工程地质与地球物理两部分，从岩土工程的勘察、规划、设计、施工到地质开发利用与修复治理几个方面来阐述这一命题，以期为广大地质工作者提供一本全面系统又切合实用的参考书，具有一定的出版价值。

《岩土工程地质与地球物理综合研究》编审会

著　盛志刚　杨占军　闫俊茂
编　委　张　博　焦晓宇　杨二孟
江　海　闫会鹏　郭蕴科
刘亚龙　栗兴涛　岳紫龙
马　福　华　夏　彭海洋
张津铭　高祥川　胡鹏飞
胡　杨　孔晓琴　王宇帆
郭　凯　何能华　蔡的妹

目 录

第一章　岩土的工程性质与分类

第一节　岩体的工程性质与分类

一、岩体的工程性质

（一）岩体的概念和特征

岩体是指在地质历史中形成的、由一种或多种岩石和结构面组成的、具有一定的结构并赋存于一定的地质环境（地应力、地下水、地温）中的地质体，是一定工程范围内的自然地质体。它是被各种结构面切割形成的一种多裂隙不连续介质。

从工程地质的观点来看，岩体的特征主要可概括为以下几个方面：①岩体是地质体的一部分，因此各种地质因素（如岩性、地质构造、水文地质条件、天然应力状态等）对岩体稳定性有很大的影响。另外，我们在进行岩体工程地质研究时，不仅要研究其现状，还要研究其地质历史。②岩体是包含不同岩石材料和各种不连续结构面的非均质各向异性的不连续介质。③岩体的变形和强度受结构面和结构体特性的控制，并且主要取决于结构面的性质及其组合形式。④岩体是一种流变体。在一定的应力作用下，岩体内部微观与宏观结构的滑移、位移和变形随时间而变化。⑤岩体中存在着复杂的地应力场。岩体中的地应力主要由自重应力和构造应力组成。这些地应力（尤其是高地应力）的存在，使得岩体的工程地质条件复杂化。

（二）岩体结构

存在于岩体中的各种不同成因、不同特征的地质界面，包括各种破裂面（如劈理、断层面、节理等）、物质分异面（如层理、层面、沉积间断面、片理等）、软弱夹层及泥化夹层等，称为结构面。每一个结构面都具有一定的方向、规模、形态和特征。不同方向结构面相互组合切割岩体形成的不同几何形状和大小的块体称为结构体。岩体结构主要是指结

构面和结构体的特性及它们之间的相互组合，是岩体在长期的成岩及形变过程中形成的产物，是岩体特性的决定因素。结构面和结构体是岩体结构的两个基本要素。

1. 结构面

（1）结构面的类型

按地质成因不同，结构面可分为原生结构面、构造结构面和次生结构面三大类。

①原生结构面

在成岩阶段形成的结构面称为原生结构面，它可分为沉积结构面、火成结构面和变质结构面三种类型。

A. 沉积结构面

沉积结构面是指在沉积岩成岩过程中形成的地质界面，包括层理面、沉积间断面和原生软弱夹层等。

层理面一般结合良好，其原始抗剪强度不一定很低，但性能常因构造或风化作用而恶化。

沉积间断面包括假整合面和不整合面，它们反映了沉积历史中的一段风化剥蚀过程。这些面一般起伏不平，并有古风化残积物，常常构成一个形态多变的软弱带。

对岩体稳定性影响最显著的是原生软弱夹层，因为它们的力学强度低，遇水易软化，最易引起滑动。常见的原生软弱夹层有碳酸岩类岩层中的泥灰岩夹层，火山碎屑岩系中的凝灰质页岩夹层，砂岩、砾岩中的黏土岩及黏土质页岩夹层等。

B. 火成结构面

火成结构面是指岩浆侵入、喷溢及冷凝过程中形成的结构面，包括岩浆岩中的流层、流线、原生节理、侵入体与围岩的接触面及岩浆间歇喷溢所形成的软弱接触面等。

岩浆岩的流层和流线一般不易剥开，但一经风化变形，则变成了易于剥离和脱落的软弱面。侵入体与围岩的接触面有时熔合得很好，有时则形成软弱的蚀变带或接触破碎带。岩浆岩的原生节理多为张性破裂面，对岩体的透水性及稳定性都有重要影响。

C. 变质结构面

变质结构面是指在区域变质作用中形成的结构面，如片麻理、片理、板理等。在变质岩体中所夹的薄层云母片岩、绿泥石片岩和滑石片岩等，由于岩层软弱，片理极发育，易于风化，常构成相对的软弱夹层。

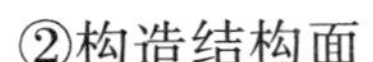

②构造结构面

构造结构面是指在构造应力作用下于岩体中形成的破裂面或破碎带，包括劈理、节理、断层和层间错动带等。

劈理和节理是规模较小的构造结构面，其特点是比较密集且多呈一定方向排列，常导致岩体表现出各向异性。

断层为规模较大的构造结构面，常形成各种软弱的构造岩并有一定的厚度。因此，它是最不利的软弱构造面之一。

层间错动是指岩层在发生构造变动时，派生力的作用使岩层间产生相对位移或滑动的现象。这种现象在褶皱岩层地区和大断层的两侧分布相当普遍。自然界中层间错动常沿着原生结构面产生，因而使软弱夹层形成碎屑状、片状或鳞片状。在黏土岩夹层中还可以看到由于层间剪切所造成的光滑镜面，并在地下水作用下产生泥化现象。实践证明，岩体中的破碎夹层及泥化夹层多与层间错动有关。

③次生结构面

次生结构面是指岩体形成后在风化、卸荷及地下水等作用下形成的结构面，包括风化裂隙和卸荷裂隙等。

风化裂隙一般分布无规律，连续性不强，多为泥质碎屑所充填。风化裂隙还常沿原有的结构面发育，形成不同的风化夹层、风化沟槽或风化囊以及地下水淋滤沉淀形成的次生夹泥层等。

卸荷裂隙是由于岩体受到剥蚀、侵蚀或人工开挖，引起垂直方向卸荷和水平应力的释放，使临空面附近岩体回弹变形、应力重分布所造成的破裂面，其在河谷地区分布比较普遍。

（2）结构面的特征

结构面的特征包括结构面的规模、形态、密集程度、连通性、张开度及充填情况等，它们对结构面的物理力学性质有很大的影响。

①结构面的规模

实践证明，结构面对岩体力学性质及岩体稳定的影响程度，主要取决于结构面的延展性及其规模。结构面的规模可分为以下五级。

第一，一级结构面：是指区域性的断裂破碎带，延展数十千米以上，破碎带的宽度从数米至数十米变化，它直接关系到工程所在区域的稳定性。

第二，二级结构面：是指延展性较强、贯穿整个工程地区或在一定范围内切断整个岩体的结构面，长度可从数百米至数千米变化，宽度从一米至数米变化。它主要包括断层、层间错动带、软弱夹层、沉积间断面及大型接触破碎带等。二级结构面控制了山体及工程岩体的破坏方式及滑动边界。

第三，三级结构面：是指在走向和倾向方向延伸数十米至数百米范围内的小断层、大型节理、风化夹层和卸荷裂隙等。这些结构面控制着岩体的破坏和滑移机理，常常是工程岩体稳定的控制性因素及边界条件。

第四，四级结构面：是指延展性差且一般在数米至数十米范围内的节理、片理、劈理等，它们仅在小范围内将岩体切割成块状。

四级结构面的不同组合，可以将岩体切割成各种形状和大小的结构体，这是岩体结构研究的重点问题之一。

第五，五级结构面：是指延展性极差的一些微小裂隙。五级结构面主要影响岩块的力学性质，且岩块的破坏由于微裂隙的存在具有随机性。

②结构面的形态

自然界中结构面的形态是非常复杂的，其起伏形态大体上可分为四种类型：

第一，平直的结构面：包括大多数层面、片理和剪切破裂面等。

第二，波状的结构面：包括具有波痕的层面、轻度揉曲的片理、呈舒缓波状的压性及压扭性结构面等。

第三，锯齿状的结构面：包括多数张性或张扭性结构面。

第四，不规则的结构面：结构面曲折不平，如沉积间断面、交错层理及沿原裂隙发育的次生结构面等。

一般用起伏度和粗糙度表征结构面的形态特征。起伏度是用来衡量结构面总体起伏的程度，常用起伏角和起伏高度来描述；粗糙度是结构面表面的粗糙程度，一般多根据手摸时的感觉而定，很难进行定量的描述，大致可将其分为极粗糙、粗糙、一般、光滑和镜面五个等级。

结构面的形态对结构面抗剪强度有很大的影响。一般平直光滑的结构面有较小的摩擦角，抗剪强度较低，粗糙起伏的结构面则有较高的抗剪强度。

③结构面的密集程度

结构面的密集程度反映了岩体的完整性，它决定了岩体变形和破坏的力学机制。试验证明，岩体结构面越密集，岩体变形越大，强度越低，而渗透性越高。通常用以下指标来表征结构面的密集程度。

线密集度：是指单位长度上的结构面条数。在实际测定线密集度时，测线的长度可为20～50m。当测线不能沿结构面法线方向布设时，应使测线水平并与结构面走向垂直。线密集度的数值越大，说明结构面越密集。不同测量方向的线密集度值往往不相等，故两垂直方向的线密集度值之比，可以反映岩体的各向异性程度。

结构面间距：是指同一组结构面的平均间距，它和结构面线密集度互为倒数关系。在生产实践中，常用结构面的间距表征岩体的完整程度。

④结构面的连通性

结构面的连通性是指在一定空间范围内的岩体中，结构面在走向、倾向方向的连通程度。

要了解地下岩体的连通性往往很困难，一般通过勘探平面、岩芯和统计地面开挖面做出判断。结构面的抗剪强度和剪切破坏性质都与连通程度有关。

⑤结构面的张开度及充填情况

结构面的张开度是指结构面两壁离开彼此的距离。

按张开度不同，结构面可分为四级。张开度小于 0.2mm 时，结构面是密闭的；张开度在 0.2 ~ 1.0mm 之间时，结构面是微张的；张开度在 1.0 ~ 5.0mm 之间时，结构面是张开的；张开度大于 5.0mm 时，结构面是宽张的。

密闭的结构面的力学性质取决于结构面两壁的岩石性质和结构面粗糙程度。微张的结构面，因其两壁岩石之间常常多处保持点接触，抗剪强度比张开的结构面大。张开的和宽张的结构面，抗剪强度则主要取决于充填物的成分和厚度。当充填物为黏土时，强度一般要比充填物为砂质时的低；而充填物为砂质时，强度又比充填物为砾质时的低。

（3）软弱夹层及泥化夹层

软弱夹层及泥化夹层是岩体结构面中性质较差、对岩体变形和稳定性影响较大的一类结构面。软弱夹层是指坚硬岩层之间所夹的力学强度低、泥炭质含量高、遇水易软化、厚度较薄、延伸较远的软弱岩层。软弱夹层受层间错动地质构造作用及地下水改造作用后被泥化的部分称为泥化夹层。泥化夹层一般发育在层间错面及断层面附近，是一种性质非常软弱的结构面。

实践证明，软弱夹层、泥化夹层是决定岩体稳定（尤其是抗滑稳定）的极度重要的因素，国内外很多工程失事皆与此有关。

①软弱夹层

常见的软弱夹层有沉积岩中的黏土岩夹层，火成岩中的基性、超基性岩脉，断层破碎带等。

软弱夹层的分类目前尚无统一标准，常根据软弱夹层的成因、形态及岩性组合等分类。若根据成因不同，软弱夹层可分为原生型、构造型和次生型。若根据形态不同，软弱夹层可分为破碎夹层、破碎夹泥层、片状破碎层、泥化夹层等；若根据岩性组合不同，软弱夹层可分为黏土岩夹层、黏土质砂岩夹层、炭质夹层、凝灰岩夹层、风化泥岩夹层、各种软弱片岩夹层及各种泥化夹层等。

②泥化夹层

泥化夹层与其母岩软弱夹层相比较，其主要特征是黏粒含量明显增多，结构松散，密度变小，含水量接近或超过塑限，力学强度极为软弱。

为了比较合理地确定泥化夹层的抗剪强度指标，通常根据泥化夹层中碎屑物质含量对其进行结构分类，如全泥型、泥夹碎屑型、碎屑火泥型、碎屑型等，然后确定不同结构类型的抗剪强度参数。

2. 结构体

岩体中结构体的形状和大小是多种多样的。根据外形特征不同，结构体可分为柱状、块状、板状、楔形、菱形和锥形等六种基本形态。当岩体强烈变形破碎时，也可形成片状、碎块状、鳞片状等形式的结构体。

结构体的形状与岩层产状之间有一定的关系。例如，平缓产状的层状岩体中，一般由层面（或顺层裂隙）与平面上的“X”型断裂组合，常将岩体切割成方块体、三棱柱体等。

（三）岩体结构类型

为了概括岩体的力学特性及评价岩体的稳定性，可以根据结构面对岩体的切割程度及结构体的组合形式，将岩体划分成不同的结构类型。岩体结构可分为整体结构、块状结构、层状结构、碎裂结构及散体结构五大类型。

1. 整体结构岩体

整体结构岩体不存在连续的软弱结构面，虽有各种裂隙，但它们多是闭合的，未将岩体交错切割成分离结构体。完整岩体可视为各向同性连续介质，其力学性质及稳定性受岩性控制，结构面对其影响较小，故可用连续介质力学理论来分析其总体应力、变形、强度与稳定性问题。

2. 块状结构岩体

块状结构岩体的主要特征是岩体被软弱夹层等软弱结构面切割成分离体。该类岩体破坏与失稳的主要形式是沿软弱夹层滑动，其变形和破坏机制主要受结构面的力学性能控制。

3. 层状结构岩体

层状结构岩体主要是指层厚小于 0.5m 的沉积岩和变质岩层，其特征是岩体主要被一组相互平行的原生结构面所切割，各种裂隙不发育，具有叠置梁的特征。该类岩体的岩性组合比较复杂，有单一岩性的组合，也有软硬相间岩层的组合。在自然界中，层状结构岩体均在不同程度上经受了层间错动或扭动的影响。因此，其层面强度低、黏结力小，经常构成软弱结构面。

层状结构岩体属各向异性的非均匀介质，在工程荷载作用下，岩体破坏与失稳的形式有顺层滑动、层间张裂及岩层弯曲折断等多种类型，其力学性质及稳定性主要受层厚、岩性及原生结构面性能控制。

4. 碎裂结构岩体

碎裂结构岩体的主要特征是岩体被各种硬性结构面（如节理）切割成各种大小和形状不同的分离体。碎裂结构岩体可分为块状、砌块状和碎块状几种类型。该类岩体的破坏机制相当复杂，既有沿结构面的滑移和张裂，也有结构体的剪切、张裂及塑性流动等。碎裂结构岩体强度的结构效应显著，通常随着结构体数的增加，岩体的整体强度随之降低。因此，决定该类岩体稳定性的主要因素是岩体的完整性、结构面的性能及结构体的强度，一般采用块体力学方法对其进行力学行为分析。

5. 散体结构岩体

散体结构岩体主要见于大型断裂破碎带、大型岩浆岩侵入接触破碎带及强烈风化带中，其主要特征是结构面密集杂乱，从而导致岩体完全解体。这类岩体的不良作用非常明显，且岩体具有塑性和流变特征，已接近于松散介质，宜用松散介质力学来分析其变形与强度。

应该指出的是，在工程上划分岩体的结构类型时，必须考虑工程的规模。因为，同样节理化程度岩体的稳定性，可以因工程规模不同而不同。

二、岩体的工程分类

对岩体进行分类的目的是为了对各类岩体的承载力及稳定性做出评价。因此，正确的分类可以指导建筑物的设计、施工及基础处理。

岩体分类经历了由岩石分类转向岩体分类，从单指标分类到多种参数的综合分类，从定性到定量评价岩体质量的发展过程。有了量的标准后，减少了定性分类中的人为性。

（一）单指标分类

用单指标对岩体进行分类，最早的有岩石强度分类。由于岩石强度分类不能反映对岩体质量有决定性影响的岩体结构特征，因此它不宜作为岩体分类的主要依据。目前，在国内外应用比较广泛的单指标分类有岩体的 RQD 分类、岩体弹性波速分类、岩体完整性系数分类等。

1. 岩体的 RQD 分类

RQD 法是利用钻孔的修正岩心采取率来评价岩体质量的优劣，即用直径为 75mm 的金刚石钻头和双层岩心管在岩石中钻进，连续取心，所取岩心中小于 10 cm 长的部分舍去，用大于 10 cm 长的岩心之和与这段岩心总长度的比值作为 RQD 值，以百分数表示。

2. 岩体弹性波速分类

岩体中弹性波的传播特征与岩性及岩体的完整程度有关。弹性波的纵波速度值在坚硬完整岩体中较高，在软弱破碎岩体中较低。因此，国内外有不少学者利用弹性波在岩体中的传播特征对岩体进行分类或对岩体的风化程度进行分类。

3. 岩体完整性系数分类

在生产实践中，还经常用完整性系数 K_V 来反映岩体的完整程度。岩体的完整性系数是指岩体纵波速度与同类岩石完整岩块纵波速度的平方比。K_V 值越大，说明岩体越完整。

（二）多指标分类

岩体的稳定性除受岩性和岩体的完整程度控制外，还和结构面的抗剪性能、产状及地下水的活动等多种因素有关。因此，单指标的岩体分类往往不能全面反映岩体的质量。这些分类基本上都是对岩体的地质属性和力学属性的相关性进行统计分析研究的成果，均经过了一定数量的实际工程的验证和应用。

（三）岩体按结构类型分类

我国相关学者根据丰富的工程建设实际提出了按岩体结构类型划分的岩体分类方案，提出了用岩体质量系数对岩体进行定量评价的方法，并将岩体质量系数与岩体结构类型建立了联系，使岩体结构类型的划分有了量的指标。其中，岩体质量系数是指岩石单轴抗压强度、岩体结构系数、岩体完整性系数和透水性的乘积。

第二节　土的工程性质与分类

一、土的形成与结构

（一）土的形成及类型

地壳是由岩石和土所组成的。土是疏松和联结力很弱的矿物颗粒的堆积物。地球表面的岩石在大气中经受长期的风化作用而破碎后，形成形状不同、大小不一的颗粒，这些颗粒受各种自然力作用，在不同的自然环境下堆积下来，就形成了土。

从其堆积或沉积的条件来看，土可分为两大类，一类为残积土，另一类为运积土。

1. 残积土

残积土是指岩石经风化后未经自然力搬运而残留在原地的岩石碎屑组成的土。残积土主要分布在岩石出露的地表，经受强烈风化作用的山区、丘陵地带与剥蚀平原。由于残积土未受搬运的磨损和分选作用，故其颗粒表面粗糙、多棱角、孔隙大、无层理构造且均匀性差。残积土用作建筑物地基时易引起不均匀沉降。

2. 运积土

运积土是指岩石风化后的产物经重力、风力、水力以及人类活动等动力搬运离开生成地点后再沉积下来的堆积物。根据搬运的动力不同，运积土可分为以下几类。

（1）坡积土

坡积土是指高处岩石的风化产物受到雨水、雪水的冲刷或重力的作用，顺着斜坡逐渐向下移动，最终沉积在较平缓山坡上的沉积物。坡积土厚度变化很大，有时上部厚度不足一米，而下部可达几十米。

由于坡积土形成于山坡，矿物成分与下卧基岩没有直接的关系，但坡积土由上而下具有一定的分选性，土颗粒从坡顶向坡脚由细逐渐变粗，厚度由薄变厚，形成不均匀土质，易发生沿基岩倾斜面的滑动。尤其是新近堆积的坡积土土质疏松、压缩性较高，在工程建设中要引起重视，如作为建筑物地基应注意防止不均匀沉降。

（2）风积土

风积土是指由风力带动土粒经过一段搬运距离后沉积下来的堆积物，主要包括风成砂和风成黄土。风所能带走的颗粒大小取决于风速，因此，颗粒随风向也有一定的分选。风积土没有明显层理，同一地区颗粒较均匀。

（3）洪积土

洪积土是指由暴雨或大量融雪形成的山洪激流，携带大量泥沙、砾石、杂物等在山区运行，洪流冲出山口后在山麓地带迅速扩展并继续向前延伸而形成的沉积物。

洪积土的地貌靠谷口处窄而陡，谷口外逐渐变为宽而缓，在平面上呈扇形，故也称其为洪积扇。洪积扇若与相邻山沟出口处的洪积扇相互连接就成为洪积平原。洪积土是由水力搬运形成的，有颗粒的分选作用，在谷口附近多为颗粒粗大的块石、碎石、砾石和粗砂，离谷口越远颗粒越细。

（4）冲积土

冲积土是河流流水的作用将两岸基岩及其上部覆盖的坡积、洪积物质剥蚀后搬运并沉积在河流平缓地带形成的沉积物。冲积土呈现明显的层理构造，由于搬运距离大，磨圆度和分选性较好。搬运距离越远，沉积物的颗粒就越细。

（5）海相沉积土

按海水深度不同，海洋可分为滨海区、浅海区和陆坡区，各分区相应的沉积土特征不同，形成了不同的海洋沉积土。

滨海区：是指海水高潮时淹没、低潮时出露的地区。滨海沉积土主要由卵石、圆砾和砂土组成，强度高，透水性大；有时存在黏性土夹层，海水含盐量大，形成的黏性土膨胀性大。

浅海区：是指海水深度为 0 ~ 200m、宽度为 100 ~ 200km 的地区。浅海沉积土主要由细砂、黏性土、淤泥和生物沉积物组成。离海岸越远，颗粒越细。这种沉积土一般具有层理构造，密度小，含水率高，压缩性高，强度低，工程性质不良。

陆坡区：是指浅海区与深海区的过渡地带，水深为 200 ~ 1 000 km。陆坡沉积土主要为有机质软泥。

（6）湖相沉积土

湖相沉积土分为湖滨沉积土和湖心沉积土。

湖滨沉积土：主要由湖浪冲蚀湖岸、破坏岸壁形成的碎屑沉积而成，以粗颗粒土为主。

湖心沉积土：主要由细小颗粒悬浮到达湖心后沉积而成，以黏土和淤泥为主，具有高压缩性和低强度。

（7）沼泽沉积土

沼泽沉积土主要是由泥炭组成，含水率极高，透水性小，压缩性大，强度低，不宜用作建筑物地基。

（8）冰川沉积土

在我国的青藏高原、云贵高原、天山、昆仑山以及祁连山等高原、高山地区，分布着面积巨大的冰川。这些冰川缓慢向下滑动，其中挟带着残积土、坡积土等。冰川下滑到一定高度，气候变换，冰川融化后留下的堆积物称为冰川沉积土。冰川沉积土的颗粒粗细变化较大，土质也不均匀。

（二）土的矿物成分

根据组成土的固体颗粒的矿物成分的性质及其对土的工程性质影响不同，土的矿物成分主要分为原生矿物、次生矿物、可溶盐类及易分解矿物、有机质四大类。

1. 原生矿物

原生矿物由岩石经物理风化而成，如常见的石英、长石、云母、角闪石与辉石等，这些矿物是组成卵石、砾石、砂粒和粉粒的主要成分，其成分与母岩相同。由于原生矿物颗粒粗大，比表面积小，与水作用的能力弱，故工程性质比较稳定。若级配良好，则土的密度大、强度高、压缩性低。

比表面积是指单位质量物体所具有的总面积。级配的定义将在后文进行介绍。

2. 次生矿物

次生矿物是由母岩岩屑经化学风化作用后形成的新的矿物，主要是黏土矿物。它们颗粒细小，呈片状，是黏性土的主要成分。由于其粒径非常小，具有很大的比表面积，与水作用能力很强，能发生一系列复杂的物理、化学变化。

黏土矿物是一种复合的铝、硅酸盐晶体，所谓晶体是指原子、离子在空间有规律的排列，不同的几何排列形式称为晶体结构，组成晶体结构的最小单元称为晶胞。黏土矿物的颗粒呈片状，是由硅片和铝片构成的晶胞组叠而成的。

3. 可溶盐类及易分解矿物

（1）可溶盐类

土中常见的可溶盐类，按其被水溶解的难易程度可分为易溶盐（$NaCl$，$CaCl_2$，$Na_2SO_4 \cdot 10H_2O$，$Na_2CO_3 \cdot 10H_2O$ 等）、中溶盐（$CaSO_4 \cdot 2H_2O$ 和 $MgSO_4$ 等）和难溶盐（$CaCO_3$ 和 $MgCO_3$ 等）。这些盐类常以夹层、透镜体、网脉、结核或呈分散的颗粒、薄膜与粒间胶结物存于土层中。其中，易溶盐类极易被大气降水或地下水溶滤出去，所以分布范围较窄；但在干旱气候区和地下水排泄不良地区，它是地表上层土中的典型产物，形成所谓盐碱土和盐渍土。

可溶盐类的影响，在于含盐土浸水导致盐类被溶解后，会使土的粒间联结削弱甚至消失，同时增大土的孔隙性，从而降低土体的强度和稳定性，增大其压缩性。

（2）易分解矿物

土中常见的易分解矿物有黄铁矿（FeS_2）、其他硫化物和硫酸盐类。这些物质遇水分解后，会削弱或破坏土的粒间联结，增大土的孔隙性（与一般可溶盐影响相同）。另外，它们会分离出硫酸，对建筑基础及各种管道设施起腐蚀作用。

4. 有机质

在自然界一般土特别是淤泥质土中，通常都含有一定数量的有机质。当有机质在黏性土中的含量达到或超过 5%，或在砂土中的含量达到或超过 3% 时，就开始对土的工程性质有显著的影响。例如，在天然状态下，有机质含量高的黏性土的含水量显著增大，呈现高压缩性和低强度等。

在土中，有机质一般以混合物的形式与组成土粒的其他成分稳固地结合在一起，有时也以整层或透镜体形式存在，如古湖沼和海湾地带的泥炭层和腐殖层等。

一般来说，有机质对土的工程性质的影响程度，取决于不同的因素。有机质含量愈高，对土的性质影响愈大；有机质的分解程度愈高，影响愈剧烈。例如，完全分解或分解良好的腐殖质的影响最坏。当含有机质的土体较干燥时，有机质可起到较强的粒间联结作用；而当土的含水量增大时，有机质则使土粒结合水膜剧烈增厚，削弱了土的粒间联结，使土的强度显著降低。此外，有机质对土的工程性质的影响还与有机质土层的厚度、分布均匀性及分布方式有关。

有机质对土的工程性质的影响，本质在于它比黏土矿物有更强的胶体特性和更高的亲水性。所以，有机质比黏土矿物对土性质的影响更剧烈。

（三）土的结构

试验表明，对于同一种土，原状土样和重塑土样的力学性质有很大差别。这说明土的组成成分并不能完全决定土的性质，土的结构对土的性质也有很大影响。土的结构可分为单粒结构、蜂窝结构和絮状结构三种类型。

1. 单粒结构

单粒结构是砂、砾等粗粒土在沉积过程中形成的代表性结构。由于砂、砾的颗粒较粗大，其比表面积小，在沉积过程中粒间力的影响与其重力相比可以忽略不计，即土粒在沉积过程中主要受重力控制。当土粒在重力作用下下沉时，一旦与已沉稳的土粒相接触，就滚落到平衡位置形成单粒结构。

这种结构的特征是土粒之间以点与点的接触为主。根据排列情况不同，单粒结构又可分为紧密和疏松两种情况。

2. 蜂窝结构

蜂窝结构是由粉粒或细砂组成的土的结构形式。据研究，粒径为 0.005 ~ 0.075mm 的土粒在水中沉积时，基本上是以单个土粒下沉，当碰上已沉积的土粒时，由于它们之间的相互引力大于其下降的力，土粒会停留在接触点上不再下沉，逐渐形成土粒链。土粒链组成弓架结构，进而形成具有很大孔隙的蜂窝状结构。虽然具有蜂窝状结构的土有很大孔隙，但由于弓架作用和一定程度的粒间联结，它可以承担一般应力水平的静力荷载；然而，当承受高应力水平的静力荷载或动力荷载时，其结构将被破坏，并可导致严重的地基变形。

3. 絮状结构

由于极细小的土颗粒（粒径小于 0.005mm）在咸水中沉积时常处于悬浮状态，当悬浮液的介质发生变化，如细小颗粒被带到电解质较大的海水中，土粒在水中会做杂乱无章的运动。土粒一旦接触，粒间力会表现为净引力，土粒易结合在一起逐渐形成小链环状的土粒集合体，使质量增大而下沉。一个小链环碰到另一个小链环时相互吸引，不断扩大形成的大链环称为絮状结构，又称絮凝结构。由于土粒的角、边常带正电荷，面带负电荷，因此角、边与面接触时净引力最大，所以絮状结构的特征表现为土粒之间以角、边与面的接触或边与边的搭接形式为主。

这种结构的土粒呈任意形式排列，具有较大的孔隙，因此其强度低，压缩性高，对扰动比较敏感。但土粒间的联结强度会由于压密和胶结作用而逐渐得到增强。

自然条件下存在的任何一种土类的结构都不像上述三种基本类型那样简单，而常呈现为以某种结构为主的由上述各种结构混合起来的复合形式。当土的结构受到破坏或扰动时，不仅改变了土粒的排列情况，也不同程度地破坏了土粒间的联结，从而影响了土的工程性质。所以，研究土的结构类型及其变化对理解和进一步研究土的工程性质很有意义。

现场取样时，应注意保持土样的原状结构性，基坑施工中应注意保护原状土体以免受到扰动导致地基承载力或强度降低。

（四）土的构造

土的构造是指土体构成上的不均匀性特征的总和。常见的土的构造有块石状构造、假斑状构造、层状构造、交错层状构造及薄叶状构造等。

块石状和假斑状构造是粗碎屑土特有的构造。块石状构造的特点是土中粗大颗粒彼此直接依靠；假斑状构造的特点是土中细粒物质占优势，将粗大颗粒包围在细粒物质中间。

层状和交错层状构造是砂质土的特有构造。在砂土和黏土交替沉积层中以层状构造为主。层状构造又有两种类型，一类为具有交错层的较厚砂层夹薄层黏土层，如冲积物、冰水沉积物、浅海沉积物等；另一类为水平的厚层黏土夹薄砂层，如三角洲沉积物等。交错层状构造常见于风成砂和冰成扇形堆积物中。

薄叶状构造的黏土为非均质体，在平行和垂直层理方向上强度相差很大。

二、土的三相组成

土是由固相、液相和气相三相所组成的松散颗粒集合体。固相部分即为土粒，由矿物颗粒或有机质组成。土粒之间有许多孔隙，而孔隙可为液相或气相，也可为二者共同填充。水及其溶解物为土中的液相，空气及其他一些气体为土中的气相。当土内孔隙全部为水所充满时，称为饱和土；当孔隙全部为气体所充满时，则称为干土；当孔隙中同时存在水和空气时，则称为湿土，即非饱和土。饱和土和干土都是二相系，湿土则为三相系。这些组成部分的相互作用和数量上的比例关系，将决定土的物理、力学性质。

（一）土的固相

土中的固体颗粒、粒间胶结物和有机质即土的固相。

1．土的颗粒大小

自然界中的土由无数土粒混合而成，其颗粒大小相差很大，其中有粒径大于200mm的漂石，也有粒径小于0.005mm的黏粒。造成颗粒大小悬殊的原因主要与土的矿物成分有关，还与土所经历的风化作用和搬运过程有关。一般来说，随着颗粒大小的不同，土会表现出不同的工程性质。

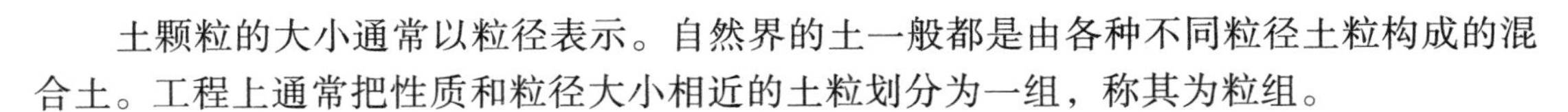

土颗粒的大小通常以粒径表示。自然界的土一般都是由各种不同粒径土粒构成的混合土。工程上通常把性质和粒径大小相近的土粒划分为一组，称其为粒组。

2．土的级配与级配曲线

混合土的性质不仅取决于所含颗粒的大小，更取决于不同粒组的相对含量，即土中各粒组的含量占土样总质量的百分数。土中各种大小的粒组的相对含量称为土的级配。土的级配好坏直接影响土的工程性质。级配良好的土，粒径大小分布较均匀，大小不同的颗粒能彼此填补空隙，使得土压实后能达到较高的密实度，因而其强度高、压缩性低；反之，级配不良的土，其压实密度小、强度低、压缩性高。

确定粒径分布范围的试验称为土的颗粒分析试验。对于粒径大于 0.075mm 的粗粒土，可用筛分法测定。试验时，将风干、分散的代表性土样通过一套孔径不同的标准筛，称出留在各个筛子上的土的质量，即可求得各个粒组的相对含量。粒径小于 0.075mm 的粉粒和黏粒难以筛分，一般可以根据土粒在水中匀速下沉时的速度与粒径的理论关系，用比重计法或移液管法测得其颗粒级配。

根据颗粒分析试验结果绘制出的颗粒级配曲线可以反映土的颗粒级配。颗粒级配曲线的横坐标为粒径，由于土粒粒径的值域很宽，因此采用对数坐标表示；纵坐标为小于（或大于）某粒径的土粒累计百分含量。

（二）土的液相

土的液相指固体颗粒之间的水及溶解物，其含量及性质能明显地影响土的性质。在自然条件下，土中总是含水的。在一般黏性土，特别是饱和软黏性土中，水的体积常占据整个土体的 50% ~ 60%，甚至高达 80%。土中细颗粒愈多，即土的分散度愈大，水对土性质的影响愈大。

按土中水所呈现的状态和性质以及其对土的影响不同，土中水可分为结合水和自由水两种类型。

1．结合水

结合水是指受土颗粒表面电分子引力作用吸附在土颗粒表面的水。结合水又分为强结合水和弱结合水两种。

（1）强结合水

紧靠土颗粒表面的水，受到的电分子引力强，称其为强结合水。这种水的性质和普通水大不一样，它无溶解能力，不受重力作用，不能传递静水压力，冰点为 -78℃，在温度为 100℃时不蒸发，密度为 1.2 ~ 2.4g/cm3。强结合水性质接近固体，不能自由移动，具有较大的黏滞性、弹性及抗剪强度。

（2）弱结合水

在强结合水外围，距土颗粒表面较远但仍处于土粒表面电场作用范围以内的一层水膜称为弱结合水。这种水也没有溶解能力，不能传递静水压力，也不能因重力作用而自由流动，但它可以因电场力的作用从水膜厚的地方向水膜薄的地方转移。它呈黏滞状态，密度为 1.1 ~ 1.7g/cm^3，冰点温度为 -20 ~ -30℃，也具有一定的抗剪强度。弱结合水的存在使土具有可塑性，土中含弱结合水较多时，可塑性就大。

2. 自由水

自由水是指在土粒表面中分子引力作用范围以外的水，其水分子无定向排列现象，它与普通水无异，受重力支配，能传递静水压力并具有溶解能力。自由水主要有重力水和毛细管水两种类型。

（1）重力水

重力水在重力作用下能在土体中发生流动，它对于水中的土粒及结构物都有浮托力。地下水位（或浸润线）以下的自由水即属于重力水。

（2）毛细管水

土中存在着很多大小不同的孔隙，这些孔隙又连成细小的通道，即毛细管。由于受到水和空气分界处弯液面上产生的表面张力作用，土中自由水从地下水位通过土的细小通道逐渐上升，形成毛细管水。所以，毛细管水不仅受到重力的作用，而且还受到表面张力的支配。

毛细管水上升高度和速度取决于土中的孔隙大小和形状、粒径尺寸及水的表面张力等，可用试验方法或经验公式确定。一般来说，这个上升高度在卵石中为零至几厘米，在砂土和粉土中为数十厘米，在黏土中则可达数百厘米。对同一土层，土中的毛细通道也是粗细不同的，所以毛细管水的上升高度也不相同。

上述表面张力还可使湿润的砂土颗粒间产生一定的联结，形成假黏聚力，使湿润的砂土成团。所以，湿润的砂土地基能挖成一定深度的直立坑壁。而干砂或被水淹没的砂则是松散的。

（三）土的气相

按其所处的状态和结构特点不同，土中的气体可分为自由气体、吸附气体、溶解气体和密闭气体四种类型。通常认为自由气体与大气连通，对土的性质无大的影响。

由于分子引力作用，土粒不但能吸附水分子，而且能吸附气体。土粒吸附气体的厚度不超过 2 或 3 个分子层。土中吸附气体的含量取决于矿物成分、土粒分散程度、孔隙率、湿度及气体成分等。自然条件下，沙漠地区的表层中可能出现比较大的气体吸附量。

溶解气体是指溶解于水中的气体。土的液相中溶解气体主要有 CO_2，O_2 和水汽（H_2O），其次有 H_2，Cl_2 和 CH_4。溶解气体的溶解数值取决于温度（T）、压力（P）、气体的物理化学性质及溶液的化学成分。溶解气体可以改变水的结构及溶液的性质，对土粒施加力学作用；当 T，P 增高时，溶解气体会使土中产生密闭气体；溶解气体还可加速化学潜蚀过程。

密闭气体是由于土层被水浸湿，把吸附气体和自由气体封闭于土的孔隙之中而形成的。密闭气体的体积与压力有关，压力增大，则体积缩小；压力减小，则体积增大。因此，密闭气体的存在增加了土的弹性。密闭气体的存在还能降低土层透水性，阻塞土中的渗透通道，减少土的渗透性。

三、土的工程性质

（一）土的物理性质指标

在土的三相组成中，固相的性质直接影响土的工程性质。但是对于同一种土，它的三相在量上的比例关系也是影响土的性质的重要因素。土的三相在体积或质量上的比例大小通常称为土的物理性质指标。

天然的土样，其三相的分布具有随机性。为了在理论研究中使问题形象化，可以人为地把土的三相分别集中，用三相示意图来抽象地表示其构成。土的物理性质指标分为实测指标和换算指标。

（二）土的物理状态指标

评价土的工程特性，仅靠物理性质指标是不够的，还需了解各种类型的土在自然界的存在状态及其判断指标。常用的土的物理状态指标有无黏性土的密实度和黏性土的稠度。

1. 无黏性土的密实度

无黏性土主要包括砂土、碎石、卵石等粗颗粒土，它们都是单粒结构，无黏聚力，所以称为无黏性土。无黏性土最主要的物理状态指标是密实度。密实度是指单位体积中固体颗粒的含量。土颗粒多，土就密实；土颗粒少，土就松散。无黏性土的工程性质与其密实度有着密切的关系。当土呈密实状态时，其结构稳定、压缩性小、强度大，属良好的天然地基；当土呈松散状态时，其压缩性大、强度小，属不良地基。

无黏性土的密实度可以用孔隙比、相对密度和标准贯入试验锤击数等来表示。

（1）用孔隙比表示

评价无黏性土密实度的最简便方法是用孔隙比 e 来表示。对于同一种无黏性土，当其孔隙比小于某一限度时，土处于密实状态；随着孔隙比的增大，土的状态会变成中密、稍密甚至松散状态。这种评价方法简捷方便，但存在明显的缺陷，即没有考虑土颗粒级配的影响。例如，有时较疏松的级配良好的砂土的孔隙比，会比较密实的颗粒均匀的砂土的孔隙比还小。此外，对于无黏性土，现场采取原状土样也较困难。

（2）用相对密实度表示

为了克服上述孔隙比 e 表示法中未考虑级配的缺陷，可引入相对密实度 D_r，其表达式为

$$D_r = \frac{e_{max} - e}{e_{max} - e_{min}} \tag{1-1}$$

式中：e—— 无黏性土的天然孔隙比；

e_{max}—— 无黏性土的最大孔隙比，即最疏松状态的孔隙比，可用漏斗法测定；

e_{min}—— 无黏性土的最小孔隙比，即最密实状态的孔隙比，可用振动法测定。

由式（1-1）可知，当 $e=e_{min}$ 时，$D_r=1$，砂土处于最密实状态；当 $e=e_{max}$ 时，$D_r=0$，砂土处于最疏松状态。

（3）用标准贯入试验锤击数表示

由于上述原因，在实际应用中，常采用标准贯入试验锤击数N来评价砂土的密实度。标准贯入试验是在现场进行的一种原位测试方法。试验时，将质量为63.5 kg的锤头，提升到76 cm的高度，使其自由下落，打击贯入器，记录贯入器入土30 cm深所需的锤击数N，锤击数N的大小综合反映了土的贯入阻力的大小，也就是密实度的大小。由于这种方法避免了在现场难以取得砂土原状土样的问题，因而在实际中被广泛采用。

2. 黏性土的稠度

（1）稠度状态与界限含水量

黏性土是指含黏粒较多、透水性较小的土。当含水量变化时，黏性土会具有不同的稠度状态，即不同的软硬程度。含水量很大时，土表现为黏滞流动状态，即液态；随着含水量的减少，土浆变稠，土逐渐变成可塑状态；含水量继续减少，土就进入半固态，最终成为固态。

上述状态的变化，反映了土粒与水相互作用的结果。当土中含水量较大，土粒被自由水隔开，土就处于液态，当水分减少到土粒被弱结合水隔开，土粒在外力作用下相互错动时，颗粒间的联结并未丧失，土处于可塑态，此时土被认为具有可塑性。可塑性是指土体在一定含水量条件下受外力作用时形状可以发生变化，但不产生裂缝，外力移去后仍能保持其形状的特性。弱结合水的存在是土体具有可塑性的原因。当水分再减少，土中只有强结合水时，按照水膜厚薄不同，土处于半固态或固态。进入固态后，土的体积不再随含水量的减少而收缩。

黏性土由一种稠度状态转变为另一种稠度状态所对应的含水量称为界限含水量。液态与可塑态的界限含水量称为液限 ω_L，可塑态与半固态的界限含水量称为塑限的，半固态与固态的界限含水量称为缩限 ω_P。

因为黏性土从液态过渡到可塑态、可塑态过渡到半固态是渐变的过程，很难找到一个突变的界限。因此，要测定液限 ω_L 和塑限 ω_P，就要人为规定标准试验方法。目前，国内标准多推荐采用光电式液、塑限联合测定仪联合测定液限 ω_L 和塑限 ω_P。此外还可以采用搓条法确定塑限，采用蝶式液限仪测定液限。

（2）塑性指数与液性指数

可塑性是区分黏性土和砂土的重要特征之一。黏性土可塑性大小，是以土处在可塑状态的含水量变化范围来衡量的，这个范围就是液限和塑限的差值，称为塑性指数，用 I_P 表示，则

$$I_P=\omega_L-\omega_p \tag{1-2}$$

黏性土的可塑性是与黏粒的表面张力有关的一个性质。黏粒含量越多，土的比表面积越大，吸附的结合水越多，塑性指数就越大。亲水性大的矿物（如蒙脱石）的含量增加，塑性指数也就相应地增大。所以，塑性指数能综合地反映土的矿物成分和颗粒大小的影响。因此，塑性指数常作为黏性土和粉土等细粒土工程分类的重要依据。

土的天然含水量在一定程度上说明土的软硬与干湿状况。对于同一土体，含水量越高，土体越软。但是，仅有含水量的绝对数值却不能说明不同土体所处的稠度状态。例如，有几种含水量相同的土样，若它们的塑限、液限不同，则这些土样所处的稠度状态就可能不同。因此，不同黏性土的稠度状态需要一个表征土的天然含水量与界限含水量之间相对关系的指标来加以判定，这个指标就是液性指数 I_L。I_L 与黏性土的天然含水量 ω 之间的关系为

$$I_L = \frac{\omega - \omega_p}{\omega_L - \omega_p} \tag{1-3}$$

由于 ω_L 和 ω_p 是由重塑土样试验确定的指标，所以，用 I_L 来判别天然黏性土软硬程度的缺点就是没有考虑土的原状结构的影响。在含水量相同时，原状土要比重塑土坚硬。因此，用该标准判别重塑土的软硬状态是合适的，对原状土的软硬状态描述不够准确。

（三）土的力学性质

土的力学性质是指土抵抗外力所表现出来的力学性能，主要包括压缩性能和抗剪强度。

1. 土的压缩性

土在压力作用下体积缩小的特性称为土的压缩性。试验研究表明，在一般压力（100 ~ 600 kPa）作用下，土粒和水本身的压缩量与土的总压缩量之比是很微小的，因此完全可以忽略不计，所以可把土的压缩看作土中孔隙体积的减小。此时，土粒调整位置，重新排列，互相挤紧。饱和土压缩时，随着孔隙体积的减小，土中孔隙水被排出，这个过程称为土的固结。

在荷载作用下，透水性大的饱和无黏性土，其压缩过程在短时间内就可以结束。然而，黏性土的透水性低，饱和黏性土中的水分只能慢慢排出，因此其压缩稳定所需的时间要比无黏性土长得多，往往需要几年甚至几十年才能完成。因此，必须考虑变形与时间的关系，以便控制施工加荷速率，确定建筑物的使用安全措施。有时地基各点由于土质不同或荷载差异，还需考虑地基沉降过程中某一时间的沉降差异。所以，对于饱和软黏性土而言，土的固结问题是需要引起重视的。

（1）土的压缩试验

计算地基沉降量时，必须取得土的压缩性指标，无论用室内试验或原位试验来测定

它，应力求试验条件与土的天然状态及其在外荷作用下的实际应力条件相适应。在一般工程中，常用不允许土样产生侧向变形的室内压缩试验来测定土的压缩性指标，其试验条件虽未能完全符合土的实际工作情况，但有其实用价值。

土的压缩试验所用的仪器设备是由固结容器、加压设备和量测设备组成的固结仪。

试验时取出金属环刀，小心切入保持天然结构的原状土样并在左右两侧压紧试样，然后置于圆筒形固结容器的刚性护环内，试样上、下各放一块透水石，受压后土中孔隙水可以上、下双向排出。由于金属环刀和刚性护环的限制，土样在压力作用下只能发生竖向压缩，其横截面面积不会变化，即土样无侧向膨胀，这样的试验条件被称为侧限条件。

在压缩试验开始前，先施加 1 kPa 的预压荷载，以保证试样与仪器上、下各部件之间的接触良好，然后调整读数为零。施加载荷时，应控制前后两级荷载之差与前一级荷载之比（即加荷率）不大于 1.0，这样做可减少土的结构强度被扰动。一般按 50，100，200，300，400 kPa 五级载荷进行加荷。对于软土试验，第一级载荷宜从 12.5 kPa 或 25 kPa 开始，最后一级载荷均应大于地基中计算点的自重应力与预估附加应力之和。测定土样在各级载荷的作用下土样竖向变形稳定后的压缩量 S 后，算出相应的孔隙比与，从而绘制曲线，即压缩曲线。

（2）土的压缩系数

不同土类的 e–p 曲线形态是有差别的。e–p 曲线愈陡，说明压力增加时孔隙比减小得愈明显，则土的压缩性高；若曲线愈平缓，则土的压缩性愈低。所以，曲线上任一点的切线斜率的绝对值 a 就表示相应压力 p 作用下土的压缩性，故称 a 为压缩系数，由于 e–p 关系呈非线性，所以 e–p 曲线上每一点的。值都不相同，在工程应用中很不方便。因此，在实际应用中，一般选取 p_1 ～ p_2 的某一荷载段的割线来表示其压缩性，其中，p_1 表示土中某点的初始压力（如土的自重应力），p_2 表示增加外荷载作用后该点的总压力（如自重应力与附加应力之和）。

2. 土的抗剪强度

在外部荷载作用下，土体中将产生剪应力和剪切变形。当土体中某点由外力所产生的剪应力达到土的抗剪强度时，土就沿着剪应力作用方向产生相对滑动，该点便发生剪切破坏。工程实践和室内试验都证实了土是由于受剪切而产生破坏，剪切破坏是土体强度破坏的重要特点，因此，土的强度问题实质上就是土的抗剪强度问题。在工程实践中，土的强度问题涉及地基承载力，路堤、土坝的边坡和天然土坡的稳定性，以及土作为工程结构物的环境时作用于结构物上的土压力和山岩压力等问题。

测定土抗剪强度最简单的方法是直接剪切试验。该仪器主要由固定的上盒和活动的下盒组成，试样放在盒内上、下两块透水石之间。试验时，先通过加压板加法向力 P，然后在下盒施加水平力 T，试样沿上下盒之间的水平面发生水平位移直至破坏。设在一定法向力 P 作用下，试样的水平截面积为 A，则正压应力为

$$\sigma=\frac{P}{A} \tag{1-4}$$

此时，土的抗剪强度为

$$\tau=\frac{T}{A} \tag{1-5}$$

试验时，通常用四个相同的试样，使它们分别在不同的正压应力 σ 作用下剪切破坏，得出相应的抗剪强度 τ_1，τ_2，τ_3，τ_4，将试验结果绘成抗剪强度与正压应力关系曲线。

（1）无黏性土的抗剪强度

无黏性土的试验结果表明，抗剪强度与正压应力关系曲线是通过坐标原点而与横坐标成 φ 角的直线。因此，抗剪强度与正压应力之间的关系可表示为

$$\tau=\sigma\tan\varphi \tag{1-6}$$

其中 φ 称为土的内摩擦角。由式（1–6）可知，无黏性土的抗剪强度不仅取决于内摩擦角的大小，而且还随正压应力的增加而增加，而内摩擦角的大小与无黏性土的密实度、土颗粒大小、形状、粗糙度和矿物成分以及粒径级配的好坏程度等因素都有关。无黏性土的密实度愈大、土颗粒愈大、形状愈不规则、表面愈粗糙、级配愈好，则内摩擦角愈大。此外，无黏性土的含水量对内摩擦角的影响是水分在较粗颗粒之间起滑润作用，使摩擦阻力降低。

（2）黏性土的抗剪强度

黏性土的正压应力与抗剪强度之间基本上仍成直线关系，但不通过原点，其方程可写为

$$\tau=\sigma\tan\varphi+c \tag{1-7}$$

式中：c —— 土的黏聚力，kPa。

表达土的抗剪强度特性一般规律的式（1–6）和式（1–7）是库伦（Coulomb）在1773年提出的，故称为抗剪强度的库伦定律。在一定试验条件下得出的黏聚力 c 和内摩擦角 φ 一般能反映土抗剪强度的大小，故称 C 和 φ 为土的抗剪强度指标。

四、土的工程分类

自然界中土的成分、结构及性质千变万化，表现的工程性质也各不相同。如果能把工程性质接近的一些土归在同一类，那么就可以大致判断这类土的工程特性。

因此，土的工程分类，应综合考虑土的各种主要工程特性，如强度与变形特性等，

用影响土的工程特性的主要因素作为分类的依据，从而使所划分的不同土类之间，在其各主要的工程特性方面有一定的质的或量的差别。因为土是自然历史的产物，土的工程性质受土的成因（包括形成环境）控制，故土的工程特性受土的物质成分、结构、空间分布规律、土层组合和形成年代的影响。另外，采用的分类指标，需既能综合反映土的基本工程特性，又能通过简便地方法进行测定。

目前国内外主要有两种土的工程分类体系，一是建筑工程系统的分类体系，二是材料系统的分类体系。

建筑工程系统的分类体系侧重于把土作为建筑地基和环境，故以原状土为基本对象。因此，对土的分类除考虑土的组成外，很注重土的天然结构性，即土粒间的联结性质和强度，如我国国家标准《建筑地基基础设计规范》（GB 50007—2011）中的分类。

材料系统的分类体系侧重于把土作为建筑材料，用于路堤、土坝和填土地基等工程，故以扰动土为基本对象，对土的分类以土的组成为主，不考虑土的天然结构性，如我国国家标准《土的工程分类标准》（GB/T 50145—2007）中的分类。

（一）《建筑地基基础设计规范》中土的分类

《建筑地基基础设计规范》规范将土分为碎石土、砂土、粉土、黏性土和人工填土五大类。其中，人工填土是由于人为的因素形成，只是成因上与其他土不同。因此，天然土实际上被分为碎石土、砂土、粉土和黏性土四大类。碎石土和砂土属于粗粒土，粉土和黏性土属于细粒土。粗粒土按粒径级配分类，细粒土则按塑性指数匕分类。

1．碎石土

碎石土是指粒径大于2mm的颗粒含量超过颗粒全重50%的土。根据粒组含量及颗粒形状不同，碎石土可细分为漂石、块石、卵石、碎石、圆砾和角砾六类。

2．砂土

砂土是指粒径大于2mm的颗粒含量不超过全重的50%，而粒径大于0.075mm的颗粒含量超过全重的50%的土。根据粒组含量不同，砂土又细分为砾砂、粗砂、中砂、细砂和粉砂五类。

3．粉土

粉土是指粒径大于0.075mm的颗粒含量不超过全重的50%且塑性指数$I_p \leq 10$的土。粉土既不具有砂土透水性大、容易排水固结、抗剪强度较高的优点，又不具有黏性土防水性能好、不易被水冲蚀流失、较大黏聚力的优点。在许多工程问题上，粉土都表现出较差的力学性质，如受振动容易液化、湿陷性大、冻胀性大和易被冲蚀等。因此，在规范中，它既不属于黏性土，也不属于砂土，将其单列一类，以利于工程上正确处理。

4．黏性土

黏性土是指塑性指数$I_p > 10$的土。其中，$10 < I_p \leq 17$的土称为粉质黏土，$I_p > 17$的土称为黏土。

5. 人工填土

人工填土是由于人类活动而形成的堆积土，其物质成分较杂乱，均匀性差。根据其组成和成因不同，人工填土可分为素填土、压实填土、杂填土和冲填土。素填土是由碎石土、砂土、粉土、黏性土等组成的填土。经过压实或夯实的素填土为压实填土。杂填土为含有建筑垃圾、工业废料、生活垃圾等杂物的填土。冲填土是由水力填充泥砂形成的填土。

（二）《土的工程分类标准》中土的分类

《土的工程分类标准》中，根据土中不同粒组的相对含量不同，把土分为巨粒类土、粗粒类土和细粒类土。

1. 巨粒类土

土中巨粒组含量大于15%的土为巨粒类土。巨粒类土还可分为巨粒土、混合巨粒土和巨粒混合土三类。

2. 粗粒类土

土中粗粒组含量大于50%的土为粗粒类土。粗粒类土分为砾类土和砂类土两类。砾粒组含量大于砂粒组含量的土称为砾类土，砾粒组含量不大于砂粒组含量的土称为砂类土。

3. 细粒类土

土中细粒组含量不小于50%的土称为细粒类土。细粒类土中，粗粒组质量不大于总质量25%的土称为细粒土；粗粒组质量大于总质量25%且不大于总质量50%的土称为含粗粒的细粒土；有机质含量小于10%且不小于5%的土称为有机质。

第二章　不良地质作用和地质灾害

第一节　岩　溶

一、绪论

我国可溶岩面积约 346.3×104km^2，占国土面积的 1/3 以上，岩溶地面塌陷分布十分广泛（图 2-1），是全球 16 个存在严重岩溶地面塌陷问题的国家之一。据不完全统计，除上海、宁夏、新疆等局部地区外，我国 24 个省（市、自治区）共发生岩溶地面塌陷 2841 处，塌陷坑 40119 个；其中以广西、贵州、湖南、江西、四川、云南、湖北、河北、山东、辽宁、河南、山西等省（区）最为发育；此外，北京、江苏、安徽等地也发生过不同程度的岩溶地面塌陷。这些地方都是可溶岩大面积集中分布的地区，为岩溶地面塌陷的发育提供了必要的物质基础。

统计表明，我国共有 30 多个大中城市、420 个县市处于地面塌陷高风险区，有 40 余座矿山、25 条铁路线和数百座水库长期遭受岩溶地面塌陷的困扰。在我国已有的岩溶地面塌陷灾害中，约 70% 为人类活动所诱发。过量开采岩溶水和矿山排水是产生岩溶地面塌陷的主要原因。其他如拦蓄地表水、岩土工程施工、铁路与公路施工、工程爆破等人类活动，也会诱发岩溶地面塌陷。武汉地区中部发育 6 条走向北西西—南南东，南部发育 3 条走向北东的、各自近于平行的岩溶条带；自 1931 年以来，这些岩溶地区发生了10余次严重的岩溶地面塌陷；我国北方岩溶地面塌陷均是由人类工程及经济活动所造成的。因此，岩溶地面塌陷灾害往往发生在人口密集的城市、矿山或交通线上，给国民经济建设和人民生命财产带来了严重的影响和威胁。

按可溶岩的埋藏条件，一般将岩溶划分为裸露型岩溶、覆盖型岩溶和埋藏型岩溶3种类型。裸露型岩溶是指直接出露于地表的岩溶，覆盖型岩溶是指被第四纪松散堆积层所覆盖的岩溶，埋藏型岩溶是指为基岩所覆盖的岩溶。其中，覆盖型岩溶分布非常广泛，且与许多大中型城市关系密切。由于岩溶地面塌陷具有随机性、隐蔽性和突发性的特点，且诱发因素多而复杂，常常产生严重的地面塌陷灾害，造成重大经济损失，严重危害了人民的生命和财产安全。长期以来，岩溶地面塌陷已受到广泛的关注，国内外许多学者对其形成条件、成因机理、诱发因素、预测预报、防治原则、处理措施等做出了许多积极而有益的探索。

（一）岩溶地面塌陷概念

在可溶岩地区，由岩、土体塌陷导致的地面变形主要有两种成因：一是裸露型和埋藏型岩溶区由溶洞顶板坍塌而产生类似于天坑等的负地形，习惯上称为“岩溶塌陷”，主要存在于地质历史时期，在工程实际中少见。二是覆盖型岩溶区可溶岩上方土颗粒通过溶洞和/或岩溶孔隙丧失导致土体塌陷而引起的地面变形称为覆盖型岩溶地面塌陷，习惯上称为“岩溶地面塌陷”，在实际工程中极为常见，常常造成较为严重的损失。这是本书的研究内容，如无特别说明，本书中的“岩溶地面塌陷”“地面塌陷”及“塌陷”等简称即是指“覆盖型岩溶地面塌陷”。

岩溶包括岩溶作用和岩溶作用的结果（即岩溶现象）两方面。岩溶作用是水对可溶岩进行以化学溶蚀作用为主，以流水的冲蚀、潜蚀和崩塌等机械作用为辅的地质作用，是一个长期的、缓慢的地质作用过程。在工程寿命期内，它对岩溶地面塌陷基本不起作用，或者说，它产生的后果对岩溶地面塌陷基本没有影响。在岩溶地面塌陷的研究中，我们更关注地质历史时期岩溶作用的结果，即岩溶管道系统和/或溶洞。因为岩溶管道系统为上覆土体中的土颗粒提供了转移通道，为后续土颗粒丧失腾出空间；溶洞直接为土颗粒丧失提供储藏空间。它们一起为岩溶地面塌陷提供了天然条件。因此，本专著的研究成果也适用于其他类似于岩溶一样提供塌陷空间的土体塌陷，如地下工程施工或使用中导致的地面塌陷等（图片八）。

岩溶地质结构是指不同类型覆盖层和下伏可溶岩之间的上、下叠置关系。不同的岩溶地质结构，具有不同的塌陷机理，相应地具有不完全相同的预测、监测和防治方法。

可溶岩上方土体是经过地质历史时期的沉积与固结作用形成的，经历了地质历史时期长期的地质作用后，下伏可溶通道大多被堵塞。可溶岩与其上方覆盖层已经达到力学平衡状态。没有外力作用来破坏这种平衡，岩溶地面塌陷现象应该不会发生，尤其是在时间极为短暂的工程寿命期（与地质历史相比）内。因此，外部诱发因素产生的作用力是岩溶地面塌陷的动力，是重要的力源。

岩溶地面塌陷的诱因很多，按与土体的作用关系，可分为直接诱因和间接诱因两大类。这里，将直接产生作用力作用于土体之上的诱发因素称为直接诱因。例如，地下水渗流过程中，渗流直接将渗透压力作用在土体颗粒之上，使土体产生运动学响应，称“地下水渗流”是直接诱因；其他如堆载荷载、施工荷载、车辆振动荷载、地震荷载等都是直接将作用力作用于土体之上，也都属于直接诱因，不直接对土体产生作用力，而是通过其他方式间接地诱发出外力作用于土体之上的诱发因素称为间接诱因。例如，“大规模岩溶突水”没有将力直接作用于土体，而是由于岩溶水水位急剧下降，在密闭的岩、土空间内产生负压，然后由负压衍生出大气压力作用在土体之上。这里称“大规模岩溶突水”为间接诱因。其他如岩溶矿区大规模排水、大量开采岩溶水、施工降岩溶水等都属于间接诱因。

无论是直接诱因还是间接诱因，它们的作用是直接或间接地产生作用力，并使这些作用力作用于土体之上，使土体受到力的作用。这些作用力可能导致地面塌陷，也可能不导致地面塌陷，因而诱因不直接导致塌陷。诱发因素研究的目的是寻找出作用于土体上的外力来源、作用力的产生过程及其性质、大小、方向、作用位置和作用方式等，为岩溶地面塌陷作用力效果的研究提供依据。

外部诱发因素所产生的作用力的性质有相同之处，也有很多不同点。按作用效果进行等效归类，并分类研究，为建立通用的物理力学模型提供依据。例如，由地下大规模突水诱发的真空荷载，作用在土洞顶板上表面时，土洞顶板承受向下的面积荷载，其效果与土洞顶板上堆载荷载的作用性质相同，建立物理力学模型时，它可以和堆载荷载一并考虑，进行力的合成。同样是真空荷载，对于砂性土而言，真空荷载的表现形式不再是作用在地面的面积荷载，而是直接作用在流体（地下水）上的渗透压力，为体积力，此时的真空荷载的作用效果与地下水水头的作用效果相同。在这种情况下，应将真空荷载折算成为水头，与地下水水头叠加而一并考虑，从而建立统一的水力学模型。因此，作用力研究就是将诱因产生的作用力从诱因中分离出来，单纯从力学属性的角度研究各类作用力的共同作用方式。

土体塌陷机理研究就是研究土颗粒受外力作用后的运动学响应，即研究土体破坏过程中土颗粒的行为方式。受外力作用后，不同性质的土体将产生不同的运动学响应。如以老黏土为代表的黏性土，具有较高的凝聚力，土颗粒之间联系密切，往往形成“黏粒团”，在外力作用下，这些“黏粒团”整体运动，或多个“黏粒团”联系在一起发生块体运动，“一块一块”地崩落；以粉细砂为代表的松散土颗粒在重力和地下水的联合作用下“一颗一颗”地漏失；软弱土体则在重力和/或真空吸力等的作用下发生塑性流动，向岩溶孔隙或溶洞中“流失”。黏性土、砂性土和软弱土在塌陷过程中的这种运动学响应特征，决定了土洞型、沙漏型和泥流型3种塌陷机理。

综上所述，在覆盖型岩溶地区，岩溶孔隙和溶洞为土体中土颗粒的丧失提供了通道或储存空间；各种诱发因素（包括直接诱因和间接诱因）产生一种或多种作用力，单独或共同作用在土体上，最终导致黏性土块体坍塌、砂颗粒漏失或软弱土流失，从而导致地表宏观变形，即发生地面塌陷。因此，在岩溶地面塌陷中，塌陷的主体既不是诱因，也不是岩溶，而是土体本身。诱因和岩溶只是分别提供了土体塌陷的作用力和空间条件。据此，将岩溶地面塌陷定义为："在覆盖型岩溶地区，岩溶孔隙、溶洞等提供土颗粒运移通道和/或储存空间，外部诱发因素直接或间接地产生的作用力导致土体"黏粒团"坍塌、砂颗粒漏失或软弱土流失而引起的地面沉降变形现象"。这一表述突出了地面塌陷的核心是土体塌陷而非其他，岩溶现象提供了土体塌陷的充分而非必要条件（因为其他地下空间也可导致同样的土体塌陷），诱因提供塌陷所需的动力。这个概念明确了岩溶地面塌陷中塌陷主体、条件和作用力之间的关系，指明了岩溶地面塌陷的研究重点和研究方向。

二、岩溶地面塌陷诱因及其作用力

诱发因素的作用是为地面塌陷提供作用力。本章将分两节分别讨论岩溶地面塌陷的诱发因素及其产生的作用力。

（一）塌陷诱发因素

研究表明，土体塌陷的诱发因素很多，有坑道排水、坑道突水、开采岩溶水、施工降岩溶水、地表水入渗、河水涨落、桩基施工振动、钻探施工、车辆振动、地震、施工荷载、货物堆载、基坑开挖、溶蚀破坏、贯穿破坏、胀缩与崩解、植物根蚀等。根据它们提供作用力的方式，可以将诱发因素归为 3 种类型，即水的作用、荷载作用和土体弱化作用。

1．水的作用

水在各种塌陷中起着重要的作用，如我国北方的岩溶地面塌陷主要是地下水活动造成的。作为外部因素的水的作用，主要以直接作用、间接作用和媒介作用 3 种方式影响着土体塌陷，即地表水、地下水或是直接对塌陷土体产生潜蚀作用和压力作用（直接作用），或是改变着土体本身的物理力学性能（间接作用），或是间接地对土体产生作用力（媒介作用）。

（1）水的直接作用

地下水的直接作用，就是地下水活动时，其产生的作用力直接作用于塌陷土体之上，使土颗粒产生相应的运动学响应，从而导致土洞形成和/或地面塌陷变形。水的直接作用包括潜蚀作用和压力作用两方面。

1）潜蚀作用

目前，在地质学、地貌学、气候学、地理学、水土保持、工程地质以及岩土工程等领域，诸多学者在各自的研究领域，出于各自的研究目的，采取不尽相同的研究方法和手段，不同程度地研究了潜蚀作用现象

由于潜蚀作用发生环境的多样性、作用方式的复杂性、发生过程的随机性，加上行业之间缺乏既有理论和经验知识的交流与渗透，使得潜蚀作用研究还存在一系列的不足，尤其是各种潜蚀作用过程概念的内涵和外延存在较大的差异。例如，目前国内外诸多文

献中，涉及到潜蚀及其相关的各种作用、过程、现象的许多名词和术语，由于学科上的习惯不同、表达方式不同、研究目的和所要表达的意思不同，以及文化的差异或者在理解和应用方面逐渐发展与演变，使得原本用来描述同一本质现象或过程的名词或术语变得不能统一。更为严重的是，还存在以相同的术语来描述本质不同的潜蚀作用或过程的现象。这给学术交流造成了极大的不便。

在工程地质及岩土工程界，大多数人认为潜蚀就是发生在无（少）黏性土中的管涌和流土等渗流破坏。其实这是一种狭义的理解。李喜安等（2010）对潜蚀作用进行深入研究后，对潜蚀内涵和外延进行了较为全面的定义。笔者赞同并采用其观点，即潜蚀作用是地下水在地表以下对岩、土体产生的各种形式侵蚀作用的总称，包括物理潜蚀和化学潜蚀两种主要类型。

物理潜蚀又称机械潜蚀，泛指地下一切以水的各种物理作用为主的侵蚀现象，它包括两种情况：①在多孔介质中的渗流作用下发生的潜蚀，即渗流潜蚀，其主要作用力是渗流力，这是目前大多数研究者认同的潜蚀概念；②地下孔流、空腔流、管流、洞穴流乃至于地下河流等挟沙水流的动力冲刷作用为主的潜蚀，这里笔者将其统称为冲刷潜蚀，其主要作用力是地下径流的冲刷力。以往所说的机械侵蚀，大多没有考虑这两种地下径流作用方式的区别，因此常常在概念上造成混淆。许多文献甚至把机械潜蚀局限于描述多孔介质中渗流作用下发生的潜蚀。这在理论上缺乏严密性。需要说明的是，地下物理风化剥蚀及地下重力侵蚀两种地下侵蚀由于并非地下水直接作用，且一般无明显的物质流失，因此不属于潜蚀范畴。

化学潜蚀泛指地下一切以各种化学作用为主的侵蚀现象，是水流从岩、土中溶滤并带走可溶盐类，削弱岩石内部联结，使岩、土松散的现象，常为机械潜蚀创造流通条件。化学潜蚀包括化学风化潜蚀和化学溶蚀，且以化学溶蚀为主。化学溶蚀广泛发生在可溶性岩层中，其概念较为明确。

（1）渗流潜蚀作用。渗流是流体在多孔介质中的流动。受边界条件及作用力等的控制，渗流存在各种不同渗流方向。渗流潜蚀作用是指地下水在渗流过程中对土颗粒所产生的“拖拽力”而导致土体发生内部破坏或渗流出口处土体局部破坏作用。渗流潜蚀作用是一种常见的、典型的潜蚀作用，其作用力的大小与作用水头相关，即与渗透比降成正比；作用力方向与渗流方向相同。根据渗流方向的不同，可大致区分为水平渗流潜蚀作用、垂直渗流潜蚀作用和斜向渗流潜蚀作用 3 种类型。水平渗流潜蚀作用、垂直向上渗流潜蚀作用是较为常见的渗流作用，在水利工程和基坑工程中研究较多；地表积水时可发生垂直向下的渗流作用；在已经形成真空的土洞周围土体中，由于真空负压作用，在理论上，土体中的地下水将垂直于洞壁向空腔中心渗流，即斜向渗流作用。

①管涌：是指在任意方向渗流作用下，在砂或砂质土层内部空腔或外部渗流出口处，细颗粒在粗颗粒形成的孔隙通道中集中移动、流失，或伴随着细颗粒的流失粗颗粒也继而流失，从而形成管状侵蚀通道的现象。这个定义明确指出：a. 管涌是在渗流作用下形成的，以与有压或无压的孔流、空腔流、管流、洞穴流乃至于地下河流等作用下的各种

侵蚀现象相区别；b. 发生管涌的渗流方向是任意方向的，避免了有的文献只把管涌分为垂直管涌和水平管涌的局限性；c. 发生管涌的土是砂或砂质土，因为黏性土中一般不发生管涌；d. 管涌既可发生在土层内部空穴壁或洞穴壁渗流出口处（层内管涌），也可以发生在土层外部临空面渗流出口处（即一般意义上的管涌）；e. 细颗粒是集中移动或流失，并最终能够形成管状侵蚀通道，避免了与渗透压密等概念的混淆；f. 对发生于层间的接触管涌亦适用；g. 既包含了无害管涌，也包含了有害管涌（包含粗颗粒的移动、流失，随着孔隙扩大和渗流流速增加，较粗的颗粒也相继被水流逐渐带走而形成贯通的径流管道，是一种渐进性质的破坏）。

由于管涌过程不是土体的整体运动，因此不能对土体整体进行受力分析。但若用横截面毛管模型表示骨架孔隙,则可取单个可动细颗粒及其赋存的圆管空间作为研究对象,对可动细颗粒进行受力分析。根据静力平衡条件，可分别求得管涌的启动条件如下。

当渗流方向向上时：

有害管涌中可动细颗粒的启动条件与无害管涌相同，不同的是无害管涌中粗颗粒胶结强度较高或渗流力较小，因此粗颗粒能够形成稳定支架而不至于破坏，但有害管涌中可能由于粗颗粒胶结强度不够或渗流力较大使得粗颗粒启动而发生破坏。

②渗透压密：在任意方向的渗流作用下，细颗粒在土体内发生移动，但由于渗透边界条件的限制而不流失于土体以外，饱和土体在渗透力作用下会发生体积缩小的现象，正如松散堆积体在自重作用下产生自重压密一样。这种在渗透力作用下发生的土体整体或局部体积缩小的现象可称为渗透压密。

以往大多都是研究土体在外荷载或自重作用下的压密，很少研究由于渗透力产生的压密问题。实际上尽管人们已经利用渗透压密原理为工程服务 . 但对渗透压密机理的理论至今揭示很少，以致限制了对一些问题的深入认识。如土的渗透系数与施加于试样的水力比降有关，其本质是渗透压密作用的反映。水力冲填坝和尾矿坝利用渗透压密作用提高初期填土的干密度，堤坝的渗流控制时用天然淤积铺盖来提高防渗性能等，均属于利用渗透压密原理为工程服务的典型实例，但通常只认为是自重作用而忽视了渗透压密作用。另外，许多工程问题又与渗透压密性状有关，如一些工程的天然铺盖，在运行多年后仍产生裂缝，主要是水头的变化引起铺盖渗透压密产生的不均匀沉降所造成。

③接触管涌：渗流垂直于两种不同介质接触面运动时，在土层中形成管状通道，或渗流沿着两种不同介质接触面运动时将颗粒带出而形成管状通道的现象，这两种现象统称为接触管涌。前者一般发生在颗粒粗细相差较大的两种土层的接触带处，如反滤层的机械淤堵等；后者多发生于建筑物与地基、土坝与涵管等接触面或裂缝处，因为岩性差异界面往往是渗流优势通道，对渗流方向具有引导作用。

实质上，所谓接触管涌只是土力学中的一个名词，且其概念并没有前述管涌定义中的在土层中形成管状通道限制。但就其结果来看，如果在土层内部形成管状通道，则符合管涌的概念（层内管涌）；如果细颗粒被均匀地带入另一层土体中，即不是管涌定义中的集中移动或流失，未在土层内部形成管状通道，从严格意义上来讲不符合管涌的概念，其本质仍属于一种渗透压密现象，因此将其称作接触压密或接触渗透压密更为确切。

④流土：土力学中对流土渗流方向进行了限定，即流土是在向上的渗透水流作用下，表层一定范围的土体或颗粒同时悬浮、移动的现象（图 3-7）0 这个概念在潜蚀工程地质中太受局限。在许多情况下，如在洞穴侵蚀中，沿洞壁流出的任意方向的渗流作用下皆有可能发生流土。因此，这里定义流土是在任意方向渗透力作用下，饱和土体中局部土体所有颗粒同时整体起动而发生鼓胀、悬浮、移动或流失的现象；在洞穴或地下空间内其他方向的渗流作用下发生的流土则可称为顶部流土、侧向流土和斜向流土。这个流土概念的外延适用范围更广，内涵更为具体。

渗流基本作用方式可归纳为：a. 渗透力从无到有、由小到大逐渐增加直至大于饱和土体强度时土体发生的移动或破坏，即普通意义上的流土；b. 由于水动力条件的改变，使得渗流区某一区域内渗透力增大至超过饱和土体的破坏强度，附加渗流压力还来不及传递出去就使部分土体发生了破坏（破坏土体是饱和的）；c. 土体的破坏水头可能比有稳定渗流时产生的水头小（即土体强度小于渗透力），这样一旦土层中产生渗流就会使土体发生破坏（破坏部分土体非饱和）；d. 超过土体破坏强度的渗流力是突然施加的，破坏的那部分土体中还来不及产生渗流就发生了破坏（破坏的那部分土体是非饱和的）。除上述 4 种渗流作用方式外，还存在渗透力由大到小逐渐减小，以及渗透力时大时小不稳定的情况，但这些无助于我们用来阐明物理潜蚀作用的机理，因此不进行探讨。

在前述的 4 种渗流作用方式中，前两种发生流土，后两种虽然也是局部土颗粒整体起动破坏，但发生破坏的那部分土体在破坏的瞬间是非饱和的，分析其力学机理时采用的容重不一样（湿容重、天然容重），因此应予以区别。为了突出渗流作用方式的特点，可将之称作突涌（soil burst）。考虑到渗流方向的差别，可将突涌分为底突、顶突、侧突和斜突 4 种类型。

由流土及突涌的概念可以看出，突涌和流土十分相似，这也是实际应用中极易发生概念混淆的主要原因。实际上，若不需考虑土的饱和与非饱和，则可将突涌看作是一种特殊的流土。而在现实中，突涌破坏以后的后续变形破坏过程中土已达到饱和，因此从这个角度来讲后续的变形破坏过程已属于流土范畴。

（2）冲刷潜蚀作用。地下径流在径流通道中冲刷作用下形成的侵蚀称作地下冲蚀或地下冲刷侵蚀，这里将之称为冲刷潜蚀作用。冲蚀作用必须具备各种节理裂隙（尤其是构造节理、垂直节理、湿陷裂隙、卸荷裂隙等）或动植物孔洞等自由空间和通道，或者具备由其他形式潜蚀作用所形成的自由空间和通道，因而地层的结构特征以及许多情况下前期发生的渗流破坏是地下水流冲蚀作用的前提条件。

在冲刷潜蚀作用过程中，地下水位在土 / 岩界面处频繁波动对岩面附近土体产生胀缩 - 崩解作用，崩解性土、膨胀土等表现得更为明显：地下水位上升时，地下水浸泡土体，降低土体强度，同时使土体发生崩解；地下水位下降，土体失水，产生干裂，为下次水位上升时土体破坏创造条件。已经脱离母体的土颗粒随地下水的运移而被搬运它处，在岩面附近形成土洞。

（3）化学潜蚀作用。水本身可离解成 H+、OH- 离子，使水成为具活泼离子的离解溶液。各种弱酸强碱或强酸弱碱的盐类矿物溶于水后，也出现离解现象，这些离解物可与水中活泼的 H+、OH 离子发生化学反应，形成新矿物。

溶蚀作用中的化学溶蚀主要指地下水活动过程中对可溶性岩石的溶蚀，形成各种类型的溶蚀现象，其典型代表就是碳酸盐岩的溶蚀作用。

2）压力作用

（1）地表水的荷载作用：当出现强烈降雨、洪水淹没、水库蓄水等情形，且水体得不到及时排泄时，地表水就会直接覆盖于土体之上，除了向土体中渗透外，还直接给土体加载。这种加载的作用效果类似于土洞顶板上的堆载荷载。

（2）地下水的水头作用：当下伏可溶岩中的地下水承压时，地下水水头压力直接作用于上覆土层底部。如冲（气）爆塌陷致塌模式即是这种水头作用的结果。

2. 间接作用

水的间接作用主要表现在改变土体的物理力学性能：①随着土的含水量增加，土的状态发生改变，即导致黏性土的状态由硬塑 - 可塑—软塑—流塑转变，这可导致塌陷机理由土洞型塌陷转化为泥流型塌陷（详见后文）；②增大土洞顶板土体的含水量，相应增大了土体的重度，从而加大重力；③降低土体的抗剪强度，减小土体的摩擦力和凝聚力。水的这些作用极大地降低了土体的稳定性。

3. 媒介作用

地下水的媒介作用是指地下水成为其他诱发因素的一种有效媒介，将其他因素的影响转化为作用力，作用在土体上，而水体本身不对盖层产生直接的力的作用。

如岩溶矿区大规模突水本身与岩溶地面塌陷没有直接的力的作用，它对岩溶地面塌陷的影响是通过水媒介来完成的。岩溶矿区大规模的突水导致地下水位急剧下降，同时在岩、土体已存空洞内形成真空，通过大气压力衍生出来的真空压力作用于土体之上，导致土体失稳而产生地面塌陷。其他如坑道排水、开采岩溶水、施工降岩溶水等活动中，地下水都是起着媒介作用，将这些活动所产生的力转化为岩溶地面塌陷的作用力。

4. 荷载作用

外加荷载是指外加于土洞顶板之上的荷载，包括外加静荷载和外加动荷载两类。桩基施工振动、钻探施工、车辆振动、爆破、地震、施工荷载、货物堆载等都是通过荷载作用导致岩溶地面塌陷的。

（1）外加静荷载

据土洞顶板的受力方向，外加静荷载可区分为向下的正向荷载和向上的逆向荷载两类。

1）外加正向荷载

真空吸蚀作用是常见的外加负压现象。洞顶负压（正向荷载）通常是由可溶岩中的地下水位突降所产生，在大气压的作用下，土洞拱效应丧失，从而产生岩溶地面塌陷。另外，桩基施工过程中产生的针管吸蚀现象也可产生负压，即正向荷载。

施工堆载、货物堆载、车辆、汛期洪水和内涝高水位等地表水的超载作用都会在土洞上方产生正向荷载。

自然状态或人为诱发地下水位下降，地下水对覆盖层或土洞顶板原有的浮托力减小或消失，相当于给洞顶增加了正压。当加荷量超过土洞拱顶负荷时，土洞拱效应丧失，产生岩溶地面塌陷。

2）外加逆向荷载

水库蓄水时地下水位上升产生的冲（气）爆作用、浮力作用等给土洞顶板自下而上的逆向荷载。

（2）外加动荷载

外加动荷载主要指各类震（振）动荷载，如地震荷载、施工振动荷载、车辆振动荷载等。

地震不仅产生强烈的破坏作用，导致基岩断裂，形成渗漏通道，而且可疏通原来已经存在的岩溶孔隙，同时使上覆饱和砂土发生液化或软土震陷，可产生岩溶地面塌陷，更可直接将土洞顶板破坏而产生地面塌陷。2005 年 11 月 25 日，江西省瑞安市与九江县交界处发生里氏 5.7 级地震，诱发了较大规模的岩溶地面塌陷。

可溶岩区的施工动荷载，如爆破、冲孔桩、静压桩，冲击钻孔施工以及施工设备的振动等，既可使浅部溶洞顶板破裂、失稳，将已存并堵塞的溶蚀孔隙导通，为上覆松散砂颗粒提供渗漏通道，同时也可使饱和松散砂土、粉土产生液化，从而导致岩溶地面塌陷。尽管施工动荷载的破坏作用比地震作用要小得多，但是其诱发岩溶地面塌陷的案例仍时有发生。2008 年初，武汉市汉南区陡埠村发生的岩溶地面塌陷即是由于大规模的静压桩施工诱发的。1997 年 11 月 11 日桂林柘木村因漓江河道爆破诱发严重塌陷，约 0.2km2 范围内出现 14 处塌陷，造成 4 户民房倒塌、64 户房屋开裂。

在交通繁忙的可溶岩区，频繁来往的汽车、火车等车辆振动也会诱发岩溶地面塌陷。江西宜春火车站候车大楼下伏下二叠统栖霞组灰岩，基岩面起伏大，岩溶发育，由于火车进出站振动和人员流动荷载等，使桩基础桩尖顺岩面滑移，以及小溶洞顶板陷落，导致整个大楼发生不均匀沉降和墙体开裂变形。

5. 土体弱化

土体弱化是指土洞顶板厚度、土层结构、土的物理力学性能等发生改变而导致承受外力作用的能力降低。导致土体弱化的因素包括基坑开挖、溶蚀破坏、贯穿破坏、胀缩与崩解、植物根蚀及水的作用等。

基坑开挖是从上部减小土洞顶板厚度，胀缩与崩解是从下部使土洞顶板变薄，溶蚀、贯穿和植物根蚀则是破坏土洞的结构，水的作用之一是改变土体的物理力学性质。这些因素只是对土洞顶板进行了改造，或改变了土层的厚度，或改变了土层的结构，或改变了土的表面摩擦力等，使土体的抗塌能力减弱。

第二节　滑　坡

一、滑坡的概念

在我国，滑坡一般指狭义概念的滑坡，是指构成斜坡的有滑动历史和滑动可能性的岩、土体边坡，在重力作用下伴随着其下部软弱面（带）上的剪切作用过程而产生整体性运动的现象。我国的《地质灾害管理办法》中对滑坡的定义是：斜坡上的土体或岩体，受河流冲刷、地下水活动、地震及人工切坡等因素的影响。在重力的作用下，沿着一定的软弱面或软弱带，整体地或分散地顺坡向下滑动的自然现象。

在滑坡研究的历程中，国外一直流行广义的滑坡概念，是指那些构成斜坡坡体的物质一天然的岩石、土、人工填土或这些物质的结合体向下和向外的移动现象。自 20 世纪 70 年代以来，有人用“斜坡移动”或用“块体运动”等术语来代替广义的滑坡概念，它包括了落石、崩塌、滑动、侧向扩展和流动五大类型。

从以上滑坡的定义可以看出，滑坡灾害具备以下特征：

（1）滑坡的物质成分就是那些构成原始斜坡坡体的岩土体。斜坡坡面上的其他物质（如雪体、冰体、动加载体、动植物体等）顺坡面下滑都不是滑坡现象，甚至于坡面上的岩块、土块等岩土碎屑物质零星的顺坡面下滑也不属于滑坡现象。

（2）滑坡是发生在地壳表部的、处于重力场之中的块体运动，产生块体运动的力源是重力。当各种条件的有利组合使块体的重力沿滑动面（带）的下滑分力大于抗滑阻力时，部分斜坡体即可脱离斜坡（母体）发生滑动。而诸如蓄水后的大坝坝肩对两端山体施加侧向推力而产生的山体移动现象，只能称之为滑移，不属于滑坡的范畴，本书中也不予讨论。

（3）滑坡下部的软弱面（带），是滑坡发生时的应力集中部位，斜坡体在这一位置上发生剪切作用。自然界中的许多所谓“岩崩”“山崩”等现象，实质上仍然是滑坡现象。但从滑坡体解体后的各个局部块体来看，它们在滑动的过程中还同时发生了倾斜、翻滚，块体之间还发生挤

压和碰撞。这样的滑坡具备了一些崩塌的特征，可以将这类滑坡看作是滑坡与崩塌之间的过渡类型，称为崩塌性滑坡。

（4）斜坡体内的软弱面（带）往往也有很多层，有的坡体内同时发生滑动剪切的软弱面（带）也不止一个。有的滑坡虽然只有一个发生着剪切作用的软弱面（带），但随着边界条件的变化，也可能会向上或向下转移到一个新的软弱面（带）位置上继续发生剪切滑动作用。

（5）整体性也是滑坡体的重要特征，至少在启动时滑坡体是呈现整体性运动的。许多滑坡在运动过程中也还能保持自身大体上的完整状态．但也有些滑坡体因岩土体结构、滑动面（带）起伏、含水量、剪出口位置等原因发生变形或解体，从而表现为崩塌性滑坡。

（6）通常情况下，滑坡是包含着滑动过程和滑坡堆积物的双重概念。滑动过程带来的灾害，早已引起人们的重视，而对滑坡堆积物的危害还未引起重视，研究也不多。滑坡堆积物是滑坡运动后的产物，不仅是指直接参与了滑动过程而停积下来的物质（即滑坡体本身所形成的堆积物），而且还包括了由于滑坡作用的影响而间接形成的堆积物，如水下的浊流堆积物、滑坡堰塞湖中的静水堆积物等。

二、滑坡的发育阶段

滑坡的发生、发展过程是有阶段性的。根据大量的现场实际资料、观测成果、滑坡模型试验和相关的岩土力学研究成果，比较公认的是将滑坡的发生、发展、消亡的过程分为蠕滑、滑动、剧滑和趋稳 4 个阶段。

（一）蠕滑阶段

滑坡发育的第一阶段，即斜坡上的岩（土）体在重力作用下，应力在坡体中结构面（层面、节理、裂缝等）的两端和凸点处集中，并发生蠕滑变形。蠕滑阶段的变形特征有：

（1）首先是山坡上部出现裂缝，接着裂缝下侧的土体发生缓慢位移，每月变形仅数厘米甚至更小，而部分巨型滑坡后缘裂缝可以因滑坡体长时间的巨大变形积累能被拉开数十米。

（2）在此阶段，即使后缘出现拉张裂缝也并不明显，有时甚至很快被自然营力填充夷平。大型、巨型滑坡的后缘也可历时千万年而发展成洼地，在宏观地貌上仅可见后缘长期蠕滑的结果 - 洼地，但总体轮廓可能并不明显。

（3）局部的蠕滑点逐步发展成剪切变形带，剪切变形带内的抗剪强度由峰值逐渐降低，坡体表现出缓慢的蠕滑变形。

（4）这一阶段历时较长，有的达数年、数十年甚至上百年，最长可达2万至3万年（国家防汛抗旱总指挥部办公室等，1994）。

（5）该阶段除了重力以外的诱发因素作用并不明显，稳定系数从约 1.20（或更大）向 1.10 左右变动。

（二）滑动阶段

滑坡发育的第二阶段。随着剪应力将滑面上的各锁固段（点）逐个剪断．坡体的变形越来越大，表现出变形缓慢增加，此时潜在滑面的强度为滑动面的残余强度，时间应变曲线为光滑的曲线或跳跃式的位移。滑动阶段的变形特征有：

（1）宏观地貌形态上开始显露出滑坡的总体轮廓，在纵向上可见解体现象。同时，滑坡周界的裂缝已基本连通，后缘可见拉张裂缝，部分可见前缘鼓张裂缝。

（2）剪切滑带（滑动面）已逐渐形成，滑带可见擦痕、镜面等滑动现象。

（3）这一阶段发育的时间有长有短，诱发因素对加速滑动发育过程起主导作用。

（4）在滑坡发生过程中，常会出现地下水异常、动物异常、声发射、地物、地貌改变、滑坡后壁或前缘出现小崩塌等现象。

（5）滑坡呈匀速位移或缓慢增大，并有逐渐增大的趋势。

（6）该阶段稳定系数从约 1.10 向 1.00 左右变动。

（三）剧滑阶段

剧滑阶段又称为加速滑动阶段，是滑坡发育特征最为明显、变形速率最快、最可能发生破坏的阶段。当滑动面基本贯通，滑动面上的残余强度接近滑坡体的下滑力时，岩体处于快速位移状态，位移历时曲线迅速向上扬起。这一趋势继续发展，最终将导致滑坡的发生。剧滑阶段的变形特征有：

（1）滑坡体上各种类型的裂缝都可能出现，但变化很快。后缘和侧缘裂缝两边出现滑坎，后壁上常有小崩塌发生，中段有很多的拉张裂缝，前缘出现扇形裂缝。

（2）滑动面已完全贯通，形成完整的滑面。

（3）滑坡体在重力作用下发生滑动，表现为一次或断断续续的多次完成滑动过程，一般历时较短。

（4）诱发因素继续起作用，特别是断断续续发生滑动的滑坡，其诱发因素的作用十分明显。

（5）随着滑坡的滑动，常常出现地光、尘烟、地声、重力型地震、冲击气浪等伴生现象。

（6）该阶段稳定系数首先从约 1.00 变动到 0.90（或更小），再转而增大至 1.00o

（四）趋稳阶段

该阶段是在剧滑阶段之后发生的，位移速度减慢，各块间变形逐步停止，滑带在压密下排水固结，地表无裂缝、沉陷发生，最后完全稳定下来。趋稳阶段的变形特征有：

（1）滑坡裂缝以及剧滑阶段所产生的后期变形裂缝均因外营力的作用而消失，或因水力冲刷作用而发展成冲沟。

（2）可见滑坡湖、滑坡湿地（沼泽）. 典型的滑坡形态逐渐消失。

（3）剪切变形带逐渐压密固结 . 抗剪强度逐渐增大，总体上滑坡向稳定方向发展转化，直至完全稳定。

（4）诱发因素可继续其作用，只有当 3 个滑坡发生的基本条件有缺失时，诱发因素的作用才会消失。

（5）该阶段稳定系数首先从约 1.00 向 1.20（甚至更大）变动。

也有的科学工作者将滑坡的发生划分为 3 个或 6 个阶段，主要差别在于对蠕动变形阶段的划分，对于最后 2 个阶段（剧烈滑动和稳定压密）的划分大同小异。宏观上人们只能在滑动阶段和剧滑阶段，根据一系列的伴生现象感知到滑坡运动。

三、滑坡的发育特征

斜坡产生滑动之后，形成环状后壁、台阶、垄状前缘等特殊的滑坡地貌，外表看上去很像一只倒扣过来的贝壳。为了正确地识别滑坡，判定斜坡上有没有滑坡的存在，首先需要知道组成滑坡的不同要素以及它们的相互关系和位置。一个发育比较典型的滑坡，通常由滑坡体、滑动面、滑坡裂缝、滑坡壁、滑坡台阶、滑坡舌（滑坡鼓丘）等要素所组成。

（一）滑坡体

斜坡边缘与山体（母体）脱离并且向下滑动的那部分岩土体．称为滑坡体，或简称滑体。滑坡体上的土石松动破碎，表面起伏不平，裂缝纵横，有些洼地积水成沼泽，长着喜水植物。不同滑坡体的体积差别很大，小型滑坡只有十几到几十立方米，大型滑坡体可达几百万至几千万立方米，特大型的甚至可达几亿立方米或更大。

（二）滑坡周界

滑坡体与其紧挨着的周围不动土石体（母体）的分界线，称为滑坡周界。有些滑坡周界明显，有的周界很不明显。只有确定了滑坡周界．滑坡的范围也才能圈定。

（三）滑坡壁

滑坡体后部与母体脱离开的分界面露出在外面的部分，在平面上多呈圈椅状，其高度视滑动量与滑体大小而定，从数米至数百米不等。陡度多在 30° ～ 70° 之间似壁状，称滑坡壁或滑坡后壁。一般在新的滑坡壁上都可以找到滑动擦痕，擦痕的方向即表示滑体滑动的方向。

（四）滑坡台阶

由于滑坡体上下各段各块的滑动时间、滑动速度常常不一致，在滑坡体表面往往形成一些错台、陡壁，这种微小的地貌称为滑坡台阶或台坎，而宽大平缓的台面则称做滑坡平台或滑坡台地。

（五）滑动面、滑动带和滑坡床

在滑坡体移动时，它与不动体（母体）之间形成一个界面并沿其下滑，这个面就叫做滑动面，简称滑面。滑动面以上揉皱的、厚数厘米至数米的扰动地带，称为滑动带，简称滑带。滑动面以下的不动体（母体），叫做滑坡床。有些滑坡并没有明显的滑动面，在滑坡床之上就是软塑状的滑动带。

（六）滑坡舌

滑坡体前面延伸至沟堑或河谷中的那部分舌状滑体，称为滑坡舌，也叫做滑坡前缘、滑坡头部或滑坡鼓丘。在河谷中的滑坡舌，往往被河水冲刷而仅仅残留下一些孤石。称做滑坡鼓丘时，常常是由于滑坡体向前滑动过程中受到阻碍而形成了隆起的小丘。

（七）主滑线

滑坡体滑动速度最快的纵向线叫做主滑线，也叫滑坡轴。主滑线代表着一个滑坡整体滑动的方向，它位于滑坡体上推力最大、滑坡床凹槽最深的纵断面上，是滑坡体最厚的部分。主滑线或为直线，或为曲线、折线，主要取决于滑坡床顶面的形状。

（八）滑坡裂缝

滑坡在滑动之前和在滑动过程中，由于受力状况不同，滑动速度不同，会产生一系列裂缝，这些裂缝一般可以分为 4 种：

（1）拉张裂缝，分布于滑坡体上部的地面，因滑坡体向下滑动或蠕动．产生拉张作用，形成若干条长 10 多米到数百米的张口裂缝，且多呈弧形，其方向与滑坡壁大致吻合或平行；位于最外面的一条拉张裂缝，即与滑坡壁重合的一条，通常称为主裂缝。

（2）剪切裂缝，分布于滑坡体中下部的两侧，由于滑坡体和相邻的不动土石体之间相对位移产生剪切作用，或者由于滑坡体中央部分比两侧滑动更快而产生剪切作用，因而形成大体上与滑动方向平行的裂缝。在这些裂缝的两则，还常常派生出羽毛状平行排列的次一级裂缝。有时．由于挤压和扰动，沿着剪切裂缝常形成细长的土堆。

（3）鼓张（隆张）裂缝。当滑坡体向前方滑动时，因为受到阻碍或上部滑动比下部为快，土石体就会产生隆起并开裂形成张开的裂缝，鼓胀裂缝的方向与滑动方向垂直或平行。

（4）扇形张裂缝．分布在滑坡体中下部，尤以滑坡舌部为多，因滑坡体下部向两侧扩散而形成．它们也属于张开的裂缝。这些裂缝的方向，在滑坡体中部大致与滑坡滑动方向平行或成锐角相交，在滑坡舌部则呈放射状，所以称为扇形张裂缝或放射状裂缝。

（九）封闭洼地

滑坡体向前滑动后，与滑坡壁之间拉开成沟槽或陷落成洼地，从而形成四周高、中间低的封闭洼地。封闭洼地中如果因滑坡壁地下水在此出露，或地表水在此汇集，形成湿地或水塘，就称为滑坡湖。

需要指出的是滑坡的外貌特征往往只有新生滑坡或产生不久的滑坡才显露得比较典型，发生时间较久的老滑坡，由于人为活动或自然的原因，它们的本来面貌常常受到破坏，以致不容易观察出来，必须通过仔细的调查，寻找出残留的特征和迹象，才能正确地加以识别。

四、滑坡与边坡的区别

在工程实践中，还常常牵涉到区别边坡与滑坡的不同概念。不同领域的工程技术人员通常对边坡与滑坡有不同的理解，也经常混淆其发生机理的不同和防治措施的区别。本书的侧重点在于研究滑坡的发生机理、稳定性分析和防治措施，有必要对边坡和滑坡加以区分。

边坡和滑坡在成因、破坏面的形成、稳定性分析方法等方面有明显的不同，在防治措施上也形成了不同的体系。有时候尽管采用同一种结构的工程措施，但其受力特点、计算方法是有区别的。但是，我们在工程实践中又缺乏严格的区分标准，本书采用郑颖人等（2011）的区分办法，首先明确边坡和滑坡的概念，主要有以下 3 点：

（1）一般情况下边坡是指由于工程原因而开挖或填筑的人工斜坡；而滑坡是指由于自然原因而正在蠕动或滑动的自然斜坡。

（2）边坡在开挖与填筑前坡体内不存在滑面，但可以存在未曾滑动的构造面，无蠕动或滑动迹象；滑坡在坡体中存在天然的滑面，已有蠕动或滑动迹象。

（3）当人工斜坡内存在天然的滑面或引发古老滑面复活时，称之为人工滑坡；反之，当天然斜坡危及工程安全而需要治理时，则称之为自然边坡。

由以上 3 点可以看出，边坡与滑坡的区别在于：①边坡是涉及工程建设的人工斜坡，即使是自然边坡也必须与工程建设有关；而滑坡通常是由于自然原因引发蠕动与滑动的自然斜坡，只有工程滑坡才与工程建设有关。②边坡坡体的滑面是由于人工开挖与填筑后才形成的，原先并不存在，且坡体无蠕动与滑动迹象；而滑坡具有自然的滑面，且坡体有蠕动与滑动迹象。

本书的研究涵盖了与工程建设有关的人工滑坡和危及人民生命财产安全的自然滑坡。

五、滑坡与崩塌的区别

崩塌的概念也有广义与狭义之分。狭义的崩塌是指陡峻斜坡上岩土块体在重力的长期作用下，发生突然的断裂、倾倒而产生急剧的倾落运动；广义的崩塌还包括坠落概念。坠落是指斜坡上呈悬空状态的岩土块体在长期的重力作用下弯曲而折断，以自由落体方式运动的现象。

崩塌多发生在 60° ～70° 的斜坡上。崩塌体为土质的，称为土崩；崩塌体为岩质的，称为岩崩；大规模的岩崩．称为山崩。崩塌体与坡体的分离界面称为崩塌面，崩塌面往往就是原有的倾角很大的结构面，如节理、片理、劈理、层面、破碎带等。崩塌体碎块在运动过程中滚动或跳跃，最后在坡脚处形成堆积地貌 - 崩塌倒石锥。崩塌倒石锥结构松散、杂乱、无层理、多孔隙；由于崩塌所产生的气浪作用，使细小颗粒的运动距离更远一些，因而在水平方向上有一定的分选性。

现实生活中，崩塌与滑坡常被混淆，尤其是发生在高山峡谷区的大型崩塌群体更不易与滑坡划分开来。但是崩塌与滑坡的勘察、评价及防治方法却相差很大，必须加以区分。正确区分崩塌与滑坡不仅具有理论意义，而且具有极大的现实意义，有助于使防灾措施更具针对性和实用性。

对于发生环境来说．滑坡和崩塌如同季生姐妹．甚至有着无法分割的联系。它们常常相伴而生，产生于相同的地质构造和地层岩性条件下，且有着相同的触发因素，容易产生滑坡的地带也是崩塌的易发区。例如宝成铁路宝鸡至绵阳段，即既是滑坡的多发区，又是崩塌多发区。

崩塌可转化为滑坡：一个地方长期不断地发生崩塌．其积累的大量崩塌堆积体在一定条件下可生成滑坡；有时崩塌在运动过程中直接转化为滑坡运动，且这种转化是比较常见的；有时岩土体的重力运动形式介于崩塌式运动和滑坡式运动之间，以至于人们无法区别此运动是崩塌还是滑坡，因此地质科学工作者称此为滑坡式崩塌或崩塌型滑坡。崩塌、滑坡在一定条件下可互相诱发，互相转化，例如，崩塌体击落在老滑坡体或松散不稳定堆积体上部，在崩塌的重力冲击下，有时可使老滑坡复活或产生新滑坡；滑坡在向下滑动过程中若地形突然变陡，滑体就会由滑动转为坠落，即滑坡转化为崩塌。有时，由于滑坡后缘产生了许多裂缝，因而滑坡发生后其高陡的后壁会不断地发生崩塌。另外，滑坡和崩塌也有着相同的次生灾害和相似的发生前兆。

崩塌与滑坡区别主要表现在以下几个方面：

（1）崩塌发生之后，崩塌物常堆积在山坡脚，呈锥形体，结构零乱，毫无层序；而滑坡堆积物常具有一定的外部形状，滑坡体的整体性较好，反映出层序和结构特征。也就是说，在滑坡堆积物中，岩体（土体）的上下层位和新老关系基本没有发生变化，仍然是有规律的分布。

（2）崩塌体完全脱离母体（山体），而滑坡体则很少是完全脱离母体的。大部分滑体残留在滑床之上。

（3）崩塌发生之后，崩塌物的垂直位移量远大于水平位移量，其重心位置降低了很多；而滑坡则不然，通常是滑坡体的水平位移量大于垂直位移量。多数滑坡体的重心位置降低不多，滑动距离却很大。同时，滑坡下滑速度一般比崩塌缓慢。

（4）崩塌堆积物表面基本上不见裂缝分布。而滑坡体表面，尤其是新发生的滑坡，其表面有很多具一定规律的纵横裂缝。比如：分布在滑坡体上部（也就是后部）的弧形拉张裂缝；分布在滑坡体中部两侧的剪切裂缝（呈羽毛状）；分布在滑坡体前部的鼓张裂缝和分布在滑坡体中前部的放射状裂缝。

六、滑坡发育条件

形成滑坡的条件一直是滑坡学研究的重要方面。根据各研究人员的研究成果，将能够发生滑坡的条件总体上划分为两大类：内部条件和外部条件。内部条件是指斜坡本身所具有的内部特征，在滑坡发育中起着决定性的作用；外部条件是指只有通过斜坡的内部特征才能起作用的外界因素。

（一）滑坡发育的内部条件

发生滑坡的内部条件是指斜坡坡体本身具备的有利于滑坡发生的地质、地貌条件，是滑坡发生的内因和必要条件，对于每一个滑坡的发生都是必不可少的。只有具备这些条件，斜坡坡体才具备了滑动的可能性。

1．滑坡发育的物质条件——易滑地层

大量统计资料表明．滑坡的分布具有极其明显的区域集中性．而这种集中性又与某

些地层的区域分布几乎完全一致。有些地层是很容易发生滑坡而且经常性发生滑坡的，这些地层分布区的滑坡往往成群出现。与此相对应的是，一个滑坡广布的区域内，一定可以发现滑坡的发生与某些地层密切相关，滑坡多分布于这些地层的界线之内。因此将这类地层称为“易滑地层”。

事实上，易滑地层不仅其本身容易发生滑坡，而且其风化碎屑产物也极易滑动.从而使覆盖在它们之上的外来堆积物（冲积物、洪积物等）也易于沿着这些地层岩面或风化碎屑产物顶面滑动。所以，易滑地层不仅指其基本岩层，而且还包括其风化破碎产物所形成的本地堆积层和覆盖在其上的外来堆积层。

综合大量的实际资料和前人的研究成果，一个易滑地层的理想剖面，包括了本地地层和外来地层两大类。

易滑地层之所以容易产生滑坡，决定因素是它们的岩性条件。它们或由黏土、泥岩、页岩、泥灰岩，及它们的变质岩如片岩、板岩、千枚岩等组成，或由上述软岩与一些硬岩互层组成，或由某些质地软弱、易风化成泥的岩浆岩如凝灰岩组成。因此易滑地层往往具有如下特点：

（1）决定这些地层易滑性质的主要方面是其中的软弱岩层。它们抗风化性能差，风化产物中含有较多的黏土、泥质颗粒。如昔格达组页岩的黏粒含量可达30%，甚至在泥岩中可超过51%。易滑地层中富含黏土矿物.所以具有很高的亲水性、胀缩性、崩解性等特征。

（2）易滑地层的软岩及其风化产物一般抗剪性能较差。遇水浸润饱和后即产生表层软化和泥化，形成厚度很薄的黏粒层，抗剪强度极低。正是这些黏粒薄层在滑坡的发育中起到了决定性的作用。

（3）易滑地层往往在岩性、颗粒成分和矿物成分上与周围的岩土体有较大的差异，从而产生了较明显的水文地质特性的差异。细颗粒的泥质－黏土质软层既是吸水层，又是相对的隔水层。

（4）黏土成分的高胀缩性，使岩土体在干湿交替情况下，迅速使裂隙发生并扩大，地表水很容易顺此进入坡体，有利于滑坡的发生。

2. 滑坡发育的构造条件——易滑构造

作为滑坡发育的背景条件，坡体结构条件与滑坡的关系大体表现为构造单元、区域性断裂带和低级序列的坡体结构面等对滑坡发育的影响与促进作用。在一定构造发育条件下，都可以使滑坡集中、频繁发生。这些影响并促使滑坡发育的构造类型统称为易滑构造。

（1）构造单元对滑坡发育的影响。地质构造因素对滑坡发育的作用首先在于大地构造单元的特点，不同的大地构造单元不仅存在着岩浆活动、地震、地层及其成岩过程等地质发育史方面的差异，而且特别在地层结构、强度方面也有着显著的不同。例如.我国的第一级南北向构造带控制的横断山区内的滑坡特别集中。这里的新构造运动活跃、地震活动强烈、坡体完整性差、河网密集、沟谷切割深度大，这些构造单元的特点决定了这里成为滑坡极为发育的地带。此外还应该注意到，即使在同一个大地构造单元内，不同的次一级构造单元及接触、复合部位的滑坡发育也极不相同，总的来说活动强烈、构造应力集中部位的岩土结构差，滑坡发育强烈。

（2）区域断裂带对滑坡发育的影响。一般在区域断裂带的沿线，带状密集分布着大大小小的滑坡。如在2010年发生特大泥石流灾害的甘肃省舟曲县城一带，从西南向东北主要发育有迭部－白龙江断裂和坪定－化马断层，构成北西向、南东向断裂带，由于构造断裂带的影响，滑坡分布密集且频发，造成了区域内的岩土体十分破碎、松散，构成了泥石流主要的物质来源。

（3）低级结构面对滑坡发育的影响。滑坡上的岩土体要发生滑坡．首先必须与其周围的岩土体分离，这样就要求必须具备一些软弱界面，如滑坡底部的控制面（发展到后来就成为滑坡的滑动面）和周围的切割面（发展到后来就成为滑坡的后壁和侧壁）。这些坡体的分离面一般总是首先沿着岩土体中的软弱层、节理面、裂隙面等潜在的软弱结构面和薄弱带发展而来。

可以发展为滑动面的主要结构面有以下几种：①不同岩性的堆积层界面，如外来堆积层与本地堆积层的界面、本地堆积层内部的界面；②覆盖层与岩层的界面，这种界面多为古地形面．覆盖层与岩层之间的差异使它们既是岩性界面，又是水文地质界面，较易发展为滑动面；③缓倾的岩层层理面；④软弱夹层面；⑤被泥质、黏土充填的层理面、裂隙面；⑥缓倾的大型裂隙面；⑦某些断层面、断层泥形成的界面；⑧潜在的软弱面．如均质黏土中的弧形破裂面等。

可以发展为滑坡后壁、侧壁的主要结构面有各种陡倾节理面、陡倾的层面、陡倾的断层面和沉积边界线等。

3. 滑坡发育的地形条件易滑地形

滑坡发育的有利地形是山区，凡有斜坡的地方就有可能产生滑坡。25° ～45° 的斜坡发生滑坡的可能性最大，45° 以上的斜坡发生滑坡的可能性虽然也较大，但发生的多是崩塌性滑坡。

当斜坡上的易滑地层为前述的软弱结构面所切割，与周围岩土体的连接减弱或分离时，发生滑坡的必要空间条件是前方要有足够的临空面。使滑移控制面得以暴露或剪出的临空面．称为有效临空面。否则，即使存在临空面，但没有暴露出软弱结构面．坡体一般也无法剪出，也就不能成为滑坡的有效临空面。被切割的岩土体不能成为自由块体，滑坡也就不可能发生，这样的临空面称为一般临空面。

形成有效临空面的基本条件是：①临空面与滑移控制面的倾斜方向一致或接近一致；②临空面的坡度大于滑移面的坡度；③临空面的高度大于或接近于其前缘控制滑移的软弱结构面的埋藏深度。

形成有效临空面的主要因素是河流、沟谷的下切作用。许多自然滑坡都发生在河流、沟谷的两岸或其岸坡上，滑坡剪出口与滑坡发生时的河流、沟谷的侵蚀基准面接近。

随着人类工程活动的迅速发展，大量的深开挖工程可以与河流、沟谷的下切作用相比拟，同样可以为滑坡的发生提供有效的临空面。这也是现在工程滑坡越来越多的一个主要原因。

（二）滑坡发育的外部条件

滑坡发育的外部条件也称之为诱发因素，如果详细区分的话，可以将所有诱发滑坡的因素按照作用机理归纳为增大下滑力和减小抗滑力两大类 9 种：①减小抗剪强度；②削弱抗滑段；③破坏坡体完整性（增大、扩大节理、裂隙）；④增大坡体重量；⑤液化作用；⑥增大孔隙水压力；⑦增大静水压力；⑧增大动水压力；⑨增大对滑坡的顶托力（如浮托力等）。

（1）滑坡的诱发因素分为直接作用和间接作用。起直接作用的诱发因素较少，更多的诱发因素表现为间接作用，但都以各种水的作用为其影响形式。如地下水、地表渗入水和坡前水位突降等表现为直接作用，暴雨、坡前水位上升和冻融交替等则表现为间接作用。

（2）某种诱发因素可能具有两种或两种以上的作用机理。例如坡脚处河流的下切作用或人为的深开挖工程活动，不仅削弱了抗滑段的抗滑力，而且增大了地下水的水坡度，加大了动水压力，甚至可能促进坡体的开裂，破坏坡体的完整性。进而加剧了物理风化、化学风化，加速了各种地表水体的下渗。

（3）诱发因素加剧滑坡的发生是有作用条件的。有些诱发因素只有在特定的条件下才有利于滑坡的发生，而在另一些条件下，甚至可以促进滑坡向稳定的方向发展。例如地震力所产生的瞬间应力，如果其作用方向与坡向接近一致时，可使坡体结构产生破坏和变形；而地震力的另一部分作用则恰恰相反，有利于坡体的稳定。对于这样的因素，在滑坡分析时我们只考虑它的不利影响。特别需要说明的是森林植被对于滑坡的发生也具有两种相反的作用：有利于滑坡稳定的作用主要是雨后及时降低岩土体中含水量的蒸腾作用和其根系盘结层内的土体结构大为提高的类似加筋作用；而不利的因素则包括了树木等植被的重量、降雨时大量截留水分增加的重量和水对岩土体强度的削弱作用、传递给滑坡体上的风荷载、树根对岩土体的机械分裂作用和化学侵蚀等。大量的实地调研也表明，许多在雨季发生的林区表层滑坡的滑动面都是沿着根系盘结层的底面发育的。

（4）很多因素具有明显的地域特征。如由气候条件所决定的诱发因素都具有明显的地域性，冻融作用只发生在高纬度或高海拔区的高寒地带。再如火山活动的诱发作用只局限在有火山活动的地区。

（5）有些诱发因素如火山活动只是偶然起作用，而大部分的诱发因素都是年复一年、周而复始地起着作用。

（6）各种诱发因素不仅对于斜坡上发生的首次滑坡起作用，而且对已有滑坡的复活和周期性活动都有诱发作用。

（三）我国的主要滑坡类型及其特征

1. 成都黏土滑破

成都黏土广泛分布于川西平原区，是一套上更新统黏土地层，厚度一般仅数米至十余米，下伏有中更新统雅安砾石层和白垩系嘉定统砖红色页岩、泥岩。成都黏土可以大致视为均质黏土，但其内部往往会形成白色、灰白色的伊利石，高岭土条带和囊。此外，成都黏土内部裂隙纵横，既有由于干湿变化而形成的收缩裂隙，又有受新构造运动影响和卸荷而形成的裂隙，所有这些裂隙面都十分光滑，可见多种方向的擦痕，而且裂隙内往往充填有次生的灰白色黏土，十分滑腻，强度极低。由于裂隙多，裂隙中次生黏土的充填，其内部出现窝状黏土矿物富集带和窝状地下水，使成都黏土滑坡有异于一般的均质黏土滑坡，它的滑动面不是规则的圆弧形，而是“L”形。成都黏土滑坡多由河流冲刷和人类活动，特别是开挖而触发．且一般多发生在雨季；雨季以后，坡体中的地下水缓慢排除，坡体即渐趋稳定。这类滑坡往往成群出现，典型的如成昆铁路成都狮子山滑坡群，德阳市一带的人民渠沿线滑坡群。这类滑坡的规模一般都较小，滑动深度仅数米至十余米，滑坡平面特征显示横宽而纵短，长度与宽度之比为（1：2）-（1：4），滑面上有十分清晰的擦痕和镜面。

在成都黏土分布区开挖，力求避免切入下伏的白垩系红色页岩。如果开挖仅限于成都黏土或进入雅安砾石层，则只可能触发厚度不大的成都黏土滑坡。若一旦开挖进入白垩系红色地层，则往往触发滑动面深入红色页岩的切层滑坡，其规模就变得较大，本身稳定性好的雅安砾石层也会随页岩发生滑动。应当强调：这时的滑坡特征已完全受页岩控制，不再属于成都黏土滑坡了。

2. 黄土滑坡和红色黏土（岩）滑坡

黄土滑坡广泛分布于我国西北地区。黄土本身具有一定的分层特征，内含若干古土壤条带和钙质结核层，黄土垂直裂隙发育，在河、沟之侧常形成陡峭的岸壁。黄土之下多见新近系红色黏土（岩），两者均呈近水平状产出。

黄土分布区滑坡密集，多成群出现。以陕西关中地区的宝鸡—常兴之间为例，沿渭河长约98km内，即出现滑坡170处。黄土区滑坡的基本特征是多数滑坡规模大、滑动快，往往具有很大的破坏性。这种特征的形成与黄土本身及下伏的红色黏土（岩）的特征有关。

黄土区的滑坡分属于两种不同的类型：一类是典型的黄土层内的滑坡，另一类是黄土沿下伏的第三系红色黏土（岩）滑动或涉及一部分红色黏土（岩）的滑动。无论古滑坡、现代滑坡，都具有规模巨大（达数千万立方米）、滑动突变、滑速快的特点。

破坏性特别大的滑坡基本上都属于后一类。这类滑坡的发生，在很大程度上取决于新近系红色黏土（岩）的岩性特征，并不取决于黄土的岩性特征（仅仅是受黄土特征的影响），许多这类滑坡的滑动面进入红色黏土（岩）内部即是证明。

这类滑坡的滑动面形态在剖面上呈“L”形，即后壁陡立（往往顺一组垂直节理发育）。滑面主体近于水平，顺黄土与红色黏土（岩）界面（或黏土岩内层面）或黄土内部界面发育，而长度往往很大，前缘有一小段上隆反翘段。

3. 半成岩地层滑坡

这一大类包括发生在川西地区的昔格达组地层中的滑坡，青海省共和盆地一带共和组地层中的滑坡，山西省杂色黏土岩地层中的滑坡．甚至还包括西北黄土区的红色黏土（岩）滑坡（见上节）。前三套地层都是早更新世前后形成的湖相地层，有一定的成岩度和成层性，具有重超压密特征，且在下部都含有较多的页岩，泥岩层次。它们又都经受了新构造运动的影响，岩体内部都形成了平缓的褶皱、高角度断层和节理。全都具有某些较软岩层的特征，但是又保留了某些硬黏土的特征，是一类岩与土之间的过渡类型。西北黄土区的红色黏土（岩）的基本特征与上三类地层相似，区别仅在于形成年代较早（新近纪）。

这些地层都具有脆性破坏特征，具有盐分淋失、结构破坏后强度大幅度降低的特征，表现出含水量对剪切强度影响十分明显的特征。这些特征与滑坡的发生关系密切，而且也决定了滑坡的特征。如滑坡密集成群分布，滑动面剖面特征为上部破裂壁顺陡倾节理发育，主滑面顺近似水平面或软弱层发育，中间转折段由剪应力诱发并受节理和层面的影响．而在前缘往往出现短小的反拱上隆段。这些地层中的滑坡多具牵引滑坡的特征，多数首次滑坡具有快速或高速滑动的特征。

这些地层介于岩、土之间，特别清楚地显示了易滑地层的基本特点。以四川省汉源、米易、攀枝花市三地的昔格达组为例，这些地区不仅出现了占昔格达组地层滑坡总数 20% ～ 40% 的基岩滑坡，而且发生了占滑坡总数 50% ～ 80% 的破碎昔格达组地层滑坡（包括风化破碎产物沿完整地层的滑动和滑坡堆积物的滑动），而且还发生了少量外来的冲、洪积层沿完整岩层的滑动。大渡河支流——流沙河两岸广泛分布着一套冲、洪积层，主要由半磨圆和棱角状的砾石和砂组成，一般情况下都不发生滑坡。可是在流沙河流域的小夫子一带，这套冲洪积层覆盖在昔格达组之上，1974—1976 年间就连续发生这套外来堆积层沿昔格达组（有时也进入昔格达组内部）的滑动。共和组地层分布区和杂色黏土岩分布区的情况也大致相似。由此得到了这样一种认识，易滑地层的易滑性能主要是由它们堆积层的频繁滑动体现出来。

4. 红色地层滑坡

红层是分布于中国西南地区的一套中生代红色、紫红色砂页泥岩互层地层的简称。一般情况下这套地层仅有数度至 30° 左右的倾斜，但陡倾角节理十分发育，由于其中的页岩、泥岩遇水很易泥化、软化，所以很易发生顺层滑坡。而在山间槽形地内，又容易发生这些堆积物沿槽形地底面（往往是基岩面）的滑动，而由红层所形成的滑坡堆积物则更易再次滑动。红层中的陡倾角裂隙往往成为地表水下渗的通道，而地层产状又很平缓，所以在暴雨时，往往形成极大的孔隙水压力，导致坡体突然滑动。但一经滑动．孔隙水压力立即消失或大幅度降低，坡体会很快地恢复稳定。四川中部、东部丘陵区往往可以发现体积达近千万立方米，后缘裂隙拉开成槽，宽达十余米、深达数十米的大型红层顺层滑坡，其滑动面倾角仅 20° ～ 30° 。

1981 年 -1982 年四川省西部和东部地区由暴雨引起的滑坡 85% 以上发生在红层之中，其起因也正是由突然增大的孔隙水压力造成的。典型的例子如鸡扒子滑坡．这是一处发生在侏罗纪地层中的老滑坡的局部复活。老滑坡已稳定多年，于 1982 年 7 月 18 0 14 时由于连续暴雨影响而再度快速滑动，坡体长约 1200m，宽 300 ～ 850m，估算体积为 $1300\times104m^2$ 在数小时内滑移 100 ～ 300m，滑坡前部进入长江。它的复活完全由于连续暴雨和暴雨过程中侧方石板桥沟堵塞（小滑坡引起），致使上游汇水全部灌入坡体，形成了巨大的孔隙水压力。滑动前在坡体中下部的卫生院一带有大股地下水承压上喷，水柱达数米。

红层滑坡的规模相差很大．大的基岩滑坡的体积可达数千万立方米，而小的堆积层滑坡仅数千立方米。滑动速度也相差很大，当滑动面较陡时或孔隙水压力很大时，会出现快速滑动而酿成灾害。

在红色地层分布区，地层受到后期的地质构造影响变动轻微，倾斜的红色地层构成单面山。在单面山一侧斜坡上出露的地层层面自然就成为大气降水下渗的通道，地下水沿层面向分水岭的另一侧运动。在这种情况下，容易发生“后坡滑坡”，即顺层滑坡的剪出口和后壁分别位于分水岭两侧，使分水岭也随之移动。滑距大者，使山脊线起伏剧烈，并在斜坡上留下顺坡向凹槽；滑距小者，则在分水岭的后方斜坡上发育垂直于坡向的矩形洼地。

5. 煤系地层滑破

我国西部地区的一些灰色砂页岩地层中含有煤层，经常发生上覆地层沿煤层或其顶、底板黏土岩层滑动的现象。这类滑坡规模往往很大，在川南煤田区、贵州西北部煤田区都可发现不少巨型滑坡，有些被误认为断裂构造。而在这些巨型滑坡之上又经常发生次一级的滑坡。煤系地层所形成的松散堆积物也很容易发生滑动。

人为因素在煤系地层滑坡的发生发展过程中的诱发作用尤为明显。地下采空区不仅直接影响坡体稳定性并诱发大型滑坡，而且也是导致古滑坡复活的积极因素。

第三节　危岩和崩塌

一、概述

危岩是指岩体被结构面切割，在外力作用下产生松动和塌落；崩塌是指危岩塌落的过程及其产物。陡坡上的岩体或土体在重力或有其他外力作用下，突然而猛烈地向下倾倒、翻滚、崩落的现象称为崩塌。堆积在坡脚处大小不等、混杂堆积的岩土块称崩塌堆积物，所构成锥形体称为岩堆或倒石堆。土体崩塌称土崩，岩体崩塌称岩崩，规模巨大波及山体范围的崩塌称为山崩。

崩塌不同于滑坡，表现在：

①滑坡滑动速度多比较缓慢，崩塌运动快，发生猛烈。

②滑坡多沿固定的面或带滑动，而崩塌通常无固定的面或带。

③滑坡堆积物，岩体（土体）层位和新老关系一般没有显著的变化，仍保持原有地层层序和结构特征，而崩塌物为混杂堆积，原有地层层序和结构都被破坏。

④滑坡体一般不会完全脱离母岩体，部分滑体残留在滑床之上，而崩塌体则完全与母岩体脱离。

⑤多数滑坡体水平位移大于垂直位移，而崩塌则与此相反。

⑥滑坡体表面分布有很多滑坡裂隙，而崩塌堆积物表面一般无裂缝分布。

按照崩塌体的规模、范围、大小可以分为剥落、坠石和崩落等类型。剥落的块度较小，块度大于0.5 m的占25%以下，产生剥落的岩石山坡坡度一般在30° ～40° 范围内；坠石的块度较大，块度大于0.5 m的占50%～70%，山坡角在30° ～40° 范围内；崩落的块度更大，块度大于0.5 m的占75%以上，山坡角多大于40° 。

崩塌、滑坡和泥石流是山区常见的三大地质灾害，它们常常给工农业生产以及人民生命财产造成巨大损失，有时甚至带来毁灭性的灾难。在这三种地质灾害中 . 泥石流对人类的危害程度最大，滑坡次之，崩塌危害性最小。尽管如此，由于崩塌是山区常见的地质灾害 . 对人类生存也构成了严重威胁，对工程的破坏也十分严重，尤其是大型的崩塌。如1980年6月3日凌晨5点，湖北省远安县盐池河磷矿爆发大型岩体崩塌（山崩），体积100万m3的山体突然从标高700 m处俯冲到标高500 m的谷地。崩塌物堆积成长560 m，东西宽400 m，厚30 m的巨大岩堆，最大岩块重2 700多吨，在盐池河上筑起一座高达38 m的堤坝。山崩摧毁了磷矿的一座四层楼房，造成284人丧生。又如，1992年5月宝成铁路190 km处发生大型崩塌，造成运输中断30多天，抢险费用1 000多万元。2007年11月20日宜万铁路高阳寨隧道发生岩崩，造成正在施工的3人死亡，1人受伤，并致湖北利川—上海客车被埋，车上27人死亡。

因此，拟建工程场地或其附近存在对工程安全有影响的危岩或崩塌时，应进行危岩和崩塌勘察。

二、崩塌的形成条件

危岩和崩塌勘察的主要方法是进行工程地质测绘和调查，着重分析研究形成崩塌的条件。

崩塌是斜坡上的岩体或土体在多种内外因素作用下失去平衡而发生的。内在条件主要是地质条件，包括地形地貌、地层岩性和地质构造；外在条件主要是诱发崩塌的各种自然因素和人为因素，包括昼夜温差变化、地震、融雪和降雨、地表水的冲刷、人为开挖坡脚、地下采矿和水库蓄水等。

（一）地形条件

斜坡高陡是形成崩塌的必要条件，规模较大的崩塌，一般多发生在高度大于 30 m、坡度大于 45° 的陡峻斜坡上；斜坡的外部坡形对崩塌的形成也有一定的影响，一般在上陡下缓的凸坡和凹凸不平的陡坡上最易发生崩塌。河流峡谷两岸的陡坡常是发生崩塌落石的地段。这是因为，峡谷两岸地貌常具有明显的新构造运动上升的特征，山顶与河床相对高差大，从数十米到数百米；峡谷岸坡陡峻，坡度多在 50° 以上，两岸陡峭形成绝壁；岸坡基岩裸露，岩体中常发育有与河流平行的深大张性卸荷裂缝，有的长数十米至百米以上。山区河流凹岸长期遭受水流冲刷，山坡陡峻，也是容易发生崩塌的地段。冲沟岸坡和山坡陡崖处不稳定的危岩较多，也易发生崩塌落石。

（二）岩性条件

斜坡上的危岩体或土体是崩塌的物质来源。各类岩土虽都可以形成崩塌，但不同类型岩土所能形成的崩塌规模和类型有所不同。坚硬岩石具有较大的抗剪强度和抗化能力，能形成陡峻的斜坡，当岩层节理裂隙发育、岩石破碎时易发生较大规模的崩塌。软硬相间的地层，由于风化差异，形成锯齿状坡面，当岩石层上硬下软时，上陡下缓或上凸下凹的坡面也易产生中小型规模的崩塌，崩塌类型往往以坠落和剥落形式为主。

沉积岩、岩浆岩、变质岩三大岩类对崩塌控制有如下规律：

（1）沉积岩

①由软硬相间岩层所组成的河谷陡坡，软岩如果受到河水冲刷侵蚀破坏后，上部岩体常发生大规模崩塌。

②由可溶性岩石（石灰岩）组成的河岸坡脚，可溶岩被水侵蚀和溶蚀形成溶洞，易发生岸坡崩塌。

③巨厚的完整坚硬岩层中夹有薄层页岩，当岩层倾向临空面时，陡峻的边坡可能发生大规模的滑移式崩塌。

④产状水平、软硬相间的岩石组成的陡边坡，因差异性的风化作用，易发生小型崩塌和落石。

（2）岩浆岩

①当垂直节理（如柱状节理）发育并有倾向临空面的构造面时，易产生大型崩塌。

②岩浆岩中有晚期的岩脉、岩墙穿插时，岩体中形成不规则的接触面，这些接触面往往是岩体中的薄弱面，它们和其他结构面组合在一起，有利于崩塌落石的形成。

（3）变质岩

①在动力变质的片岩、板岩和千枚岩的边坡上常有褶曲发育．弧形结构面较多，当其倾向临空面时，常以滑移形式崩塌。

②变质岩片理面和构造结构面很发育，岩石被切割成大小不等的岩块，易发生不同规模的崩塌。

（三）构造条件

岩层的各种结构面如节理面、裂隙面、岩层界面、断层面等都属于抗剪性强度较低且不利于边坡稳定的软弱结构面，当这些不利结构面倾向临空面时，被切割的不稳定岩块易沿结构面发生崩塌。因此．有断裂通过且断裂走向与斜坡展布方向平行的陡坡、多组断裂交汇的峡谷区、断层密集分布岩层破碎的高边坡地段、褶皱通过的高边坡、节理发育的岩石边坡都是易发生崩塌的地段。

（四）外在条件

诱发崩塌的外界因素很多，主要有地震、爆破、暴雨、地下采矿或人工开挖边坡等。强烈的地震会大幅度降低边坡岩体的稳定性，从而诱发斜坡岩体或土体崩塌。一般烈度大于 7 度以上的地震都会诱发大量崩塌。2008 年 5 月 12 日汶川 8.0 级地震就在北川、青川等极灾区诱发了大量的崩塌和滑坡。

融雪、大雨、暴雨和长时间的连续降雨，使得大量地表水渗入坡体，起到软化岩土和软弱结构面的作用以及产生孔隙水压力等，从而诱发崩塌。因此，特大暴雨、大暴雨或较长时间连续降雨过程中或之后的很短时间内，往往是出现崩塌最多的时间。我国的崩塌、滑坡以及泥石流灾害在发生时间上都有类似的规律。

河流等地表水体不断地冲刷坡脚或浸泡坡脚，会软化岩土，降低坡体强度，降低斜坡稳定性，引起崩塌。

开挖坡脚、地下采空、水库蓄水、泄水等改变坡体原始平衡状态的人类活动，会破坏斜坡岩体（土体）的稳定性，诱发崩塌活动。如水库岸边的崩塌一般多发生在水库蓄水初期或第一个高水位期，库岸岩土体因被库水浸没而软化，导致边坡极易失稳。1980 年湖北省远安县盐池河磷矿突然发生的大型岩石崩塌主要是由于开采磷矿后，采空区上覆山体及地表发生强烈变形所造成的。

三、危岩和崩塌勘察的要点

（一）勘察阶段的划分和勘察任务

在山区选择场址以及考虑总平面布置时，应判定山体的稳定性，查明是否存在危岩和崩塌。实践证明，这些问题如不在选择场址或可行性研究阶段及早发现和解决．会给工程建设造成巨大损失。因此．危岩和崩塌勘察应在可行性研究或初步勘察阶段进行，主要任务是查明产生崩塌的条件及其规模、类型和范围，预测发展趋势，对崩塌区工程建设的适宜性进行评价，并提出防治方案的建议。

（二）勘察方法和基本要求

危岩和崩塌勘察方法以工程地质测绘和调查为主，着重查明形成崩塌的基本条件。工程地质测绘的比例尺宜采用 1:500 ～ 1:1 000；崩塌方向主剖面的比例尺宜采用 1：200。测绘的范围，应包括崩塌落石地点和可能崩落的陡坡区及其相邻地段，以便准确圈定崩塌落石范围，查明其规模。必要时布置少量钻探、物探和试验。

(1) 工程地质测绘或调查的主要内容

①地形地貌及崩塌类型、规模、范围、崩塌体的大小和崩落方向。坡度大于45。的高陡斜坡、孤立山嘴、凹形陡坡、河流峡谷两岸的陡坡最易发生崩塌，这些斜坡地形是工程地质调查的重点。要查明斜坡坡度、高度和形态。当斜坡上有裂缝时，还要查明裂缝延伸方向和长度、宽度、深度等。

②地层岩性及岩体基本质量等级、岩性特征和风化程度。主要调查地层岩性、岩性组合特征，特别是软岩和硬岩的分布、岩体完整性、岩石质量等级、岩石风化程度和岩石软化性等。

③地质构造，岩体结构类型，结构面的产状、组合关系、闭合程度、力学属性、延展及贯穿情况等，必要时对各类结构面的产状进行统计分析。

④气象（重点是大气降水）、水文、地震和地下水的活动以及对崩塌的影响。对地表水应查清其汇集和流动情况，渗入崩塌体的部位、在崩塌体内流动的途径以及对潜在崩塌体稳定性的影响。对地下水应查明水量、出露位置和补给来源以及对斜坡岩土体稳定性的影响，特别要调查陡峻斜坡地下水出露状况。在以上调查的基础上，绘制工程地质平面图和剖面图，圈定崩塌危险地段，预测崩塌规模、危险性、堆积范围以及堆积量等。

⑤崩塌的历史及崩塌前的迹象和崩塌原因。调查访问崩塌发生和发展历史，崩塌前各种迹象、崩塌与地貌、岩性、构造以及地震、降水、地下水及其他人为活动间的关系等。崩塌虽发生突然，但崩塌前往往有一些迹象，对具备发生崩塌条件并可能发生崩塌的斜坡，要注意调查各种崩塌迹象，以便及时采取应对措施。崩塌前的迹象主要有：切割坡体的裂隙、裂缝贯通并有与山体分离之势、陡峻斜坡上部岩体中的拉张裂缝不断扩展和加宽、变形速度增加、斜坡不时有岩块滚落现象、坡体前部存在临空面或有崩塌堆积物等。这些迹象可能预示着即将发生崩塌或发生崩塌危险很大。

⑥当地防治崩塌的经验。

(2) 勘探和试验

危岩和崩塌地区通常是基岩裸露的高山峡谷区，地质断面清楚，采用工程地质测绘和调查的勘察方法基本能达到勘察目的。但在涉及危岩防治工程措施时，需要对危岩体内部一定深度的岩层岩性、强度、地质构造、结构面产状、结构面强度等定性或定量指标有所了解，应布置少量的槽探、坑探、平洞、钻探或物探等勘探工作。

需要了解危岩崩塌滚落方式、方向、堆积范围以及预测堆积量时，可以在现场做人工落石试验。在对潜在危岩崩塌体进行稳定性评价时，有时需要采集岩土试样并进行物理力学性质试验，以便求得有关计算参数。

(3) 观测和监测

当需判定危岩的稳定性时，宜对张裂缝进行监测。危岩的观测可通过下列步骤实施：

①对危岩及裂隙进行详细编录。

②在岩体裂隙主要部位要设置伸缩仪，记录其水平位移量和垂直位移量。

③绘制时间与水平位移、时间与垂直位移的关系曲线。

④根据位移随时间的变化曲线，求得移动速度。

对有较大危害的大型危岩，应结合监测结果，对可能发生崩塌的时间、规模、滚落方向、途径、危害范围等做出预报。必要时可在伸缩仪上连接警报器，当位移量达到一定值或位移突然增大时，即可发出警报。

四、危岩和崩塌区的岩土工程评价

危岩和崩塌区的岩土工程评价应在查明形成崩塌的基本条件的基础上，圈出可能产生崩塌的范围和危险区，评价作为工程场地的适宜性，并提出相应的防治对策和方案的建议。

各类危岩和崩塌的岩土工程评价应符合下列规定：

①规模大，破坏后果很严重，难于治理的，不宜作为工程场地，线路应绕避。

②规模较大，破坏后果严重的，应对可能产生崩塌的危岩进行加固处理，线路应采取防护措施。

③规模小，破坏后果不严重的，可作为工程场地，但应对不稳定危岩采取治理措施。

五、崩塌的防治

（一）防治原则

崩塌通常突然发生，治理比较困难，尤其是大型或巨型崩塌的治理十分复杂，所以应采取以防为主、防治结合和主动避让的原则。

（二）治理措施

①拦挡措施：适用于中、小型崩塌的防治，通过修建明硐、棚两等工程措施，遮挡来自斜坡上部的崩塌落石；在坡脚或半坡上设置落石平台、落石槽、挡石墙和挡石栅栏等，拦截来自斜坡上部的崩塌物。

②支护措施：在岩石突出或巨大不稳定的危岩体下面，修建支柱、支挡墙等支撑危岩体，防止其滚落。

③护墙、护坡措施：在易风化剥落的边坡地段修建护墙，对缓坡进行水泥护坡等。

④削坡措施：在危石、孤石突出的山嘴以及坡体风化破碎的地段，可采取措施，减缓斜坡的坡度。

⑤防水排水措施：在有地表水或地下水活动的地段，修筑截水沟或排水沟等构筑物，将斜坡内水流排出。封堵渗水的裂缝，防止水流渗入斜坡岩土体而恶化斜坡的稳定性。

⑥锚固措施：我国有关部门在治理长江三峡航道链子崖危岩体时，对陡崖部位的危岩体自上而下依次采用 1 000 kN、2 000 kN、3 000 kN 三种量级预应力锚索进行锚固，对控制层间滑动的软弱夹层采用混凝土回填加固，对整个陡崖斜坡挂网锚喷，取得了较好的治理效果。

第四节　泥石流

一、泥石流调查

泥石流的形成受沟谷的地质、地貌、气候、水文与植被等多种自然因素的影响。但最基本的条件可归纳为：丰富的固体物质、陡峻的地形、充足的水源和适当的激发因素等，人类活动对某些泥石流的发生和发展，也有不可忽略的影响。因而，对泥石流的调查也主要从这几个方面着手进行。其中，泥石流沟谷的地质条件和地貌条件是泥石流发生的物质基础，水源条件是泥石流发生的直接因素和激发条件，而人类活动决定了泥石流活动的频率和强度等。

泥石流沟道的识别主要根据历史泥石流活动情况，堆积物形态、结构、组成，流域内地质、地貌、植被、人类活动等环境条件。

高频率泥石流沟，由于泥石流经常暴发，流域内活动性滑坡、崩塌分布较广，沟道和堆积扇上有近期泥石流堆积物分布，易于识别。低频率泥石流沟，由于历史泥石流活动难以调查，流域的地质、地貌、植被等环境特征不易识别，因此往往通过堆积物调查加以识别。

（一）现场勘查调查

现场勘查的目的是深入泥石流沟道及受灾地区，追逐泥石流流过的痕迹，勘测泥石流发生的时间、规模及对当地造成的危害等，并将勘查的结果记录成表。

为了进一步分析泥石流的形成、流通、堆积及其成灾机理，现场勘查时应尽量采用照相和摄像方式记录泥石流发生现场和受灾情况的实景。除了注重本次泥石流的调查分析以外，如有条件应该尽可能多收集泥石流的历史资料，以便更充分准确地掌握泥石流沟的长期演变规律及其灾害的历史变迁，为泥石流治理工程规划设计提供可靠的科学依据。

（二）资料收集

为了分析揭示泥石流形成、运动及堆积演变规律，制定正确合理的泥石流防治措施，在泥石流现场调查时必须收集以下资料。

（1）地形地质图：比例尺 1：25000 或 1：50000，并标明灾害地区平面位置等。

（2）受灾地区的流域分布图：在比例尺 1：25000 或 1：10000 地形图上，标明泥石流形成区、流通区及堆积区的位置，并尽可能标出坡面崩塌滑坡位置。

（3）受灾设施示意图：公共设施、房屋建筑物等受灾情况。

（4）泥石流堆积与淤埋分布图：淤积平面分布图、最大颗粒分布图及其与灾情关系等。

（5）泥石流沟断面图：绘制灾害发生前后的纵剖面对比图、自形成区至堆积区典型横断面图（现场勘测）。

（6）现场照片、航空照片及遥感图像等。

（7）当地有关新闻媒体报道等。

二、泥石流观测

（一）泥石流形成因子

泥石流形成的最基本的条件是充沛的水量、陡峻的坡度、大量的松散固体物质补给。这三项因素的测量不受泥石流特殊的运动和动力特征的影响，所以其观察测试方法和所用仪器，可用较为成熟的测量技术。但是由于泥石流发生在山高坡陡、环境恶劣的地区，给以上各因素的测量带来极大的困难，所以泥石流形成条件的测量必须根据具体情况，采取相应的办法。

（1）水量指标的测量。

在泥石流形成条件影响因素中，最基本和最活跃的就是水文因素。其作用的结果直接影响着泥石流的发生与否和规模的大小。在我国最为常见和暴发频率最高的是暴雨型泥石流，即泥石流的形成所需水量由暴雨提供的激发。所以降雨量、降雨强度及过程的测量，以及降雨与径流的关系的研究是泥石流形成条件观测中最重要的内容之一。

1）降雨监测。

对于泥石流流域的降雨进行长期定点观测，首先应对影响该区域的天气系统进行分析，进而对流域的历史降雨资料进行研究，力求在布设降雨观测点之前，对该流域的降雨时空分布有一个全面的了解，降雨观测点的布设应能有效地控制全流域的降雨状况，并且易于日常的维护与资料的收集。在可能的情况下，最好能建立某一点或几点降雨与泥石流发生的关系，这样就可根据降雨资料，迅速分析出泥石流暴发的可能性，为全面观测泥石流提前做好准备工作。

2）泥石流激发水量的测量。

泥石流激发水量即激发泥石流发生并参与泥石流运动的水量。它主要由两部分组成：一是泥石流暴发前固体物质的含水量；二是泥石流暴发前本次降水量。本次降水量可以通过前述的降雨量测度方法直接测量，而固体物质的含水量却很难在泥石流暴发前直接测定，在泥石流研究中，可用泥石流暴发前的前期降雨量来反映固体物质的前期含水量。

一次泥石流暴发所需的激发水量指标的确定还受到许多因素的影响。如雨强的大小，雨区是否同固体物质的主要补给区相吻合，雨区的覆盖区域大小以及固体物质本身性质等。激发水量大也不一定会暴发泥石流，需对具体情况做具体分析。

3）径流量的观测。

径流量的观测是指未发生泥石流的情况下，由于降雨而产生的清水径流量观测。关于泥石流流量观测在本章内还将专门介绍。降雨后在不同的下垫面及环境因素作用下，其产流和汇流的条件和强度是不同的。径流量的大小综合反映了流域的产汇流能力。清水径流观测主要包括坡面径流和沟槽径流。坡面径流可选择不同的下垫面条件，如林地、草地、裸露地等建立封闭的径流实验场，为对不同下垫面的产汇流条件进行比较，应尽量选取同海拔和坡向相近的坡地，观测在同等雨量下，各类坡地的产汇流能力以及产沙能力。沟槽径流量的观测可采用传统的水文断面观测法来测量。除下雨后测量沟槽中洪水径流量外，还应测量沟槽的基本径流量，在泥石流暴发后其基本径流量值虽只在泥石流量中占极小部分，但基本径流量却反映了流域的地下水流动状况和流域的蓄水能力。应该注意的是，沟槽径流量的测量应该在主沟和支沟同时进行，以研究流域的汇流速度和汇流特性。

（2）坡度的测量。

泥石流的形成过程，就是在陡峻的地形条件下，固体物质由于水流的作用，顺坡而下，形成快速的流动。泥石流流域的相对高差、山坡坡度和沟道坡度为泥石流的形成与运动提供了动力条件。在研究泥石流形成条件中，这些指标无疑均是十分重要的。但对于一个具体的泥石流流域，其高差和山坡坡度在一定的时间内变化很小，所以坡度的动态定点观测主要是指对泥石流沟道和边坡的测量。

由于泥石流特殊的冲淤特性和大量的固体物质参与了泥石流的运动，每次泥石流过后，泥石流沟道的纵坡和边坡都会发生极大的变化，所以在发生了泥石流后，只要能满足一定的测量施测条件，就应尽早地对坡度进行测量。泥石流沟道的纵坡测量可采用沿水流线顺沟测量的方法，用水准仪转点测量，从泥石流沟口（或从观测断面尽可能地向上下游延伸）。泥石流的边坡测量则可采用断面测量的方法。在泥石流沟的堆积段、流通段、形成段选取有代表性，测量条件较好的位置，设立固定测量断面，每次泥石流发生后，均进行断面测量。由于泥石流沟道的断面相对高差比较大，用水准仪测量难度很大，所以断面测量一般采用经纬仪测量。将以上的测量结果点绘于坐标纸，绘制泥石流沟道的纵坡图和各断面图，即可分析泥石流沟道的动态冲淤变化。

（3）固体物质补给的观测。

充足的松散固体物质是泥石流形成的重要物质来源。而流域内大量的松散固体物质的存在，又是错综复杂的地质条件所决定的。这些地质条件包括岩性、构造、新构造运动，地震、火山活动以及风化，各种重力地质作用，流水侵蚀搬运，等等。此外，一些非自然因素也可能产生大量的松散固体物质参与泥石流运动，如矿山的弃渣，不合理的耕作方式，山区的工程建设等。这些松散固体物质或以滑坡、崩塌的方式直接参与泥石流运动，或以坡积物、沟床质被水流裹挟参与泥石流运动。所以，松散固体物质的观测主要是对这儿种形式存在的固体物质进行动态的观察与测量。

坡积物和沟床质除一部分是由于风化及坡面侵蚀水流搬运产生的外，其绝大部分仍是由滑坡、崩塌带来。除每年雨季头一两次泥石流可能将整个旱季所累积的坡积物和沟床质带走外，在雨季中，泥石流的固体物质主要是由滑坡及崩塌产生供给的。如蒋家沟流域滑坡众多，分布甚广。在泥石流形成区，有大型的滑坡 21 个，滑坡面积 16.4km^2，占流域面积的 34%。流域内崩塌分布面积广泛，作用强烈，面积达 13.3km^2，占流域面积的 27.4%。滑坡和崩塌绝大部分分布在主支沟的中上游地区的沟两岸，是蒋家沟泥石流固体物质的主要补给源。据调查，蒋家沟流域滑坡松散土体总量 12.3 亿 m^2。随着滑坡的活动，源源不断地为泥石流提供固体物质。

对于滑坡的动态观测采用设置观测断面，埋设观测桩的周期性定位观测的方法。观测桩用钢筋混凝土浇制，长 50cm，断面 5cm × 5cm，埋入地下，桩心固定 50cm 长、10mm 直径的钢筋作为量测点。沿滑坡体的水平方向或垂直方向设置观测网点，定期测定网点的位移情况，旱季测量周期较长，雨季由于滑动速度加快，测量周期相应较短。根据所测的滑坡位移量，即可分析滑坡的活动规律、滑动速度以及固体物质的补给量。

（二）泥石流运动要素

泥石流运动特征观测是指对流动中的泥石流的各种运动特征进行的观测研究。其主要内容包括：直接观察测量泥石流的流动状态、流速、流深、流宽以及通过统计计算得到泥石流的流量、径流量、输沙量等运动特征指标。

泥石流的运动特征观测在泥石流沟的流通段进行。选择冲淤变化小、顺直的沟段，布设观测断面。沟沿最好要有基岩出露，便于架设观测缆道及安装观测仪器和设备。在整个观测区域内，要有良好的通视性。

（1）泥石流的运动状态观察。

泥石流由于其特殊的形成机制、运动规律及组成，表现出的运动状态千变万化。因此，在泥石流的原型观测中，准确地对泥石流运动状态进行描述与记录，对于分析泥石流的运动力学特征，采取合理有效的防治工程措施，是十分重要的。

泥石流的运动状态观察包括泥石流的运动形态和泥石流的流动状态。

泥石流的流动状态主要分紊流和层流。紊流就是泥石流的流面不稳定，紊动强烈，流体中的石块或部分流体脱离整体流动，流体有垂直交换运动，其部分流体的运动速度远大于流体的整体流速。层流则是流体表面平稳，流体流动时层间物质交换不明显，以层间平行剪切运动为主，当泥石流停积后，仍能保持流动时的结构特征。通常只有黏性泥石流才能以层流的流动状态运动，而紊流则是各种泥石流均可表现出的流动状态。

泥石流运动状态的观察主要依靠观测者在现场对正在流动的泥石流进行记录和准确地描述，有条件时可对运动状态用录像、摄影的方法进行记录，然后再进行分析、研究。对泥石流运动状态的准确定性，是确定泥石流防治措施和防治工程设计的重要依据，直接影响着工程建筑物的设计标准和结构形式。

（2）泥石流的流速测量。

由于泥石流体的特殊的物质组成和完全不同于水流的运动状态，其流动速度的测量就不能沿用水文测量中水流的流速测量方法，必须根据泥石流的运动特点，采取切实有效的测试方法，才能完成流速测量的任务。遗憾的是，虽经多年的努力，泥石流流速测量仍未达到十分满意的效果，无论是原型观测还是实验观测，对于泥石流的流速分布测量，都还处于探索阶段，这对于泥石流运动机理的深入研究，是一个极大的障碍。目前，在原型观测中，对泥石流表面流速的观测，通常采用以下几种方法：浮标法、龙头跟踪法、非接触测量法。

1）浮标法。

浮标法测速是借用水文测量中传统的测速方法。在较为顺直的沟道中，利用架设跨沟的缆道设置浮标投放断面和测速断面。当泥石流流经观测沟段时，记录投入在流体表面的浮标通过上、下断面已知距离所需的时间，计算泥石流的表面流速。浮标必须保证能在流体表面同泥石流同步流动，并且要易于分辨。可采用实心泡沫球加系充气彩色气球制作，或其他可满足测量要求的物体替代。在泥石流测量中不可能用测船来投放浮标，一般采用在沟岸人工投掷或特制浮标投放器来投放浮标。蒋家沟泥石流观测站的浮标投放就是通过安装在跨沟的浮标投放缆道上的投放器来完成的。通过手动滑轮，可将投放器运行到断面上的任意位置，投放浮标来测量断面上任意一点的流速。并可同时安装三个浮标投放器，在泥石流到来时，同时测量断面上三个点的表面流速，从而得到泥石流的表面横向流速分布。浮标法测流，在实际操作中，客观上仍难度较大，对于紊动强烈的泥石流，浮标不是被损坏，就是被裹入流体致使浮标达到测速断面时不能被识别。再者，泥石流暴发多为夜间且风雨交加，浮标难于准确到位和被识别，所以浮标法测流受到诸多条件的限制。在可视条件良好，且泥石流流态平稳，如黏性层流或连续流的流速测量，还是能够达到满意的效果。

2）龙头跟踪法。

泥石流的运动特征之一就是其不连续性，特别是黏性泥石流，有明显的阵性。其阵性流的前部（龙头）是一个明显的测流标志。记录龙头通过泥石流断面所用时间和断面间距离，即可得到龙头的平均流速。把这个泥石流的龙头当作一个整体来看待。流体流动速度的不均匀性在流动过程中被均匀化，因而将龙头流速当作泥石流的表面平均流速是可行的。把泥石流的龙头作为测速标记，基本不受环境等客观条件的影响，并能节省观测人员及费用，是一种切实可行的测量方法。在蒋家沟泥石．流观测中，因为80%以上的泥石流均以玻璃钢性流的方式出现，所以流速测量多采用龙头跟踪法。

3）非接触测量法。

非接触测量法是指用测速仪器不与流体接触，间接量测泥石流的流速。非接触测量的方法有许多，在蒋家沟已采用的两种比较有效的方法是录像判读法和雷达测速法。

录像判读法是将泥石流通过观测断面的整个过程用摄像机录制下来，然后重放判读，根据泥石流中特别明显的标识，如龙头、大石块、泥球等通过已知距离所需的时间来量测流速。在可视条件较好的情况下，这种方法不失为一种行之有效的方法，但如泥石流发生在夜间，这种方法就难以达到满意的效果。

将雷达测速仪的天线安置在泥石流沟道边用定向瞄准器对准测试目标位。当泥石流通过测试段时，测速仪自动测试泥石流的表面流速并记录下来。

根据对蒋家沟泥石流流速观测资料的分析，雷达测速仪所测流速比前几种测速方法所测流速大，并且泥石流紊动越强烈，差别越大。这主要是因为紊动强烈的泥石流体中飞溅的石块及浆体的速度远大于泥石流的整体速度所致。而对于流态较平衡的泥石流，测试结果则相差较少。

（3）泥石流的泥深测量。

泥石流的泥深是指泥石流通过测流断面时流体的实际厚度。它是计算泥石流过流断面面积进而计算泥石流流量以及分析泥石流运动和力学特征的重要参数。泥深测量由于受到泥石流流体物质组成及强烈冲淤特性的影响，进行动态测量非常困难。在水文观测的水深测量中，河床的河底断面形态变化较为缓慢，一般是以测量其水位的高低即可计算水深。但在泥石流的泥深测量中，除非有刚性床面（人工河床、排导槽），泥石流在过流过程中，不发生显著的冲刷或淤积，否则，泥石流表面的泥位高度均不能准确反映泥石流的流动深度。

东川蒋家沟的泥深测量最早采用的是完全手动操作的测深架，用测深锤去接触流体表面和沟床床面来测量泥石流的流深。

1982 年，在横跨沟道的观测缆道上，安装了电动重锤式泥深测定仪。测试原理同前述一样，但由于全电动操作，不仅测试速度快，而且可对横断面上任何一点的泥深进行测量。用电动重锤式泥深测定仪测深的问题仍在于重锤难于准确接触到流体表面。特别是对于紊动强烈的玻璃钢性泥石流，重锤常因流体的飞溅冲击而发生剧烈地晃动，严重时甚至造成观测缆道的损坏。对于泥石流这种特殊的流体，采用直接同其接触甚至进入流体内部来测量流体深度几乎是不可能的。而利用水文测验中常用的超声波测深的原理，将传播媒介由水体改为空气，超声波换能器固定在测锤上，测定换能器到沟道床面和流体表面距离的变化可以达到测量泥石流泥深的目的。

（三）泥石流动力因子

泥石流是一种固液两相组合的流体，其中的浆体含有极细的黏粒成分。随着浆体中粗颗粒的增加，其结构更为紧密，它们与大大小小的石块混为一体，在陡峻的沟床中快速运动，具有很大的动能，表现出极其复杂的力学特征，如具有强大破坏能力的冲击力和地面震动（地声）。动力特征的测量具有极大的理论和实际意义。

（1）泥石流冲击力的测量。

泥石流沟道的冲淤特性和泥石流强大的冲击力给测试工作带来了极大的困难，自20 世纪 70 年代以来，泥石流研究者以极大的努力和高昂的代价来进行这项工作，取得了一定的进展，在蒋家沟泥石流观测站，主要采用以下两种方法进行泥石流冲击力的测试。

1）电阻应变法。

将两个荷重式电阻传感器对称地装入一只钢盒内，当钢盒受到冲击后，则有信号输出。钢盒的加工制造要有较高的工艺要求，钢盒不仅要能抗冲击（通常采用 45# 钢），还要防水，而且还需与传感器有同步响应，即卸载后能恢复到原来状态。这种测试方法需要在沟道中修建测力墩台，在墩台的迎水面上安置若干个装有荷重式电阻传感器的钢盒，将由钢盒中引出的导线连接到室内的应变记录仪上。可见，这种测试方法的传感器的设置与安装，准确地标定，以及在具有大冲淤的泥石流沟道中安全地使用是比较困难的，而下面这种方法则较好地解决了这一问题。

2）压电晶体法。

压电晶体法的测力原理是利用晶体受力后，内部发生极化现象而产生电荷，当外力去掉后又恢复为不带电状态，其产生的电荷之多少与外力的大小成正比。与中国科学院力学研究所合作研制的泥石流冲击力专用 NCC-1 型压电晶体传感器具有性能稳定、结构紧密、封闭性好、量程大的特点。在使用时，传感器被固定于一个钢座上，其受力面迎着泥石流冲击方向，钢座可以固定在泥石流必经沟段的合适部位，如崖壁上。传感器与遥测数传装置相结合的遥测数传冲击力仪，其测站可安置在沟岸安全之处，连接传感器的引线即可进行测试，该装置不仅实现了远距离遥测、遥控，而且又实现了较高频率的采样，可在沟床的任意合适的地点安放传感器，省却了建造冲击力墩台的麻烦与高昂的代价，并可保证源源不断地取得测试数据。

在沟床稳定、设立墩台方便、距离较近时（传输导线 50m 左右），采用电阻应变法对泥石流冲击力测量是行之有效的。压电晶体法的传感器的动态范围、灵敏度、稳定性均优于电阻应变法，而且采用数传、遥控，不受沟床冲淤变形的影响，频率高，数据量大，可以直接用计算机进行数据处理，总体来说，压电晶体法优于电阻应变法。

（2）泥石流地声测量。

通过地壳传播的振动波称为地声。泥石流地声是把泥石流看成一个振动源，它一旦流动即摩擦、撞击和侵蚀沟床而产生的振动波沿着沟床的纵向方向传播。这种振动波会影响边坡的稳定性，甚至可能使沙土边坡产生液化现象。对沟岸及附近的工程建筑物均会产生不利的影响。

选择合适的地声传感器是泥石流地声研究的关键。压电型传感器其灵敏度和精度都很高，频域宽，且结构简单便于安装，选用中国科学院声学研究所研制的压电陶瓷式地声传感器并改制后用于蒋家沟泥石流地声测量之中。

将传感器安装于沟床侧的基岩内，与基岩有平整的结合，然后以土或其他隔音材料覆盖，测试信号经放大后用 . 电缆线直接输入计算机，用计算机对数据进行采集，贮存和分析并打印绘图。在采集泥石流信号的同时，需要对各种背景信号（如风、雷、雨以及各种人为干扰信号等）进行采集，以便在分析研究中加以区分。

第五节 采空区

采空区场地上建设的工程在设计和施工前，应按基本建设程序进行岩土工程勘察。各勘察阶段工作应正确反映场地工程地质条件，查明不良地质作用和地质灾害，判定作为工程场地的适宜性，提供勘察资料成果，并应提出工程处理措施建议。

一、采空区及分类

当地下矿层被采空后，便在地下形成了采空区，采空区上覆及周围岩体失去原有的平衡状态，从而发生移动、变形以至破坏。这种移动、变形和破坏在空间上由采空区逐渐向周围扩展，当采空区范围扩大到一定程度时，岩层移动就波及地表，使地表产生变形和破坏（地表移动），地表从而出现地裂缝、塌陷坑和地表移动盆地等。

岩土工程勘察所定义的采空区，一般指地下资源开采后的空间，也指地下开采空间围岩失稳而产生位移、开裂、破碎垮落，直到上覆岩层整体下沉、弯曲所引起的地表变形和破坏的区域及范围。

采空区类型可根据开采规模、形式、时间、采深及煤层倾角等进行划分，具体包括：

①根据开采规模和采空区面积可划分为大面积采空区及小窑采空区。小窑采空区是指采空范围较窄、开采深度较浅、采用非正规开采方式开采、以巷道采掘并向两边开挖支巷道、分布无规律或呈网格状、单层或多层重叠交错、大多不支撑或临时简单支撑、任其自由垮落的采空区。

②根据开采形式可划分为长壁式开采、短壁式开采、条带式开采、房柱式开采等采空区。长壁式开采是指开采工作面长度一般在 60 m 以上的开采，分走向长壁开采和倾斜长壁开采。短壁式开采是指开采工作面长度一般在 60 m 以下的开采。条带式开采是指将开采区域划分成规则条带，采一条、留一条，以保留矿（岩）柱支撑上覆岩层的一种开采方式，分充填条带和非充填条带。房柱式开采是指在矿层中开掘一系列矿房，采矿在矿房中进行，保留矿（岩）柱支撑上覆岩层的一种开采方式。

③根据开采时间和采空区地表变形阶段可划分为老采空区、新采空区和未来（准）采区。老采空区是指已经停止开采且岩层移动和地表变形衰退期已经结束的采空区。新采空区是指地下正在开采或虽已停采但地表移动变形仍处于衰退期内的采空区。未来（准）采空区是指地下赋存有开采价值矿层、已规划设计而目前尚未开采的区域。

④根据采深及采深采厚比可划分为浅层采空区、中深层采空区和深层采空区。浅层采空区是指采深小于 50 m 或采深大于等于 50 m、小于等于 200 m 且采深采厚比 H/M 小于 30 的采空区。中深层采空区是指采深大于等于 50 m、小于等于 200 m 且采深采厚

比 H/M 大于等于 30 或采深大于等于 200 m、小于等于 300 m 且采深采厚比 H/M 小于等于 60 的采空区。深层采空区是指采深大于 300 m 或采深大于 200 m、小于等于 300 m 且采深采厚比 H/M 大于等于 60 的采空区。

⑤根据煤层倾角可划分为近水平采空区、缓倾斜采空区、倾斜采空区和急倾斜采空区。近水平采空区是指煤层倾角小于 8° 的采空区；缓倾斜采空区是指煤层倾角介于 8° ～ 25。的采空区。倾斜采空区是指煤层倾角介于 25° ～ 45° 的采空区。急倾斜采空区是指煤层倾角大于 45° 的采空区。

二、采空区上覆岩层变形与破坏

煤层采空后，上覆岩层失去了支撑，发生变形、弯曲、断裂、进而呈不规则的垮落下来，充填采空区。随着采空区面积的不断扩大，岩层的移动变形从煤层直接顶板一直发展到地表，最后在上覆岩层中形成三个破坏程度不同的区域，通常称为顶板“三带”，即垮落带、断裂带和弯曲带（见图 3-5-1）。

①垮落带——位于采空区矿层直接顶板的岩层，在自重和上覆岩层的重力作用下，发生弯曲、断裂破碎，进而呈不规则垮落，堆积于采空区内，发生垮落的部分称垮落带。

②断裂带——位于垮落带上部的岩层在重力作用下，产生移动变形，所受应力超过本身强度，岩层产生裂缝或断裂，但仍保持其原有层状的岩层范围。

③弯曲带——断裂带上方直至地表产生弯曲的岩层范围。断裂带上部岩层在重力作用下，变形较小，所受应力尚未超过其本身强度，岩层仅发生连续平缓的弯曲变形，其整体性未遭受破坏，称为弯曲带。

“三带”的形成主要取决于矿层赋存条件、开采方式、顶板管理方法以及上覆岩层岩性倾角、厚度及强度等。

三、采空区地表移动变形特征

（一）连续的地表移动和非连续的地表移动

地下矿层开采以后，采空区上的覆盖岩层和地表失去平衡而发生移动和变形。地表移动破坏形式与开采深度、开采厚度、采煤方法、顶板管理方式、岩性、煤层产状等因素有关，在不同条件下，出现两种不同类型地表变形方式，即连续的地表移动和非连续的地表移动。

（1）连续的地表移动

在采深采厚比 H/m 较大（一般大于 25 ～ 30），无地质构造破坏和采用正规采矿方法开采的条件下 . 地表不会出现大的裂缝或塌陷坑，地表移动和变形在空间和时间上是连续的，开始地表形成凹地，随着采空区不断扩大，凹地不断扩展而形成较规则的移动盆地，这种情况称为连续的地表移动。

（2）非连续的地表移动

当采深采厚比 H/m 较小（一般小于 30），或采深采厚比 H/m 虽大于 30，但地表覆盖层很薄，且采用高落式等非正规开采方法或上覆岩层有地质构造破坏时，地表不出现较规则的移动盆地，而常出现不规则状的塌陷坑和裂缝等，地表的移动和变形在空间和时间上都不连续，这种情况称为非连续的地表移动。

在开采数个煤层或厚煤层的数个分层时，由于多次地表移动和变形的相互叠加作用，即使按单煤层或分层开采的采深采厚比很大，地表不仅可能出现连续的移动和变形，在边界上方还会出现非连续的移动和变形。

（二）地表移动盆地及特征

当地下开采影响到达地表以后，在采空区上方地表形成的凹地称地表移动盆地。当开采达到充分采动、地表变形已达稳定后的盆地称最终移动盆地。最终盆地一般可分三个区域：

①中间区——位于采空区正上方，地表下沉均匀，地面平坦，一般不出现裂缝，地表下沉值最大。

②内缘区——位于采空区内侧上方，地表下沉不均匀，地面向盆地中心倾斜，呈凹形，产生压缩变形，一般不出现明显裂缝。

③外缘区——位于采空区外侧煤层上方，地表下沉不均匀，地面向盆地中心倾斜，呈凸形，产生拉伸变形，当拉伸变形值超过一定数值后，地表产生张裂缝。

地表最终移动盆地具有以下特征：

①地表最终移动盆地的面积，一般大于采空区的面积。采空区为长方形时，移动盆地大致为椭圆形。

②移动盆地和采空区的相对位置，与矿层的倾角大小有关。当矿层倾角近水平或缓倾斜时，地表移动盆地位于采空区的正上方，盆地形状基本是对称的，盆地中间区中心与采空区的中心位置基本一致，地表最大下沉值位于采空区的中央部位，下沉均匀，不出现裂缝。当矿层倾角较陡时，地表移动盆地是非对称的，矿层倾角越大，非对称性越明显。上山（逆矿层倾斜方向）边界上方地表移动盆地较陡，开采影响范围小；下山（矿层倾斜方向）边界上方地表移动盆地较平缓，开采影响范围较大。移动盆地的中心及最大下沉点向下山方向偏离，倾角越陡，偏离越多。

③移动盆地内各处的变形值不相等，通常将通过最大下沉点作沿矿层走向和倾向的两个剖面称为主剖面，沿主剖面盆地的尺寸最大，地表的移动和变形值最大。开采近水平或缓倾斜矿层时，走向和倾向主剖面均通过采空区中心，开采倾斜矿层时，倾向主剖面通过采空区中心，走向主剖面向下山方向偏离，矿层倾角越陡偏离越多，其具体位置可由最大下沉角确定。

（三）覆岩破坏类型

由于煤层的赋存条件、覆岩性质及其组合类型、采空区深度、采煤方法和顶板管理方法不同，其移动与破坏形式也不相同。已故刘天泉院士总结概况出了覆岩移动与破坏形式分为“三带型”“拱冒型”“弯曲型”“切冒型”和“抽冒型”等五种基本类型，采空区勘察时，应综合上述因素，判别采空区覆岩破坏类型，结合地表地面调查，预测采空区场地地面变形特征。

四、影响地表移动和变形的因素

地表移动和变形特征、程度、速度和持续时间主要与煤层埋藏及赋存条件、采空区上覆地层岩性及强度、地质构造条件、开采方式、工作面推进速度、顶板管理方法、采空区规模等因素有关。

（1）矿层埋藏及赋存条件

矿层埋深越大（即开采深度越大），变形扩展到地表所需的时间越长，地表的变形值也越小，变形比较平缓均匀。煤层厚度大，采空区的空间就大，会促使变形过程剧烈、增大变形值。矿层的倾角大，会促使水平移动值增大，地表出现裂缝的可能性增大，移动盆地和采空区的位置更不对称。

（2）岩性因素

采空区上覆岩层强度越高、分层厚度越大，产生地表变形所需的采空面积越大，破坏过程所需时间就越长。厚度大的坚硬岩层甚至长期不产生变形，强度低的薄层岩层，易产生较大的地表变形，且变形速度快，但地表变形均匀，常不出现裂缝。脆性岩层地表易出现裂缝。塑性强厚度大的岩层，覆盖于硬岩层之上时，后者产生破坏会被前者缓冲或掩盖，但地表变形平缓，反之，地表变形很快，并会出现裂缝。岩层软硬相间且倾角较陡时，接触处易出现层离现象。地表第四纪堆积物厚，地表变形值增大，但变形平缓均匀。

（3）地质构造因素

岩层节理裂隙发育，促使变形加快，增大变形范围，扩大地表裂缝区。断层和薄弱带会破坏地表移动的规律．改变移动盆地的大小和位置．断层和薄弱带上的地表变形更加剧烈，常出现台阶状破坏，其两侧地表变形平缓。

（4）地下水因素

地下水对抗水性弱的岩层起到加速变形的作用，扩大地表变形范围，增大地表变形值。

（5）开采因素

矿层开采和顶板管理处置方法以及采空区的大小、形状、工作面推进速度等均影响地表变形的形式、速度、变形值大小和分布。

五、采空区勘察要求

（一）基本要求

拟建工程场地或其附近分布有不利于场地稳定和工程安全的采空区时，应进行采空区岩土工程专项勘察。

采空区岩土工程勘察应根据基本建设程序分阶段进行，可分为可行性研究勘察、初步勘察、详细勘察和施工勘察。在初步勘察阶段应完成采空区主要勘察评价工作，给出明确结论。

已建场地或拟建工程施工及运营过程中发生新采或复采时，应进行补充勘察。当采空区场地稳定且采空区对拟建工程及工程建设对采空区稳定性影响小时，可合并勘察阶段。采空区作为影响场地稳定性的不良地质作用，对拟建场地稳定性和工程建设适宜性影响很大，评价结果为城乡规划、场址选择、工程建设的可行性和方案设计提供依据，在选址或初步勘察阶段应完成采空区主要勘察评价工作，给出明确结论。若到工程的详勘阶段再进行场地稳定性和工程建设适宜性评价，一旦评价为不稳定或不适宜，必将造成前期投入的浪费。

煤矿采空区勘察应充分收集区域及场地地质资料、矿产及其采掘资料、邻近场地工程勘察资料等，且应对收集到的资料的完整性、可靠性进行分析和验证。

煤矿采空区岩土工程勘察应在查明采空区特征的基础上，分析评价煤矿采空区场地的稳定性，并应综合评价煤矿采空区场地的工程建设适宜性及拟建建（构）筑物的地基稳定性，同时应提出煤矿采空区治理措施建议。

煤矿采空区岩土工程勘察工作应包括下列内容：

①查明开采煤层上覆岩层和地基土的地层岩性、区域地质构造等工程地质条件。

②查明采空区开采历史、开采现状和开采规划、开采方法、开采范围和深度。

③查明采空区的井巷分布、断面尺寸及相应的地表对应位置、采掘方式和顶板管理方法。

④查明采空区覆岩及垮落类型、发育规律、岩性组合及其稳定性；采空区覆岩破坏类型应根据矿区资料确定，当无相关资料时，可按表 3-5-1 确定。

⑤查明地下水的赋存类型、分布、补给排泄条件及其变化幅度，分析评价地下水对采空区场地稳定性的影响。

⑥查明地表移动盆地特征和分布，裂缝、台阶、塌陷分布特征和规律。

⑦分析评价有害气体的类型、分布特征和危害程度。

⑧评价采空区与建（构）筑物的位置关系、地面变形可能影响范围和变化趋势。

⑨收集场地已有建筑物变形和防治措施经验。

⑩分析及预测采空区地表移动变形特征和规律。

⑪评价其作为工程建设场地的适宜性。

⑫提出采空区治理和地基处理建议。

（二）勘察阶段工作内容

1．可行性研究阶段

可行性研究阶段煤矿采空区岩土工程勘察应对拟建场地稳定性和工程建设适宜性进行初步评价，为城乡规划、场址选择、工程建设的可行性和方案设计提供依据，以定性评价为主。

可行性研究勘察阶段受勘察深度所限．应以资料收集、采空区调查及工程地质测绘为主，当拟建场地工程地质条件复杂、已有资料不能满足要求时，应根据具体情况辅以适量的物探和钻探工作。在所收集的各类地质报告中，勘察区矿产资源详查及勘探报告一般包含有区域地质资料．因此．地质资料的收集应以勘察区资源详查及勘探报告为主。

可行性研究阶段勘察的调查范围不仅应包括对拟建场地稳定性有影响的采空区，还宜向场地周边外扩 500 m，其目的是为城乡规划、场址选择、工程建设的可行性和方案设计优化提供空间。

在未来（准）采区的预测影响范围内新建建（构）筑物时，为确保新建建（构）筑物的安全稳定，有时需留设保护煤（岩）柱。当压矿量作为建设方投资建设的一个主要考虑因素时，在可行性研究阶段应进行估算。

2．初步勘察阶段

本阶段是采空区专项勘察的主要阶段，应对工程场地的稳定性和工程建设的适宜性进行评价与分区。本阶段的工作应侧重于采空区专项调查及分析计算采空区地表已完成的移动变形量及剩余移动变形量，定量分析评价场地稳定性及工程建设的适宜性，为确定建（构）筑物总平面布置、采空区治理方案及地基基础类型提供初步设计依据。

初步勘察阶段应详细收集有关地质、采矿资料，并应以采空区专项调查、工程地质测绘、工程物探为主，辅以适当的钻探工作验证、水文地质观测试验及地表变形观测。

初步勘察工作应符合下列规定：

（1）采空区专项调查及工程地质测绘范围应涵盖对拟建场地可能有影响的煤矿采空区，在采空区专项调查过程中要特别重视调查走访工作，尽可能走访矿井开采的当事人（矿长、总工或地测技术人员），了解并摸清地下开采情况。

（2）一匚程物探方法应根据场地地形与地质条件、采空区埋深与分布及其与周围介质的物性差异等综合确定，探测有效范围应超出拟建场地一定范围，并应满足稳定性评价的需要，物探线不宜少于 2 条；对于资料缺乏或资料可靠性差的采空区场地，应选用两种物探方法且至少选择一种物探方法覆盖全部拟建工程场地；物探点、线距的选择应根据回采率、采深采厚比等综合确定．解译深度应达到采空区底板以下 15 ～ 25 m。

（3）工程钻探勘探点的布置应根据收集资料的完整性和可靠性、物探成果、采空区的影响程度、建（构）筑物的平面布置及其重要程度等综合确定，并应符合下列规定：

①当采空区对拟建工程影响程度中等或影响大时，钻探验证孔的数量对于单栋建筑物的场地不应少于 2 个．多栋建筑物的场地每栋不少于 1 个或整个场地不宜少于 5 个；当采空区对拟建工程影响程度小时．钻探验证孔的数量单栋建筑物的场地不宜少于 1 个，

多栋建筑物的场地不宜少于3个。对于资料缺乏、可靠性差的采空区场地，应根据物探成果，对异常

地段加密布置。钻探孔间距尚应满足孔间测试的需要。

②对于需进行地基变形验算的建（构）筑物，应根据其平面布置加密布设，单栋建（构）筑物钻探验证孔数量不应少于1个。

③钻探孔深度应达到有影响的开采矿层底板以下不少于3 m，且应满足孔内测试的需要。钻探施工、取样及地质描述应符合本规范第7章的有关规定。

（4）当拟建场地下伏新采空区时，应进行地表变形观测；当拟建场地下伏老采空区时，宜进行地表变形观测；观测范围、观测点平面布置及观测周期应符合有关规定。

3．详细勘察阶段

对于适宜性差、需要进行采空区处理的场地宜进行采空区详细勘察。详细勘察阶段应以工程钻探为主，并应辅以必要的物探、变形观测及调查、测绘工作。对于稳定性差、需进行治理的采空区场地，勘探点布置应结合采空区治理方法确定，钻探孔深度应达到对工程建设有影响的采空区底板以下不小于3 m，且应满足采空区治理设计要求。

（三）勘察方法

采空区勘察以收集资料、调查访问为主。当工程地质调查不能查明采空区的特征时，应辅以必要的物探、勘探和地表移动的观测等手段，以查明采空区特征和地表移动基本参数。

对老采空区主要查明采空区的分布范围、采厚、埋深、充填情况和密实程度、开采时间和开采方式等，评价采空区的稳定性，预测采空区残余变形对工程建设及工程建设对采空区稳定性的影响，评价采空区作为建筑场地的适宜性。

对现采空区和未来采空区应预测地表移动的规律，计算预测地表移动和变形特征值，并根据地表变形特征值和建筑物容许值，评价对建筑物的危害程度，制定建筑物保护和加固措施。

1．采空区调查

采空区调查应包括采矿调查、采空区踏勘测量、井下测量、地表变形观测、地面建筑物破坏情况调查等，并应包括下列内容：

采空区工程地质调查的主要内容：

①调查场地内及周边矿区的开采矿层、产状、开采起始时间、开采方式、规模、采深采厚比、回采率、顶板管理方式、煤（岩）柱留设情况和盘区划分等，重点是收集矿区井上、下对照图、采掘工程平面图、煤层底板等值线图等与开采有关的图件。

②采空区地表移动范围、地表变形特征和分布、破坏现状、发展轨迹，包括地表陷坑、台阶，裂缝的位置、形状、大小、深度、延伸方向及其与地质构造、开采边界和工作面推进方向等的关系；确定地表移动盆地中间区、内边缘区、外边缘区，地表移动盆地变形分区可按图3-5-2划分。

③采空区地下水赋存、水质和补给状况，采空区附近的抽水和排水情况及其对采空区稳定的影响。

④采空区垮落带、断裂带及弯曲带高度，采空区充填情况及密实度。

⑤矿区突水、冒顶和有害气体等赋存、发生情况。

⑥建筑物变形和防治措施的经验，包括已有建（构）筑物的类型、基础形式、变形破坏情况及其原因。

2. 采空区地球物理勘探

对拟建工程影响大的采空区场地，当资料缺乏或可靠性较差时，应进行地球物理勘探。地球物理勘探，应在收集、调查地形、地质、采矿等资料的基础上，根据煤矿采空区预估埋深、可能的平面分布、垮落及充水状态、覆岩类型和特性、周围介质的物性差异等，选择有效的方法。

采空区地球物理勘探应根据现场地形、地质条件、采空区埋深及分布情况、干扰因素、勘探目的和要求等。

六、采空区场地岩土工程评价

建设于采空区场地的建（构）筑物，无论其重要性如何，采空区场地本身的稳定性为先决条件，应首先评价。采空区场地稳定性应根据采空区勘察成果，针对不同的采空区类型、顶板管理方式等因素进行综合分析和评价。在此基础上，根据建筑物重要性等级、结构特征和变形要求、采空区类型和特征，采用定性与定量相结合的方法，分析采空区剩余变形等对拟建工程和工程建设活动对采空区稳定性的影响程度．综合评价采空区拟建工程的工程建设的适宜性和地基稳定性。

（一）采空区场地稳定性评价

1. 稳定性分级

采空区场地稳定性评价，应根据采空区类型、开采方法及顶板管理方式、终采时间、地表移动变形特征、采深、顶板岩性及松散层厚度、煤（岩）柱稳定性等因素，采用定性与定量评价相结合的方法划分为稳定、基本稳定和不稳定。

2. 稳定性评价因素选取

不同类型的采空区，影响采空区场地稳定性的评价因素是不同的，其中决定评价结论和等级的是主控因素，其他因素要结合主控因素判断其影响程度而调整评价结论和等级。

①全陷法顶板垮落充分的采空区，可以停采时间和地表变形为主控因素评价采空区场地稳定性，根据场地稳定性、地表残余变形、采深采厚比、覆盖层厚度、建筑物重要性和荷载影响深度等评价采空区对各类工程的影响及危害程度。

②非充分采动顶板垮落不充分的采空区，可以停采时间和地表变形特征、采深、顶板岩性和覆盖层厚度等为主控因素评价采空区场地稳定性，根据场地稳定性、地表残余

变形特征、采深采厚比、建筑物重要性和荷载影响深度、采空区的密实状态及充水状态等评价采空区对各类工程的影响及危害程度。

③单一巷道及巷采的采空区，可以顶板岩性、停采时间、煤（岩）柱安全性为主控因素评价采空区场地稳定性，根据采深、顶板岩性、建筑物重要性和荷载影响深度、采空区的密实状态及充水状态等评价采空区对各类工程的影响及危害程度。

④条带及充填式的采空区，可以停采时间、地面变形为主控因素评价采空区场地稳定性，根据地表变形、采深、煤（岩）柱安全性、顶板岩性和覆盖层厚度等评价采空区对各类工程的影响及危害程度。

3. 稳定性评价方法

采空区场地稳定性评价可采用开采条件判别法、地表移动变形判别法、煤（岩）柱稳定分析法等进行。在应用时，应根据采空区勘察资料和勘察阶段，选择适宜的评价方法。

在可行性研究勘察阶段，应综合分析采空区类型、开采条件、终采时间、地表移动变形特征、顶板岩性及覆盖土层厚度等因素。由于受勘察手段及资料所限．难以取得全面的勘察资料，该阶段可采用开采条件判别法对场地稳定性进行初判；在初步勘察设计阶段，应在可行性研究阶段初判的基础上，依据本阶段所取得的物探、钻探及地表移动变形监测成果等基础资料，根据采空区类型及特点，预估采空区地表剩余变形量，并应结合地表移动变形观测资料，采用开采条件判别法、地表移动变形判别法、煤（岩）柱稳定分析法等定性与定量相结合的方法，对场地稳定性进行定性和定量综合评价；因前期各勘察阶段工期一般较短，难以取得完整的监测数据，详细勘察设计阶段，则应侧重于综合各勘察阶段的地表移动变形实际观测结果，进一步验证、评价采空区场地稳定性。

（1）开采条件判别法

采空区的稳定性与停采时间、覆岩岩性、松散层厚度、变形特征等因素有关。开采条件判别法是综合上述因素进行采空区稳定性评价的一种定性评价方法，主要用于采空区稳定性的初步评判，适用于各种类型采空区场地稳定性定性评价。对不规则、非充分采动等顶板垮落不充分的难以进行定量计算的采空区场地．可仅采用开采条件判别法进行定性评价。

开采条件判别法判别标准应以工程类比和本区经验为主，并应综合各类评价因子进行判别。无类似经验时，宜以采空区终采时间为主要因素，结合地表移动变形特征、顶板岩性及松散层厚度等因素按表 3-5-4 至表 3-5-6 综合判别。

（2）地表移动变形判别法

地表移动变形判别法是根据地面剩余变形值、地面变形速率，定量评价场地稳定性的方法，可用于顶板垮落充分、规则开采的采空区场地稳定性的定量评价。对顶板垮落不充分且不规则开采的采空区场地稳定性，可采用等效法等计算结果判别评价。

地表移动变形值宜以场地实际监测结果为判别依据，有成熟经验的地区也可选择适宜的预计方法，计算出采空区地表剩余变形值，采用经现场核实与验证后的地表变形预测结果作为判别依据，评价采空区场地稳定性。

4. 特殊地段评价

对于穿巷、房柱及单一巷道等类型采空区，其开采深度和相对空间尺寸一般不大，其场地稳定性评价主要是评价巷道煤（岩）柱的稳定性。

针对一些目前技术水平尚难以做出准确预测评价但破坏后果可能特别严重的一些采空区地段，专门列出，宜划分为不稳定地段，工程建设时宜采取采空区处理或避让措施。

①对于垮落不充分、埋深浅的采空区（采深采厚比小于 25 ~ 30，或虽大于 25 ~ 30 但地表覆盖层很薄且采用高落式等非正规开采方法开采），勘察时地面可能处于相对稳定状态，但在地质环境条件发生变化时，采空区垮落可能引起地表出现塌陷坑、台阶状开裂缝等非连续变形的地段。与连续变形相比，非连续变形是没有规律的、突变的，其基本指标目前尚无严密的数学公式表示，其对地面建筑的危害比连续变形大得多；建设工程难以抵抗此类不连续变形，危害大。

②处于地表移动活跃的地段。地表移动活跃阶段是一个危险的变形期，各种变形特征指标达到最大值，对地表建筑物危害最大。

③特厚矿层和倾角大于 55° 的厚矿层露头附近，当地表覆盖层厚度较薄，即使是活跃期以后，仍然存在出现非连续变形危险的地段。

④采空区地表移动和变形可能诱发其他地质灾害如边坡失稳、山崖崩塌等地段。

⑤采空区地段存在大量抽排地下水引起地下水位大幅度变化的，对非充分采动、采深小于 150 m 的采空区，易引起采空区活化的地段。

另外，亦有工程实例表明，当地表覆盖土层中，浅表 10 m 深度范围内分布有粉土、粉砂地层，采空区引起的地面移动变形边缘地带及采动地面水平位移大于 6 mm/m 的区域，由于水平变形的拉张作用，土层中易产生地裂缝，在强降水或灌溉等引起地表水强烈径流补给地下水时，将产生土洞或地面塌陷，威胁建设工程的安全。当遇到类似工程场地时，其稳定性评价应予以重视。

（二）采空区场地工程建设适宜性评价

1. 适宜性评价分级

采空区场地工程建设适宜性，应根据采空区场地稳定性、采空区与拟建工程的相互影响程度、拟采取的抗采动影响技术措施的难易程度、工程造价等。

2. 采空区对各类工程的影响程度评价

采空区对各类工程的影响程度，应根据采空区场地稳定性、建筑物重要程度和变形要求、地表变形特征及发展趋势、地表剩余移动变形值、采深或采深采厚比、垮落断裂带的密实状态、活化影响因素等，采用工程类比法、采空区特征判别法、活化影响因素分析法、地表剩余移动变形判别法等方法进行综合评价。

3. 拟建工程对采空区稳定性影响程度评价

拟建工程对采空区稳定性影响程度，应根据建筑物荷载及影响深度等，采用荷载临界影响深度判别法、附加应力分析法、数值分析法等方法。

4. “活化因素”的影响评价

对划分为稳定及基本稳定的煤矿采空区场地，应分析预测地下水变化、振动荷载、地震等因素对采空区稳定性的影响，提出相应的防治措施的建议。

活化影响因素分析应以定性分析评价为主，预测评价地表变形特征、发展趋势及其对工程的影响，有条件时宜结合数值模拟方法进行综合评价。

（1）地下水

应结合矿区地质、水文、覆岩性质、开采情况等分析预测评价：地下水上升引起的浮托作用，地下水长期对煤（岩）柱、顶底板岩石的软化作用，地表水经塌陷坑、采动裂缝等长期入渗引起地表岩土下降而导致垮落断裂带压密以及潜蚀、虹吸作用等，地下水径流引起岩土流失进而诱发地面塌陷的可能性。

（2）振动荷载

应评价地震、地面振动荷载等引起松散垮落断裂带再次压密诱发地面塌陷和不连续变形的可能性。

（3）其他因素

场地及周边存在有未开采的地下资源时，应预测未来开采对场地可能的影响。要特别重视多煤层重复采动引起地表移动变形参数和影响范围的变化；在地质构造褶皱、断裂强烈发育的煤矿采空区，要进行调查、对比分析矿区采动引起断裂活化的可能性。

八、采空区地表移动和变形对建筑物的影响及地基处理和建筑物抗变形措施

采空区上的工程建设可综合采用地面建筑和结构预防措施和地下采空区治理措施。煤矿采空区治理范围应包括对拟建工程有影响的采空区。

（一）采空区地表移动和变形对建筑物的影响

地表移动和变形将引起其上建筑物基础和建筑物本身产生移动和变形，超过建筑物允许变形极限，建筑物便会发生不同程度的损坏甚至倒塌。地表移动和变形对建筑物影响程度除与变形性质、变形程度、变形速度和变形阶段有关外，还与建筑物与地表移动盆地的相对位置有关。

地表平缓而均匀地下沉或水平移动对建筑物危害性不大，建筑物一般不会变形，不会有破坏危险。但地表过大的不均匀下沉和水平移动，容易对建筑物造成严重破坏。地表下沉虽均匀但下沉量较大，且地下水位又较浅时，容易引起地面积水，不但影响建筑物的使用，而且使地基土长期浸水，强度降低，严重时可使建筑物倒塌。地表下沉对铁路、公路、地上或地面各种管线以及工业生产工艺流程系统都有显著影响。

地表倾斜对高耸建筑物影响较大。它使高耸建筑物的重心发生偏斜，引起附加压力

重分配，建筑物的均匀荷重将变成非均匀荷重，导致建筑结构内应力发生变化而引起破坏。同时，地表倾斜会改变排水系统和铁路的坡度，造成污水倒灌和影响铁路的运营，后者严重时会发生事故。

地表曲率对建筑物有较大影响。在负曲率（地表下凹）作用下，建筑物的中央部分悬空，使墙体产生裂缝。如果建筑物长度过大，则在重力作用下，建筑物将会从底部断裂，使建筑物破坏。在正曲率（地表上凸）作用下，建筑物两端将会悬空，也能使建筑物开裂破坏甚至倒塌。

地表水平变形包括拉伸和压缩，两种变形对建筑物的破坏作用也很大，尤其是拉伸变形对建筑物的破坏更显著。建筑物抵抗拉伸的能力远小于抵抗压缩的能力，较小的拉伸变形就能使建筑物产生裂缝。压缩变形使墙体产生水平裂缝，并使纵墙褶曲、屋顶鼓起。

地表移动和变形对建筑物的破坏，往往是几种变形同时作用的结果。一般情况下，地表的拉伸和正曲率同时出现，地表的压缩和负曲率同时发生。

在充分采动条件下，建筑物与地表移动盆地的相对位置不同，对建筑物的损坏程度是不同的，位于地表移动盆地边缘区的建筑物要比中间区更易发生破坏。

（二）地基处理和建筑物抗变形措施

1. 采空区地基处理措施

采空区的地基处理宜采用灌注充填、穿越跨越、剥挖回填压实、强夯压塌或井下砌筑支撑等方法。

不同区段的采空区，应根据采空区规模、采空区稳定性评价结论、拟建建（构）筑物重要性等级及特点等，采取分区治理措施。治理效果应经检测符合要求后，再进行主体工程施工。

2. 建筑措施

建设在采空区场地上的建（构）筑物，应根据采空区稳定状态和残余变形特征，在规划、建筑设计阶段，采取相应的防治措施，确保工程安全，减低工程造价。具体措施可包括：

①拟建建（构）筑物平面布置规划时，其长轴宜平行于地表下沉等值线。

②应选择地表变形小、变形均匀的地段，宜避开地表裂缝、塌陷坑、台阶等分布地段，同一建（构）筑物布置不宜跨在不同稳定性、适宜性分区上。

③建筑物平面形状应力求简单、对称、等高。

④单体建筑物长度不宜超过 50 m，过长时应设置沉降缝且宽度不小于 100 mm。

3. 结构措施

采空区上的建（构）筑物应根据采空区的稳定状态和残余变形特征分别选择采用刚性结构设计原则和软性结构设计原则。

对于稳定的和基本稳定的采空区，残余变形以连续变形为主的，宜选择采用刚性结构设计原则，对于不稳定或残余变形较大的，宜选择采用柔性结构设计原则。

（1）刚性结构设计原则

采用刚性结构设计原则时，基础结构的刚度和强度应足以抵抗采空区地表残余变形和附加内力的影响，宜采用整体式基础，并加强上部结构刚度。

整体式基础具有很大的刚度．特别是在建筑物产生正向挠曲时，保证基础具有足够的刚度和强度，是很重要的。采空区场地不宜采用独立基础，建议采用条形、带形、交叉条形、筏板、箱形、桩筏基础等抗弯刚度较大的基础。

上部结构宜选用静定结构。对于未经处理的基本适宜建设的场地和适宜性差、经过处理后可以建设的场地，宜结合建筑物的重要程度按照对建筑抗震不利地段采取适当的上部结构加强措施。上部结构的刚度与基础刚度应相适应，如果基础刚度和强度较好，而上部结构的刚度和强度较差，当建筑物产生较大的不均匀沉降时，也会出现裂缝，因此加强上部结构刚度是必要的。

（2）柔性结构设计原则

采用柔性结构设计原则时，基础结构或基础与地下室部分应具有足够的柔性和可弯性，可采用在基础下设置滑动层、可倾式基础，采用弱强度围护结构、轻钢结构、铰接屋架、柔性屋面、框柱间设置斜拉杆等构造措施。

地下管网接头处应设置柔性接头或补偿器，并应增设附加阀门、修筑管沟等保护措施；环境和气候条件许可的地区宜采用地面管网设计。

在地表压缩变形区内，挖掘变形补偿沟，也是行之有效的减沉措施。

第六节　地面沉降

随着人类社会经济的发展、人口的膨胀，地面沉降现象越来越频繁，沉降面积也越来越大。在人口密集的城市，地面沉降现象尤为严重。

一、地面沉降的防治措施

地面沉降的防治要遵循“以防为主，防治结合”的原则来进行。地面沉降的发生很缓慢，并且一旦发生就很难治理，所以地面沉降的防治重在预防，但对已经发生地面沉降的地区仍需采取措施进行治理。

一般来说，对已发生地面沉降的地区，可根据工程地质和水文地质条件，采取以下控制和治理方案：

（1）减少地下水开采量和水位降深、调整开采层次、合理开发．当地面沉降发展剧烈时，应暂时停止开采地下水。

（2）对地下水进行人工回灌，回灌时应控制回灌水源的水质，以防止地下水被污染。

（3）限制工程建设时，人工大幅度地降低地下水位。

对可能发生地面沉降的地区，应预测地面沉降的可能性和估算沉降量，其方法和步骤如下：

①根据场地工程地质、水文地质条件，预测可压缩层的分布。

②根据抽水压密试验、渗透实验、先期固结压力实验、流变试验、载荷试验等的测试成果和沉降观测资料，计算分析地面沉降量和发展趋势。

③提出合理开采地下水资源，限制人工降低地下水水位及在地面沉降区内进行工程建设应采取的措施和建议。

二、人工回灌

（一）由于超采地下水引起地面沉降的机理

过量抽取地下水引起地面沉降已成为公认的事实。由土的固结理论可知，土体覆盖层荷载引起的总应力（P）由固体土颗粒（有效应力）和土颗粒孔隙中的水（孔隙水压力）共同承担。即

$$P=\sigma+U \tag{9-1}$$

式中：σ —— 为土颗粒的有效应力；

U—— 为孔隙水压力。

从孔隙含水层中抽取地下水时，随着地下水位的降低，孔隙水压力减小，但是总应力没有发生变化，从而使土中的有效应力增加，结果引起粘土层产生次生固结。与此同时，水位下降减小了水的浮托力，并产生附加应力（相当于水位降的水柱重量），含水层排水后产生固结压密，其结果就是产生地面沉降。

由上述机理分析可知，地面沉降产生的必要条件是厚层细粒土体的存在以及过量开采地下水而引起地下水位的大幅度下降。所以，第四系的沉积环境决定了地面沉降的发育程度。

沉降量的大小主要取决于开采量，土层达到最终固结所需时间取决于孔隙水在垂向上的压力传导性能，即土层的渗透性能越差或厚度越大，压密固结作用就越缓慢，达到最终固结所需时间也越长；反之，则越短。

由此可见，通过改变地下水补给条件，使地下水位得到恢复，可以对地面沉降进行控制。除改变天然补给条件和控制地下水开采外，还可采用人工补给地下水，促使地下水位回升，使含水层回弹。这时含水层向上的水头压力增大，使上部易压缩的粘土层大量充水，孔隙水压增大，粘性土膨胀。含水层的回弹和粘性土层的膨胀，可以达到控制地面沉降的目的。

（二）地下水人工回灌的条件

1. 水文地质条件

水文地质条件对是否可以进行人工回灌起到控制作用。水文地质条件包括：含水层

的可利用容积、埋藏深度、导水和储水能力以及径流条件等。如果含水层可利用的容积不大、地下径流条件好、导水能力强、埋藏深度大，则会使获得的补给水很快就排走，显然不适于进行人工补给。经大量试验研究表明，人工补给含水层的厚度较大、含水层产状平缓、广泛分布渗透性能中等的各类砂质岩层或裂隙岩层时，最适合于人工回灌。

2. 回灌水源

是否可以采用人工回灌，水源条件起到决定性作用。回灌水源主要包括地表水、降水、经过处理的城市污水。在我国南方河网地区，人工回灌水源问题主要有取水远近、水质好坏、净水难易、费用高低等问题。通常，河流、水库和回用的城市污水可以作为人工回灌水源。

在考虑以上两个主要条件的基础上，是否利用人工回灌来治理地面沉降还要考虑工程投资，以及工程方案在其他方面的综合效益和对环境可能带来的影响。

（三）人工回灌的方法

治理地面沉降的人工回灌方法有两种，即直接回灌补给和间接回灌补给。直接回灌补给是指以单纯的人工回灌为直接目的的方法，包括管井注入法和地面入渗法。间接回灌方法是指在修建其他工程时所起到回灌作用的方法，包括人为修建水库，抬高了地表水的水位，加大了地表水与地下水的水位差，增加地表水的入渗量；进行农田灌溉时，过剩的土壤水下渗，形成对地下水的补充；城市绿化及植树造林增加了地表水分的涵养，也改变了气候和降水的入渗条件，增加地下水的补给。

1. 管井注入法（即深层回灌或地下灌注法）

通过钻孔、井孔等通道直接将回灌水注入地下含水层的一种方法。

管井注入法的主要特点是：①不受地形条件限制，也不受弱透水层分布和地下水位埋深等条件的限制。只要有井孔揭穿要回灌的含水层，就可以应用此法来进行回灌。②占地少、水量浪费少，可以通过井孔对指定含水层进行回灌。③地面气候变化等因素对回灌工作不易产生影响。④由于水量通过井孔集中注入，管井及其附近含水层中流速较大，易导致管井和含水层产生泥沙阻塞。⑤由于回灌水由井孔直接灌入，缺乏上覆岩土层的过滤作用，回灌水可能影响含水层的水质，回灌时需配备专门的水处理设备、输配水系统和加压系统，使治理和管理的费用增大。

管井回灌方法主要有真空回灌和压力回灌两大类。压力回灌方法又可分为正压回灌方法和加压回灌方法。

（1）真空回灌法

工作原理：当回灌井由密封装置组成，在回灌井中抽水时，在泵管和管路内充满水。关泵停止抽水时，同时将控制阀门和出水阀门全部关闭。此时，泵管内的水体迅速向下降，使控制阀门和泵管内的水面之间形成真空。由于大气对泵管外面井管内的地下水面有压力，所以泵管内的水面下降至静止水位以上一定高度，使得泵管中的水面与井管内的静水位保持压力平衡。开启进水阀和控制阀，在真空虹吸作用下，水进入泵管内，破坏原有的压力平衡，水头差使地下水在井的周围形成一定的水力坡降，从而，回灌水克服阻力向含水层中渗透，这就是真空回灌。

鉴于真空回灌法的工作原理，该方法的适用条件包括：适用于地下水位埋深比较大（一般来讲，要求静止水位埋深大于10m），并且渗透性良好的含水层；由于真空回灌对滤网的冲击力较小，所以真空回灌法适用于滤网结构耐压和耐冲击强度较差和一些使用年限较长的井；对回灌量要求不大的井。

（2）压力回灌法

工作原理：在进行回灌时，利用机械动力加压，将回灌水源送入井内，从而在水井中与静水位之间产生较大的水头差，在井周围形成水力坡度，使回灌水克服阻力渗入含水层，这就是压力回灌。所以说，压力回灌不受地下水埋深和含水层渗透性的限制。压力回灌根据压力产生来源不同又分为正压回灌和加压回灌两种方法。正压回灌的回灌水源是自来水，是利用自来水的管网压力在回灌井周围含水层中产生水头差进行回灌的方法。正压回灌所产生的水头差实际上在地面之上，而真空回灌的水位与静水位之间的水头差在地面以下，所以真空回灌又称负压回灌；为了增加回灌量，在正压回灌装置的基础上，使用机械动力设备（如离心泵）加压，产生更大的水头差，称为压力回灌。

因为压力回灌有压力，所以压力回灌适用于地下水位较高和透水较差的含水层。但因压力回灌对滤水管网眼和含水层的冲击力较大，故多用于滤网强度较大的深井。

（3）回灌管路与设施

回灌井设施主要由井内设施和地表设施两大部分组成。井内设施主要包括深井泵（长轴泵和潜水泵）、泵管等装置；地表设施主要有地表管路系统、控制系统、仪表系统、水源输送系统等组成。回灌井设施因回灌方法的不同而有所差异。

目前，管井注入法得到了广泛的使用，但也存在着一些问题，主要包括：①由于补给水源中悬浮物（包括气泡、泥质、胶体物、各种有机物）充填于滤网和砂层孔隙中所造成的物理堵塞。②当回灌装置密封不严时，大量空气随回灌水流入含水层中，也可能产生化学堵塞。③铁细菌和硫酸还原菌所造成的生物化学堵塞。

2. 地面入渗法（即浅层回灌法）

主要是利用天然洼地、沟道、古河床、旧河道、较平整的草场或耕地，以及水库、坑塘、废弃砂石坑、引水渠道或开挖水池等地面集（输）水设施，常年或定期引、蓄地表水，利用天然水头差，使地表水自然渗漏补给含水层，达到回灌含水层的目的。

地面入渗法的优点：①可因地制宜实施，并充分利用自然条件；②可以用简单的工程设施和较少的投资获得较大的入渗补给量；③易于清淤和便于管理，故能经常保持较高的渗透率。其主要缺点是：①设施占地面积较大，易受地质、地形条件的限制；②补给水在干旱地区蒸发损失较大；③可能引起附近土地盐渍化、沼泽化或产生浸没灾害。

（四）人工回灌的水质要求

为了防止地下水的污染，在进行人工回灌时，回灌水的水质必须满足一定的要求，主要控制参数包括微生物指标、无机物总量、重金属、有机物等，回灌水的水质要求因回灌地区水文地质条件、回灌方式、回灌用途不同而有所不同。目前我国未正式颁布人工回灌水质标准，通常，对于回灌水质，应根据不同的用途而有不同的要求，如生活饮用水、工业用水、农业用水水质均有相应的要求。同时考虑回灌水与回灌区地下水可能产生的化学反应、对管井和含水层可能产生的腐蚀和堵塞、地层的净化能力等不同而有所不同。

1. 回灌水的物理性质要求

就回灌水的物理性质来说，最大的影响因素是温度和浑浊度。

（1）温度的影响主要体现在温度变化将会改变回灌后混合水的粘度和密度。水的粘度随着温度的升高而降低；水的密度在大于 4℃时，随着温度的升高而减小，最终影响水在地层中的渗透和过滤速度，温度升高将加大水渗入土层的能力。此外，水温的变化也可能引起地下水的某些化学反应和微生物的活动，矿物质也会因温度变化而沉淀或溶解，从而引起水质的变化。实验表明，人工补给水源的最佳温度为 20 ~ 25℃。

（2）回灌水的浑浊度也严重影响补给效率，并与管井和含水层的堵塞有关，导致渗透速度下降，可能使渗透完全停止。一般要求补给水的悬浮物浓度必须控制在 20mg / L 以下。

2. 回灌水的化学性质要求

回灌水化学性质的影响主要表现在以下几个方面：

（1）补给水进入含水层，可能破坏含水层中原有的地球化学平衡，而引起不良的化学反应或离子交换，导致金属沉淀；悬浮于水中的粘土颗粒，可能因离子交换作用而膨胀，产生絮凝作用。

（2）气体成分：地表水与大气接触很充分，所以地表水中的空气处于高度饱和状态，当地表水进入含水层后，其中的空气可充填孔隙，使土体的有效孔隙度和渗透性降低。

（3）空气中的氧与岩石发生氧化还原反应，一些反应使水得到净化，一些反应使水的质量变差。另外，回灌水中氧气含量过大，还会与 Fe^{2+} 作用生成不溶于水的 $Fe(OH)_3$ 胶体，使其对含水层产生化学堵塞。因此，溶解氧含量以 5 ~ 7mg / L 为宜。

（4）地下水中二氧化碳的含量应尽可能少，这关系到对碳酸盐的浸出能力。地下水中二氧化碳的浓度高时，水的侵蚀性增强，溶滤作用加强，水中的化学成分发生变化，碳酸盐在溶液中过饱和时，可能沉淀析出，堵塞孔隙。

（5）pH 值对混合水的化学性质有很大影响，氢离子浓度决定了反应的方向，从而引起 Ca^{2+}、Mg^{2+}、Fe^{3+} 等成分产生沉淀或溶解。

（6）关于补给水中钙、镁、氯化物等常见可溶盐成分及毒性元素含量的要求，主要视补给地下水的用途而定。

（7）关于“三氮”即氨氮、亚硝酸氮、硝态氮，以及细菌指标，因含水层具有一定的自净能力，故可适当放低要求，但应针对不同地区的地质条件制定相应的水质标准。对于有毒有害的重金属、酚、氧以及油类和难降解有机物，需制定严格的水质标准，以防止其污染地下水。

三、防洪排涝工程

在已经发生地面沉降的地区，尤其是已发生地面沉降的城市，常因地面沉降而造成雨季排洪系统的失效，地表积水，引起洪涝灾害。为防止洪涝灾害的发生，必须实施防洪排涝工程。

（一）洪涝灾害的危害

1. 降低城市排水系统的排水能力，影响城市正常运转

地面沉降导致雨季地面积水量增大，增加城市排水系统的负担，并且由于地面沉降造成了地下排水管道的破坏，也影响了城市的排洪能力，使积水不能及时排走。

2. 降低河道防洪和航运能力

地面沉降能够降低城市河道堤防的防洪标准，使河道汛期泄洪能力下降，使市区产生内涝，排污能力下降，城市防洪区面积扩大，增加防汛墙、排涝泵站、河口挡潮闸等防洪工程建设的资金投入。

3. 抗御台风的能力下降

滨海地区由于地面沉降及海平面上升，抗御风暴潮的能力降低，造成巨大的经济损失。

（二）防洪排涝工程

实施防洪排涝工程，可以在一定程度上减轻或防止因地面沉降而引起的洪涝灾害。

1. 加强市政建设、完善给排水设施

在地面沉降地区的市政工程建设中，应充分考虑预留沉降量，使市政工程尽量不受到地面沉降的破坏。同时，完善给排水设施，使排水管网与城市的发展相适应，以便及时排水。也可以利用城市地下空间修建调节水池，将雨水暂时储存在调节水池，既可以防洪，又可以在旱季的时候作为供水水源。

另外，可以在城市建设过程中，采用一些新技术、新材料，增大地面的渗透性，使降水入渗量增大，减少滞留在地表的水量，达到防洪排涝的目的，同时也起到人工回灌的作用。

2. 沿岸堤防工程

地面沉降造成河道防淇能力降低。在沿海地区，由于高程严重损失，加剧了风暴潮灾害的发生。因此，沿岸修砌防汛墙工程是防灾的一种有效措施。修建堤防工程，可提高防洪标准，防止洪涝灾害。

3. 地面垫高工程

对于因地面沉降而造成内涝的城市来说，可以通过地面垫土，增加标高的方法来进行治理。

第三章　特殊性岩土的岩土工程勘察与评价

第一节　黄土和湿陷性土

一、湿陷性黄土

湿陷性黄土是一种非饱和的欠压密土，具有大孔和垂直节理，在天然湿度下，其压缩性较低，强度较高，但遇水浸湿时，土的强度显著降低，在附加压力或在附加压力与土的自重压力下引起的湿陷变形，是一种下沉量大、下沉速度快的失稳性变形，对建筑物危害性大。

我国湿陷性黄土主要分布在山西、陕西、甘肃的大部分地区，河南西部和宁夏、青海、河北的部分地区，此外，新疆维吾尔自治区、内蒙古自治区和山东、辽宁、黑龙江等省，局部地区亦分布有湿陷性黄土。

（一）湿陷性黄土勘查的重点

在湿陷性黄土场地进行岩土工程勘查，应结合建筑物功能、荷载与结构等特点和设计要求，对场地与地基做出评价，并就防止、降低或消除地基的湿陷性提出可行的措施建议。应查明下列内容：①黄土地层的时代、成因。②湿陷性黄土层的厚度。③湿陷系数、自重湿陷系数和湿陷起始压力随深度的变化。④场地湿陷类型和地基湿陷等级的平面分布。⑤变形参数和承载力。⑥地下水等环境水的变化趋势。⑦其他工程地质条件。

（二）湿陷性黄土场地上建筑物的分类和工程地质条件的复杂程度

1. 建筑物的分类

拟建在湿陷性黄土场地上的建筑物，种类很多，使用功能不尽相同，应根据其重要性、地基受水浸湿可能性的大小和在使用期间对不均匀沉降限制的严格程度，分为甲、乙、丙、丁四类。对建筑物分类的目的是为设计采取措施区别对待，防止不论工程大小采取“一刀切”的措施。当建筑物各单元的重要性不同时，可根据各单元的重要性划分为不同类别。

地基受水浸湿可能性的大小，反映了湿陷性黄土遇水湿陷的特点，可归纳为以下三种：①地基受水浸湿可能性大，是指建筑物内的地面经常有水或可能积水、排水沟较多或地下管道很多。②地基受水浸湿可能性较大，是指建筑物内局部有一般给水、排水或暖气管道。③地基受水浸湿可能性小，是指建筑物内无水暖管道。

2. 场地工程地质条件的复杂程度

场地工程地质条件的复杂程度，按照地形地貌、地层结构、不良地质现象发育程度、地基湿陷性类型、等级等可分为以下三类：①简单场地——地形平缓，地貌、地层简单，场地湿陷类型单一，地基湿陷等级变化不大。②中等复杂场地——地形起伏较大，地貌、地层较复杂，局部有不良地质现象发育，场地湿陷类型、地基湿陷等级变化较复杂。③复杂场地——地形起伏很大，地貌、地层复杂，不良地质现象广泛发育，场地湿陷类型、地基湿陷等级分布复杂，地下水位变化幅度大或变化趋势不利。

（三）工程地质测绘的主要内容

在湿陷性黄土场地进行工程地质测绘，除应符合一般要求外，还应包括下列内容：①研究地形的起伏和地面水的积聚、排泄条件，调查洪水淹没范围及其发生规律。②划分不同的地貌单元，确定其与黄土分布的关系，查明湿陷凹地、黄土溶洞、滑坡、崩坍、冲沟、泥石流及地裂缝等不良地质现象的分布、规模、发展趋势及其对建设的影响。

（四）取样的一般要求

采取不扰动土样，必须保持其天然的湿度、密度和结构，并应符合Ⅰ级土样质量的要求。土试样按扰动程度划分为四个质量等级，其中只有Ⅰ级土试样可用于进行土类定名、含水量、密度、强度、压缩性等试验，因此，黄土土试样的质量等级必须是Ⅰ级。

取土勘探点中，应有足够数量的探井，正反两方面的经验一再证明，探井是保证取得Ⅰ级湿陷性黄土土样质量的主要手段，国内、国外都是如此。因此，要求探井数量应为取土勘探点总数的1/3 ~ 1/2，并不宜少于3个。探井的深度宜穿透湿陷性黄土层。

在探井中取样，竖向间距宜为1 m，土样直径不宜小于120 mm；在钻孔中取样，仅仅依靠好的薄壁取土器，并不一定能取得不扰动的Ⅰ级土试样。前提是必须先有合理的钻井工艺，保证拟取的土试样不受钻进操作的影响，保持原状，否则再好的取样工艺和科学的取土器也无济于事。在钻孔中取样时应严格按下列的要求执行：

①在钻孔内采取不扰动土样，必须严格掌握钻进方法、取样方法，使用合适的清孔器，并应符合下列操作要点：

应采用回转钻进，使用螺旋（纹）钻头，控制回次进尺的深度，并应根据土质情况，控制钻头的垂直进入速度和旋转速度，严格掌握“1 米 3 钻”的操作顺序，即使取土间距为 1m 时，其下部 1m 深度内仍按上述方法操作。

清孔时，不应加压或少许加压，慢速钻进，应使用薄壁取样器压入清孔，不得用小钻头钻进、大钻头清孔。

②应用“压入法”取样，取样前应将取土器轻轻吊放至孔内预定深度处，然后以匀速连续压入，中途不得停顿，在压入过程中，钻杆应保持垂直不摇摆，压入深度以土样超过盛土段 30 ~ 50 mm 为宜。当使用有内衬的取样器时，其内衬应与取样器内壁紧贴（塑料或酚醛压管）。

③宜使用带内衬的黄土薄壁取样器，对结构较松散的黄土，不宜使用无内衬的黄土薄壁取样器，其内径不宜小于 120 mm，刃口壁的厚度不宜大于 3 mm，刃口角度为 10° ~ 12° ，控制面积比为 12% ~ 15%。

④在钻进和取土样过程中，应遵守下列规定：严禁向钻孔内注水；在卸土过程中，不得敲打取土器；土样取出后，应检查土样质量，如发现土样有受压、扰动、碎裂和变形等情况时，应将其废弃并重新采取土样；应经常检查钻头、取土器的完好情况，当发现钻头、取土器有变形、刃口缺损时，应及时校正或更换；对探井内和钻孔内的取样结果，应进行对比、检查，发现问题及时改进。

（五）勘查阶段的划分及各阶段勘查工作的基本要求

1. 勘查阶段的划分

勘查阶段可分为场址选择或可行性研究、初步勘查、详细勘查三个阶段。各阶段的勘查成果应符合各相应设计阶段的要求。对场地面积不大、地质条件简单或有建筑经验的地区，可简化勘查阶段，但应符合初步勘查和详细勘查两个阶段的要求。对工程地质条件复杂或有特殊要求的建筑物，必要时应进行施工勘查或专门勘查。

2. 场址选择或可行性研究勘查阶段

按国家的有关规定，一个工程建设项目的确定和批准立项，必须有可行性研究为依据；可行性研究报告中要求有必要的关于工程地质条件的内容，当工程项目的规模较大或地层、地质与岩土性质较复杂时，往往需进行少量必要的勘查工作，以掌握关于场地湿陷类型、湿陷量大小、湿陷性黄土层的分布与厚度变化、地下水位的深浅及有无影响场址安全使用的不良地质现象等的基本情况。有时，在可行性研究阶段会有多个场址方案，这时就有必要对它们分别做一定的勘查工作，以利场址的科学比选。

3. 初步勘查阶段

（1）主要工作内容

初步勘查阶段，应进行下列工作：①初步查明场地内各土层的物理力学性质、场地湿陷类型、地基湿陷等级及其分布，预估地下水位的季节性变化幅度和升降的可能性。②初步查明不良地质现象和地质环境等问题的成因、分布范围，对场地稳定性的影响程度及其发展趋势。③当工程地质条件复杂，已有资料不符合要求时，应进行工程地质测绘，其比例尺可采用 1 ： 1 000 ~ 1 ： 5 000。

（2）工作量的布置要求

初步勘查勘探点、线、网的布置，应符合下列要求：①勘探线应按地貌单元的纵、横线方向布置，在微地貌变化较大的地段予以加密，在平缓地段可按网格布置。②取土和原位测试的勘探点，应按地貌单元和控制性地段布置，其数量不得少于全部勘探点的 1/2。③勘探点的深度应根据湿陷性黄土层的厚度和地基压缩层深度的预估值确定，控制性勘探点应有一定数量的取土勘探点穿透湿陷性黄土层。④对新建地区的甲类建筑和乙类中的重要建筑，应进行现场试坑浸水试验，并应按自重湿陷量的实测值判定场地湿陷类型。⑤本阶段的勘查成果，应查明场地湿陷类型，为确定建筑物总平面的合理布置提供依据，对地基基础方案、不良地质现象和地质环境的防治提供参数与建议。

4. 详细勘查阶段

（1）工作量布置要求

勘探点的布置，应根据总平面和建筑物类别以及工程地质条件的复杂程度等因素确定。①在单独的甲、乙类建筑场地内，勘探点不应少于 4 个。②采取不扰动土样和原位测试的勘探点不得少于全部勘探点的 2/3，其中采取不扰动土样的勘探点不宜少于 1/2。③勘探点的深度应大于地基压缩层的深度，并应符合规定或穿透湿陷性黄土层。

（2）详细勘查阶段的主要任务

①详细查明地基土层及其物理力学性质指标，确定场地湿陷类型、地基湿陷等级的平面分布和承载力。湿陷系数、自重湿陷系数、湿陷起始压力均为黄土场地的主要岩土参数，详勘阶段宜将上述参数绘制在随深度变化的曲线图上，并宜进行相关分析。

当挖、填方厚度较大时，黄土场地的湿陷类型、湿陷等级可能发生变化，在这种情况下，应自挖（或填）方整平后的地面（或设计地面）标高算起。勘查时，设计地面标高如不确定，编制勘查方案宜与建设方紧密配合，使其尽量符合实际，以满足黄土湿陷性评价的需要：

②按建筑物或建筑群提供详细的岩土工程资料和设计所需的岩土技术参数，当场地地下水位有可能上升至地基压缩层的深度以内时，宜提供饱和状态下的强度和变形参数。

③对地基做出分析评价，并对地基处理、不良地质现象和地质环境的防治等方案做出论证和建议。

④提出施工和监测的建议。

（六）测定黄土湿陷性的试验

测定黄土湿陷性的试验，可分为室内压缩试验、现场静载荷试验和现场试坑浸水试验三种。

室内压缩试验主要用于测定黄土的湿陷系数、白重湿陷系数和湿陷起始压力；现场静载荷试验可测定黄土的湿陷性和湿陷起始压力，基于室内压缩试验测定黄土的湿陷性比较简便，而且可同时测定不同深度的黄土湿陷性，所以现场静载荷试验仅要求在现场测定湿陷起始压力；现场试坑浸水试验主要用于确定自重湿陷量的实测值，以判定场地湿陷类型。

1. 室内压缩试验

（1）试验的基本要求

采用室内压缩试验测定黄土的湿陷系数 δ_s、自重湿陷系数 δ_{zs} 和湿陷起始压力 p_{sh} 等湿陷性指标应遵守有关统一的要求，以保证试验方法和过程的统一性及试验结果的可比性，这些要求包括试验土样、试验仪器、浸水水质、试验变形稳定标准等方面。具体要求包括：

①土样的质量等级应为Ⅰ级不扰动土样。

②环刀面积不应小于 5 000 mm^2，使用前应将环刀洗净风干，透水石应烘干冷却。

③加荷前，应将环刀试样保持天然湿度。

④试样浸水宜用蒸馏水。

⑤试样浸水前和浸水后的稳定标准，应为每小时的下沉量不大于 0.01 mm。

（2）湿陷系数 δ_s 的测定

测定湿陷系数除应符合室内试验的基本要求外，还应符合下列要求：

①分级加荷至试样的规定压力，下沉稳定后，试样浸水饱和，附加下沉稳定，试验终止。

②在 0 ~ 200 kPa 压力以内，每级增量宜为 50 kPa；大于 200 kPa 压力，每级增量宜为 100 kPa。

2. 现场静载荷试验

现场静载荷试验主要用于测定非自重湿陷性黄土场地的湿陷起始压力，自重湿陷性黄土场地的湿陷起始压力值小，无使用意义，一般不在现场测定。

（1）试验方法的选择

在现场测定湿陷起始压力与室内试验相同，也分为单线法和双线法。二者试验结果有的相同或接近，有的互有大小。一般认为，单线法试验结果较符合实际，但单线法的试验工作量较大，在同一场地的相同标高及相同土层，单线法需做三台以上静载荷试验，而双线法只需做两台静载荷试验（一个为天然湿度，一个为浸水饱和）。

在现场测定湿陷性黄土的湿陷起始压力，可选择采用单线法静载荷试验或双线法静载荷试验中任一方法进行试验，并应分别符合下列要求：

①单线法静载荷试验：在同一场地的相邻地段和相同标高，应在天然湿度的土层上设 3 个或 3 个以上静载荷试验，分级加压，分别加至各自的规定压力，下沉稳定后，向试坑内浸水至饱和，附加下沉稳定后，试验终止。

②双线法静载荷试验：在同一场地的相邻地段和相同标高，应设两个静载荷试验。其中一个应设在天然湿度的土层上分级加压，加至规定压力，下沉稳定后，试验终止；

另一个应设在浸水饱和的土层上分级加压，加至规定压力，附加下沉稳定后，试验终止。

（2）试验要求

在现场采用静载荷试验测定湿陷性黄土的湿陷起始压力，应符合下列要求：

①承压板的底面积宜为 0.50 m^2，压板底面宜为方形或圆形，试坑边长或直径应为承压板边长或直径的 3 倍，试坑深度宜与基础底面标高相同或接近。安装载荷试验设备时，应注意保持试验土层的天然湿度和原状结构，压板底面下宜用 10 ~ 15 mm 厚的粗、中砂找平。

②每级加压增量不宜大于 25 kPa，试验终止压力不应小于 200 kPa。

③每级加压后，按每隔 15 min 测读 1 次下沉量，以后为每隔 30 min 观测 1 次，当连续 2 h 内，每 1 h 的下沉量小于 0.10 mm 时，认为压板下沉已趋稳定，即可加下一级压力。

④试验结束后，应根据试验记录，绘制判定湿陷起始压力曲线图。

3. 现场试坑浸水试验

采用现场试坑浸水试验可确定自重湿陷量的实测值，用以判定场地湿陷类型比较准确可靠，但浸水试验时间较长，一般需要 1 ~ 2 个月，而且需要较多的用水。因此规定，在缺乏经验的新建地区，对甲类和乙类中的重要建筑，应采用试坑浸水试验，乙类中的一般建筑和丙类建筑以及有建筑经验的地区，均可按自重湿陷量的计算值判定场地湿陷类型。

在现场采用试坑浸水试验确定自重湿陷量的实测值，应符合下列要求：

①试坑宜挖成圆（或方）形，其直径（或边长）不应小于湿陷性黄土层的厚度，并不应小于 10 m；试坑深度宜为 0.50 m，最深不应大于 0.80 m。坑底宜铺 100 mm 厚的砂、砾石。

②在坑底中部及其他部位，应对称设置观测自重湿陷的深标点，设置深度及数量宜按各湿陷性黄土层顶面深度及分层数确定。在试坑底部，由中心向坑边以不少于 3 个方向均匀设置观测自重湿陷的浅标点；在试坑外沿浅标点方向 10 ~ 20 m 范围内设置地面观测标点，观测精度为 ±0.10 mm。

③试坑内的水头高度不宜小于 300 mm，在浸水过程中，应观测湿陷量、耗水量、浸湿范围和地面裂缝。湿陷稳定可停止浸水，其稳定标准为最后 5 d 的平均湿陷量小于 1 mm/d。

④设置观测标点前，可在坑底面打一定数量及深度的渗水孔，孔内应填满沙砾。

⑤试坑内停止浸水后，应继续观测不少于 10 d，且连续 5 d 的平均下沉量不大于 1 mm/d，试验终止。

二、湿陷性土

湿陷性土在我国分布广泛，除常见的湿陷性黄土外，在我国干旱和半干旱地区，特别是在山前洪、坡积扇（裙）中常遇到湿陷性碎石土、湿陷性砂土和其他湿陷性土等。这种土在一定压力下浸水也常呈现强烈的湿陷性。

（一）湿陷性土的判定

这类非黄土的湿陷性土的勘查评价首先要判定是否具有湿陷性。当这类土不能如黄土那样用室内浸水压缩试验，在一定压力下测定湿陷系数 δ_s 并以 δ_s 值等于或大于 0.015 作为判定湿陷性黄土的标准界限时，规范规定：采用现场浸水载荷试验作为判定湿陷性土的基本方法，在 200 kPa 压力下浸水载荷试验的附加湿陷量与承压板宽度之比等于或大于 0.023 的土，应判定为湿陷性土。

（二）湿陷性土勘查的要求

湿陷性土场地勘查，除应遵守一般建筑场地的有关规定外，尚应符合下列要求：①有湿陷性土分布的勘查场地，由于地貌、地质条件比较特殊，土层产状多较复杂，所以勘探点间距不宜过大，应按一般建筑场地取小值。对湿陷性土分布极不均匀场地应加密勘探点。②控制性勘探孔深度应穿透湿陷性土层。③应查明湿陷性土的年代、成因、分布和其中的夹层、包含物、胶结物的成分和性质。④湿陷性碎石土和砂土，宜采用动力触探试验和标准贯入试验确定力学特性。⑤不扰动土试样应在探井中采取。⑥不扰动土试样除测定一般物理力学性质外，尚应作土的湿陷性和湿化试验。⑦对不能取得不扰动土试样的湿陷性土，应在探井中采用大体积法测定密度和含水量。⑧对于厚度超过 2 m 的湿陷性土，应在不同深度处分别进行浸水载荷试验，并应不受相邻试验的浸水影响。

第二节　红黏土与软土

一、红黏土

（一）红黏土的成因和分布

红黏土指的是我国红土的一个亚类，即母岩为碳酸盐岩系（包括间夹其间的非碳酸盐岩类岩石）经湿热条件下的红土化作用形成的高塑性黏土这一特殊土类。红黏土包括原生与次生红黏土。颜色为棕红或褐黄，覆盖于碳酸盐岩系之上，其液限大于或等于 50% 的高塑性黏土应判定为原生红黏土。原生红黏土经搬运、沉积后仍保留其基本特征，且其液限大于 45% 的黏土，可判定为次生红黏土。原生红黏土比较易于判定，次生红黏土则可能具备某种程度的过渡性质。勘查中应通过第四纪地质、地貌的研究，根据红黏土特征保留的程度确定是否判定为次生红黏土。

红黏土广泛分布在我国云贵高原、四川东部、两湖和两广北部一些地区，是一种区域性的特殊土。红黏土主要为残积、坡积类型，一般分布在山坡、山麓、盆地或洼地中。其厚度变化很大，且与原始地形和下伏基岩面的起伏变化密切相关。分布在盆地或洼地时，其厚度变化大体是边缘较薄，向中间逐渐增厚。当下伏基岩中溶沟、溶槽、石芽较发育时，上覆红黏土的厚度变化极大。就地区而论，贵州的红黏土厚度为 3 ~ 6 m，超过 10 m 者较少；云南地区一般为 7 ~ 8 m，个别地段可达 10 ~ 20 m；湘西、鄂西、广西等地一般在 10 m 左右。

（二）红黏土的主要特征

1. 成分、结构特征

红黏土的颗粒细而均匀，黏粒含量很高，尤以小于 0.002 mm 的细黏粒为主。矿物成分以黏土矿物为主，游离氧化物含量也较高，碎屑矿物较少，水溶盐和有机质含量都很少。黏土矿物以高岭石和伊利石为主，含少量埃洛石、绿泥石、蒙脱石等，游离氧化物中 Fe_2O_3 多于 Al_2O_3，碎屑矿物主要是石英。

红黏土由于黏粒含量较高，常呈蜂窝状和棉絮状结构，颗粒之间具有较牢固的铁质或铝质胶结。红黏土中常有很多裂隙、结核和土洞存在，从而影响土体的均一性。

2. 红黏土的工程地质性质特征

①高塑性和分散性。颗粒细而均匀，黏粒含量很高，一般在 50% ~ 70% 之间，最大可超过 80%。塑限、液限和塑性指数都很大，液限一般在 60% ~ 80% 之间，有的高达 110%；塑限一般在 30% ~ 60% 之间，有的高达 90%；塑性指数一般为 25 ~ 50。

②高含水率、低密实度。天然含水率一般为 30% ~ 60%，最高可达 90%，与塑限基本相当；饱和度在 85% 以上；孔隙比很大，一般都超过 1.0，常为 1.1 ~ 1.7，有的甚至超过 2.0，且大孔隙明显：液性指数一般都小于 0.4，故多数处于坚硬或硬塑状态。

③具有明显的收缩性，膨胀性轻微。失水后原状土的收缩率一般为 7% ~ 22%，最高可达 25%，扰动土可达 40% ~ 50%；浸水后多数膨胀性轻微，膨胀率一般均小于 2%，个别较大些。某些红黏土因收缩或膨胀强烈而属于膨胀土类。

（三）红黏土地区岩土工程勘查的重点

红黏土作为特殊性土有别于其他土类的主要特征是：稠度状态上硬下软、表面收缩、裂隙发育。地基是否均匀也是红黏土分布区的重要问题。因此，红黏土地区的岩土工程勘查，应重点查明其状态分布、裂隙发育特征及地基的均匀性。

1. 红黏土的状态分类

为了反映上硬下软的特征，勘查中应详细划分土的状态。红黏土状态的划分可采用一般黏性土的液性指数划分法，也可采用红黏土特有含水比划分法。

2. 红黏土的结构分类

红黏土的结构可根据野外观测的红黏土裂隙发育的密度特征分为三类。红黏土的网状裂隙分布，与地貌有一定联系，如坡度、朝向等，且呈由浅而深递减之势。红黏土中的裂隙会影响土的整体强度，降低其承载力，是土体稳定的不利因素。

3. 红黏土的复浸水特性分类

红黏土天然状态膨胀率仅为 0.1% ~ 2.0%，其胀缩性主要表现为收缩，收缩率一般为 2.5% ~ 8%，最大达 14%。但在缩后复水，不同的红黏土有明显的不同表现，根据统计分析提出了经验方程 $I_r' \approx 1.4+0.0066w_L$ 以此对红黏土进行复水特性划分。

划属Ⅰ类者，复水后随含水量增大而解体，胀缩循环呈现胀势，缩后土样高大于原始高，胀量逐次积累以崩解告终；风干复水，土的分散性、塑性恢复、表现出凝聚与胶溶的可逆性。划属Ⅱ类者，复水土的含水量增量微，外形完好，胀缩循环呈现缩势，缩量逐次积累，缩后土样高小于原始高；风干复水，干缩后形成的团粒不完全分离，土的分散性、塑性及值的降低，表现出胶体的不可逆性。这两类红黏土表现出不同的水稳性和工程性能。

4. 红黏土的地基均匀性分类

红黏土地区地基的均匀性差别很大，按照地基压缩层范围内岩土组成分为两类。如地基压缩层范围均为红黏土，则为均匀地基；否则，上覆硬塑红黏土较薄，红黏土与岩石组成的土岩组合地基，是很严重的不均匀地基。

（四）红黏土地基勘查的基本要求

1. 工程地质测绘的重点内容

红黏土地区的工程地质测绘和调查，是在一般性的工程地质测绘基础上进行的，其内容与要求可根据工程和现场的实际情况确定。下列五个方面的内容宜着重查明，工作中可以灵活掌握，有所侧重或有所简略。

①不同地貌单元红黏土的分布、厚度、物质组成、土性等特征及其差异。

②下伏基岩岩性、岩溶发育特征及其与红黏土土性、厚度变化的关系。

③地裂分布、发育特征及其成因，土体结构特征，土体中裂隙的密度、深度、延展方向及其发育规律。

④地表水体和地下水的分布、动态及其与红黏土状态垂向分带的关系。

⑤现有建筑物开裂原因分析，当地勘查、设计、施工经验，有效工程措施及其经济指标。

2. 勘查工作的布置

（1）勘探点间距

由于红黏土具有垂直方向状态变化大、水平方向厚度变化大的特点，故勘探工作应采用较密的点距，查明红黏土厚度和状态的变化，特别是土岩组合的不均匀地基。初步勘查勘探点间距宜按一般地区复杂场地的规定进行，取 30 ~ 50 m；详细勘查勘探点间距，对均匀地基宜取 12 ~ 24 m，对不均匀地基宜取 6 ~ 12 m，并沿基础轴线布置。厚度和状态变化大的地段，勘探点间距还可加密，应按柱基单独布置。

（2）勘探孔的深度

红黏土底部常有软弱土层，基岩面的起伏也很大，故各阶段勘探孔的深度不宜单纯根据地基变形计算深度来确定，以免漏掉对场地与地基评价至关重要的信息。对于土岩组合不均匀的地基，勘探孔深度应达到基岩，以便获得完整的地层剖面。

（3）施工勘查

当基础方案采用岩石端承桩基、场地属有石芽出露的Ⅱ类地基或有土洞需查明时应进行施工勘查，其勘探点间距和深度根据需要单独确定，确保安全需要。

对Ⅱ类地基上的各级建筑物，基坑开挖后，对已出露的石芽及导致地基不均匀性的各种情况应进行施工验槽工作。

（4）地下水

水文地质条件对红黏土评价是非常重要的因素，仅仅通过地面的测绘调查往往难以满足岩土工程评价的需要。当岩土工程评价需要详细了解地下水埋藏条件、运动规律和季节变化时，应在测绘调查的基础上补充进行地下水的勘查、试验和观测工作。

（5）室内试验

红黏土的室内试验除应满足一般黏性土试验要求外，对裂隙发育的红黏土应进行三轴剪切试验或无侧限抗压强度试验。必要时，可进行收缩试验和复浸水试验。当需评价边坡稳定性时，宜进行重复剪切试验。

二、软土

天然孔隙比大于或等于1.0，且天然含水量大于液限的细粒土应判定为软土，包括淤泥、淤泥质土、泥炭、泥炭质土等。淤泥为在静水或缓慢的流水环境沉积，并经生物化学作用形成，其天然含水量大于液限，天然孔隙比大于或等于1.5的黏性土。当天然含水量大于液限而天然孔隙比小于1.5但大于或等于1.0的黏性土或粉土为淤泥质土。泥炭和泥炭质土中含有大量未分解的腐殖质，有机质含量大于60%的为泥炭，有机质含量10%～60%的为泥炭质土。

（一）软土中淤泥类土的成因及分布

淤泥类土在我国分布很广，不但在沿海、平原地区广泛分布，而且在山岳、丘陵、高原地区也有分布。按成因和分布情况，我国淤泥类土基本上可以分为两大类：一类是沿海沉积的淤泥类土；一类是内陆和山区湖盆地以及山前谷地沉积的淤泥类土。

我国沿海沉积的淤泥类土分布广、厚度大、土质疏松软弱，其成因类型有滨海相、潟湖相、溺谷相、三角洲相及其混合类型。滨海相淤泥类土主要分布于湛江、香港、厦门、温州湾、舟山、连云港、天津塘沽、大连湾等地区，表层为3～5 m厚的褐黄色粉质黏土，以下为厚度达数十米的淤泥类土，常夹粉砂薄层或粉砂透镜体。潟湖相淤泥类土主要分布于浙江温州与宁波等地，地层较单一，厚度大，分布广，沉积物颗粒细小而均匀，常形成滨海平原。溺谷相淤泥类土主要分布于福州市闽江口地区，表层为耕土或人工填土及薄而致密的细粒土，以下便为厚5～15 m的淤泥类土。三角洲相淤泥类土主要分布于长江三角洲和珠江三角洲地区，属海陆交互相沉积，淤泥类土层分布宽广，厚度均匀稳定，因海流及波浪作用，分选程度较差，具较多交错斜层理或不规则透镜体夹层。

我国内陆和山区湖盆地沉积的淤泥类土，分布零星，厚度较小、性质变化大，其成因类型主要有湖相、河漫滩相及牛轭湖相。湖相淤泥类土主要分布于滇池东部、洞庭湖、洪泽湖、太湖等地，颗粒细微均匀，层较厚（一般为 10 ~ 20 m），不夹或很少夹砂层，常有厚度不等的泥炭夹层或透镜体。河漫滩相淤泥类土主要分布于长江中下游河谷附近，这种淤泥类土常夹于上层细粒土中，是局部淤积形成的，其成分、厚度及性质都变化较大，呈袋状或透镜体状，一般厚度小于 10 m。牛轭湖相淤泥类土与湖相淤泥类土相近，分布范围小，常有泥炭夹层，一般呈透镜体状埋藏于冲积层之下。

我国广大山区沉积有“山地型”淤泥类土，其主要是由当地的泥灰岩、各种页岩、泥岩的风化产物和地面的有机质，经水流搬运沉积在地形低洼处，经长期水泡软化及微生物作用而形成。以坡洪积、湖积和冲积三种成因类型为主，其特点是：分布面积不大，厚度与性质变化较大，且多分布于冲沟、谷地、河流阶地及各种洼地之中。

（二）软土的成分和结构特征

软土是在水流不通畅、缺氧和饱水条件下形成的近代沉积物，物质组成和结构具有一定的特点。粒度成分主要为粉粒和黏粒，一般属黏土或粉质黏土、粉土。其矿物成分主要为石英、长石、白云母及大量蒙脱石、伊利石等黏土矿物，并含有少量水溶盐，有机质含量较高，一般为 6% ~ 15%，个别可达 17% ~ 25%。淤泥类土具有蜂窝状和絮状结构，疏松多孔，具有薄层状构造。厚度不大的淤泥类土常是淤泥质黏土、粉砂土、淤泥或泥炭交互成层或呈透镜体状夹层。

（三）软土勘查的基本要求

1. 软土勘查的重点

软土勘查除应符合常规要求外，从岩土工程的技术要求出发，对软土的勘查应特别注意查明下列内容：

①软土的成因、成层条件、分布规律、层理特征，水平与垂直向的均匀性、渗透性，地表硬壳层的分布与厚度，可作为浅基础、深基础持力层的地下硬土层或基岩的埋藏条件与分布特征；特别是对软土的排水固结条件、沉降速率、强度增长等起关键作用的薄层理与夹砂层特征。

②软土地区微地貌形态与不同性质的软土层分布有内在联系，查明微地貌、旧堤、堆土场、暗埋的塘、沟、穴、填土、古河道等的分布范围和埋藏深度，有助于查明软土层的分布。

③软土固结历史，强度和变形特征随应力水平的变化，以及结构破坏对强度和变形的影响。

软土的固结历史，确定是欠固结、正常固结或超固结土，是十分重要的。先期固结压力前后变形特性有很大不同，不同固结历史的软土的应力应变关系有不同特征；要很好地确定先期固结压力，必须保证取样的质量；另外，应注意灵敏性黏土受扰动后，结构破坏对强度和变形的影响。

④地下水对基础施工的影响，地基土在施工开挖、回填、支护、降水、打桩和沉井

等过程中及建筑使用期间可能产生的变化、影响，并提出防治方案及建议。

⑤在强地震区应对场地的她震效应做出鉴定。

⑥当地的工程经验。

2. 勘查方法及勘查工作量布置

软土地区勘查勘探手段以钻探取样与静力触探相结合为原则；在软土地区用静力触探孔取代相当数量的勘探孔，不仅减少钻探取样和土工试验的工作量，缩短勘查周期，而且可以提高勘查工作质量；静力触探是软土地区十分有效的原位测试方法；标准贯入试验对软土并不适用，但可用于软土中的砂土、硬黏性土等。

勘探点布置应根据土的成因类型和地基复杂程度确定。当土层变化较大或有暗埋的塘、沟、坑、穴时应予加密。

对勘探孔的深度，不要简单地按地基变形计算深度确定，而宜根据地质条件、建筑物特点、可能的基础类型确定；此外还应预计到可能采取的地基处理方案的要求。

软土取样应采用薄壁取土器。

软土原位测试宜采用静力触探试验、旁压试验、十字板剪切试验、扁铲侧胀试验和螺旋板载荷试验。静力触探最大的优点在于精确的分层，用旁压试验测定软土的模量和强度，用十字板剪切试验测定内摩擦角近似为零的软土强度，实践证明是行之有效的。扁铲侧胀试验和螺旋板载荷试验，虽然经验不多，但最适用于软土也是公认的。

3. 软土的力学参数的测定

软土的力学参数宜采用室内试验、原位测试并结合当地经验确定。有条件时，可根据堆载试验、原型监测反分析确定。抗剪强度指标室内宜采用三轴试验，原位测试宜采用十字板剪切试验。压缩系数、先期固结压力、压缩指数、回弹指数、固结系数，可分别采用常规固结试验、高压固结试验等方法确定。

试验土样的初始应力状态、应力变化速率、排水条件和应变条件均应尽可能模拟工程的实际条件。对正常固结的软土应在自重应力下预固结后再做不固结不排水三轴剪切试验。试验方法及设计参数的确定应针对不同工程，符合下列要求：

①对于一级建筑物应采用不固结不排水三轴剪切试验；对于其他建筑物可采用直接剪切试验。对于加、卸荷快的工程，应做快剪试验；对渗透性很低的黏性土，也可做无侧限抗压强度试验。

②对于土层排水速度快而施工速度慢的工程，宜采用固结排水剪切试验。剪切方法可用三轴试验或直剪试验，提供有效应力强度参数。

③一般提供峰值强度的参数，但对于土体可能发生大应变的工程应测定其残余抗剪强度。

④有特殊要求时，应对软土应进行蠕变试验，测定土的长期强度；当研究土对动荷载的反应，可进行动力扭剪试验、动单剪试验或动三轴试验。

⑤当对变形计算有特殊要求时，应提供先期固结压力、固结系数、压缩指数、回弹指数。试验方法一般采用常规（24 h 加一级荷重）固结试验，有经验时，也可采用快速

加荷固结试验。

（四）软土的岩土工程评价

软土的岩土工程评价应包括下列内容：

①分析软土地基的均匀性，包括强度、压缩性的均匀性，判定地基产生失稳和不均匀变形的可能性；当工程位于池塘、河岸、边坡附近时，应验算其稳定性。

②软土地基承载力应根据室内试验、原位测试和当地经验，并结合下列因素综合确定，要以当地经验为主，对软土地基承载力的评定，变形控制原则十分重要。

③当建筑物相邻高低层荷载相差较大时，应分析其变形差异和相互影响；当地面有大面积堆载时，应分析对相邻建筑物的不利影响。

④地基沉降计算可采用分层总和法或土的应力历史法，并应根据当地经验进行修正，必要时，应考虑软土的次固结效应。

⑤选择合适的持力层，并对可能的基础方案进行技术经济论证，尽可能利用地表硬壳层，提出基础形式和持力层的建议；对于上为硬层下为软土的双层土地基应进行下卧层验算。

第三节　混合土、填土与多年冻土

一、混合土

由细粒土和粗粒土混杂且缺乏中间粒径的土应定名为混合土。

混合土在颗粒分布曲线形态上反映呈不连续状。主要成因有坡积、洪积、冰水沉积。经验和专门研究表明，黏性土、粉土中的碎石组分的质量只有超过总质量的25%时，才能起到改善土的工程性质的作用；而在碎石土中，黏粒组分的质量大于总质量的25%时，则对碎石土的工程性质有明显的影响，特别是当含水量较大时。因此规定：当碎石土中粒径小于0.075 mm的细粒土质量超过总质量的25%时，应定名为粗粒混合土：当粉土或黏性土中粒径大于2 mm的粗粒土质量超过总质量的25%时，应定名为细粒混合土。

（一）混合土勘查的基本要求

1. 混合土工程地测绘与调查的重点

混合土的工程地质测绘与调查的重点在于查明：

①混合土的成因、物质来源及组成成分以及其形成时期。

②混合土是否具有湿陷性、膨胀性。

③混合土与下伏岩土的接触情况以及接触面的坡向和坡度。

④混合土中是否存在崩塌、滑坡、潜蚀现象及洞穴等不良地质现象中

⑤当地利用混合土作为建筑物地基、建筑材料的经验以及各种有效的处理措施。

2. 勘查的重点

①查明地形和地貌特征，混合土的成因、分布，下卧土层或基岩的埋藏条件。

②查明混合土的组成、均匀性及其在水平方向和垂直方向上的变化规律。

3. 勘查方法及工作量布置

①宜采用多种勘探手段，如井探、钻探、静力触探、动力触探以及物探等。勘探孔的间距宜较一般土地区为小，深度则应较一般土地区为深。

②混合土大小颗粒混杂，除了从钻孔中采取不扰动土试样外，一般应有一定数量的探井，以便直接观察，并应采取大体积土试样进行颗粒分析和物理力学性质测定；如不能取得不扰动土试样时，则采取数量较多的扰动土试样，应注意试样的代表性。

③对粗粒混合土动力触探是很好的原位手段，但应有一定数量的钻孔或探井检验。

④现场载荷试验的承压板直径和现场直剪试验的剪切面直径都应大于试验土层最大粒径的 5 倍，载荷试验的承压板面积不应小于 0.5 m2，直剪试验的剪切面面积不宜小于 0.25 m^2。

⑤混合土的室内试验方法及试验项目除应注意其与一般土试验的区别外，试验时还应注意土试样的代表性。在使用室内试验资料时，应估计由于土试样代表性不够所造成的影响。必须充分估计到由于土中所含粗大颗粒对土样结构的破坏和对测试资料的正确性和完备性的影响，不可盲目地套用一般测试方法和不加分析地使用测试资料。

（二）混合土的岩土工程评价

混合土的岩土工程评价应包括下列内容：

①混合土的承载力应采用载荷试验、动力触探试验并结合当地经验确定。

②混合土边坡的容许坡度值可根据现场调查和当地经验确定，对重要工程应进行专门试验研究。

二、填土

（一）填土的分类

填土根据物质组成和堆填方式，可分为下列四类：

①素填土 —— 由碎石土、砂土、粉土和黏性土等一种或几种材料组成，不含或很少含杂物。

②杂填土 —— 含有大量建筑垃圾、工业废料或生活垃圾等杂物。

③冲填土 —— 由水力冲填泥沙形成。

④压实填土 —— 按一定标准控制材料成分、密度、含水量，分层压实或夯实而成。

（二）填土勘查的基本要求

1. 填土勘查的重点内容

①收集资料，调查地形和地物的变迁，填土的来源、堆积年限和堆积方式。

②查明填土的分布、厚度、物质成分、颗粒级配、均匀性、密实性、压缩性和湿陷性、含水量及填土的均匀性等，对冲填土尚应了解其排水条件和固结程度。

③调查有无暗浜、暗塘、渗井、废土坑、旧基础及古墓的存在。

④查明地下水的水质对混凝土的腐蚀性和相邻地表水体的水力联系。

2. 勘查方法与工作量布置

①勘探点一般按复杂场地布置加密加深，对暗埋的塘、浜、沟、坑的范围，应予追索并圈定。勘探孔的深度应穿透填土层。

②勘探方法应根据填土性质，针对不同的物质组成，确定采用不同的手段。对由粉土或黏性土组成的素填土，可采用钻探取样、轻型钻具如小口径螺纹钻、洛阳铲等与原位测试相结合的方法；对含较多粗粒成分的素填土和杂填土宜采用动力触探、钻探，杂填土成分复杂，均匀性很差，单纯依靠钻探难以查明，应有一定数量的探井。

③测试工作应以原位测试为主，辅以室内试验，填土的工程特性指标宜采用下列测试方法确定：填土的均匀性和密实度宜采用触探法，并辅以室内试验；轻型动力触探适用于黏性、粉性素填土，静力触探适用于冲填土和黏性素填土，重型动力触探适用于粗粒填土；填土的压缩性、湿陷性宜采用室内固结试验或现场载荷试验；杂填土的密度试验宜采用大容积法；对压实填土（压实黏性土填土），在压实前应测定填料的最优含水量和最大干密度，压实后应测定其干密度，计算压实系数；大量的、分层的检验，可用微型贯入仪测定贯入度，作为密实度和均匀性的比较数据。

（三）填土的岩土工程评价

填土的岩土工程评价应符合下列要求：

①阐明填土的成分、分布和堆积年代，判定地基的均匀性、压缩性和密实度，必要时应按厚度、强度和变形特性分层或分区评价。

②除了控制质量的压实填土外，一般说来，填土的成分比较复杂，均匀性差，厚度变化大，利用填土作为天然地基应持慎重态度。对堆积年限较长的素填土、冲填土和由建筑垃圾或性能稳定的工业废料组成的杂填土，当较均匀和较密实时可作为天然地基；由有机质含量较高的生活垃圾和对基础有腐蚀性的工业废料组成的杂填土，不宜作为天然地基。

③填土的地基承载力，可由轻型动力触探、重型动力触探、静力触探和取样分析确定，必要时应采用载荷试验。

④当填土底面的天然坡度大于20%时，应验算其稳定性。

三、多年冻土

含有固态水且冻结状态持续 2 年或 2 年以上的土，应判定为多年冻土。我国多年冻土主要分布在青藏高原、帕米尔及西部高山（包括祁连山、阿尔泰山、天山等），东北的大小兴安岭和其他高山的顶部也有零星分布。冻土的主要特点是含有冰，保持冻结状态 2 年或 2 年以上。多年冻土对工程的主要危害是其融沉性（或称融陷性）和冻胀性。

多年冻土中如含易溶盐或有机质，对其热学性质和力学性质都会产生明显影响，前者称为盐渍化多年冻土，后者称为泥炭化多年冻土。

（一）多年冻土的分类

1. 按融沉性分类

根据融化下沉系数的大小，多年冻土可分为不融沉、弱融沉、融沉、强融沉和融陷五级。

2. 按冻胀性分类

根据冻土层的平均冻胀率的大小把地基土的冻胀性类别分为不冻胀、弱冻胀、冻胀、强冻胀和特强冻胀五类。

（二）多年冻土勘查的基本要求

1. 多年冻土勘查的重点

多年冻土的设计原则有“保持冻结状态的设计”、“逐渐融化状态的设计”和“预先融化状态的设计”。不同的设计原则对勘查的要求是不同的。多年冻土勘查应根据多年冻土的设计原则、多年冻土的类型和特征进行，并应查明下列内容：

①多年冻土的分布范围及上限深度及其变化值，是各项工程设计的主要参数；影响上限深度及其变化的因素很多，如季节融化层的导热性能、气温及其变化，地表受日照和反射热的条件，多年地温等。确定上限深度主要有下列方法：

野外直接测定：在最大融化深度的季节，通过勘探或实测地温，直接进行鉴定；在衔接的多年冻土地区，在非最大融化深度的季节进行勘探时，可根据地下冰的特征和位置判断上限深度。

用有关参数或经验方法计算：东北地区常用上限深度的统计资料或公式计算，或用融化速率推算；青藏高原常用外推法判断或用气温法、地温法计算。

②多年冻土的类型、厚度、总含水量、构造特征、物理力学和热学性质。

多年冻土的类型，按埋藏条件分为衔接多年冻土和不衔接多年冻土；按物质成分有盐渍多年冻土和泥炭多年冻土；按变形特性分为坚硬多年冻土、塑性多年冻土和松散多年冻土。多年冻土的构造特征有整体状构造、层状构造、网状构造等。

③多年冻土层上水、层间水和层下水的赋存形式、相互关系及其对工程的影响。

④多年冻土的融沉性分级和季节融化层土的冻胀性分级。

⑤厚层地下冰、冰锥、冰丘、冻土沼泽、热融滑塌、热融湖塘、融冻泥流等不良地

质作用的形态特征、形成条件、分布范围、发生发展规律及其对工程的危害程度。

2. 多年冻土的勘探点间距和勘探深度

多年冻土地区勘探点的间距，除应满足一般土层地基的要求外，尚应适当加密，以查明土的含冰变化情况和上限深度。多年冻土勘探孔的深度，应符合设计原则的要求，应满足下列要求：

①对保持冻结状态设计的地基，不应小于基底以下 2 倍基础宽度，对桩基应超过桩端以下 5 m；大、中桥地基的勘探深度不应小于 20 m；小桥和挡土墙的勘探深度不应小于 12 m；涵洞不应小于 7 m。

②对逐渐融化状态和预先融化状态设计的地基，应符合非冻土地基的要求；道路路堑的勘探深度，应至最大季节融冻深度下 2 ~ 3 m。

③无论何种设计原则，勘探孔的深度均宜超过多年冻土上限深度的 1.5 倍。

④在多年冻土的不稳定地带，应有部分钻孔查明多年冻土下限深度；当地基为饱冰冻土或含土冰层时，应穿透该层。

⑤对直接建在基岩上的建筑物或对可能经受地基融陷的三级建筑物，勘探深度可按一般地区勘查要求进行。

3. 多年冻土的勘探测试

①多年冻土地区钻探宜缩短施工时间，为避免钻头摩擦生热而破坏冻层结构，保持岩芯核心土温不变，宜采用大口径低速钻进，一般开孔孔径不宜小于 130 mm，终孔直径不宜小于 108 mm，回次钻进时间不宜超过 5 min，进尺不宜超过 0.3 m，遇含冰量大的泥炭或黏性土可进尺 0.5 m；钻进中使用的冲洗液可加入适量食盐，以降低冰点，必要时可采用低温泥浆，以避免在钻孔周围造成人工融区或孔内冻结。

②应分层测定地下水位。

③保持冻结状态设计地段的钻孔，孔内测温工作结束后应及时回填。

由于钻进过程中孔内蓄存了一定热量，要经过一段时间的散热后才能恢复到天然状态的地温，其恢复的时间随深度的增加而增加，一般 20 m 深的钻孔需一星期左右的恢复时间，因此孔内测温工作应在终孔 7 天后进行。

④取样的竖向间隔，除应满足一般要求外，在季节融化层应适当加密，试样在采取、搬运、贮存、试验过程中应避免融化；进行热物理和冻土力学试验的冻土试样，取出后应立即冷藏，尽快试验。

⑤试验项目除按常规要求外，尚应根据工程要求和现场具体情况，与设计单位协商后确定，进行总含水量、体积含冰量、相对含冰量、未冻水含量、冻结温度、导热系数、冻胀量、融化压缩等项目的试验；对盐渍化多年冻土和泥炭化多年冻土，尚应分别测定易溶盐含量和有机质含量。

⑥工程需要时，可建立地温观测点，进行地温观测。

⑦当需查明与冻土融化有关的不良地质作用时，调查工作宜在二 ~ 五月份进行；多年冻土上限深度的勘查时间宜在九、十月份。

（三）多年冻土的岩土工程评价

多年冻土的岩土工程评价应符合下列要求：

①地基设计时，多年冻土的地基承载力，保持冻结地基与容许融化地基的承载力大不相同，必须区别对待。地基承载力目前尚无计算方法，只能结合当地经验用载荷试验或其他原位测试方法综合确定，对次要建筑物可根据邻近工程经验确定。

②除次要的临时性的工程外，建筑物一定要避开不良地段，选择有利地段。宜避开饱冰冻土、含土冰层地段和冰锥、冰丘、热融湖、厚层地下冰，融区与多年冻土区之间的过渡带，宜选择坚硬岩层、少冰冻土和多冰冻土地段以及地下水位或冻土层上水位低的地段和地形平缓的高地。

第四节　膨胀岩土与盐渍岩土

一、膨胀岩土

含有大量亲水矿物，湿度变化时有较大体积变化，变形受约束时产生较大内应力的岩土，应判定为膨胀岩土。膨胀岩土包括膨胀岩和膨胀土。

（一）膨胀岩土的成因及分布

膨胀土系指随含水量的增加而膨胀，随含水量的减少而收缩，具有明显膨胀和收缩特性的细粒土。膨胀土在世界上分布很广，如印度、以色列、美国、加拿大、南非、加纳、澳大利亚、西班牙、英国等均有广泛分布。在我国，膨胀土也分布很广，如云南、广西、贵州、湖北、湖南、河北、河南、山东、山西、四川、陕西、安徽等省区不同程度地都有分布，其中尤以云南、广西、贵州及湖北等省区分布较多，且有代表性。

膨胀土一般分布在二级及二级以上的阶地上或盆地的边缘，大多数是晚更新世及其以前的残坡积、冲积、洪积物，也有新近纪至第四纪的湖相沉积物及其风化层，个别分布在一级阶地上。

（二）胀岩土的特征

1. 成分结构特征

膨胀土中黏粒含量较高，常达35%以上。矿物成分以蒙脱石和伊利石为主，高岭石含量较少。膨胀土一般呈红、黄、褐、灰白等色，具斑状结构，常含铁、锰或钙质结核。土体常具有网状裂隙，裂隙面比较光滑。土体表层常出现各种纵横交错的裂隙和龟裂现象，使土体的完整性破坏，强度降低。

2. 膨胀岩土的工程地质特征

①在天然状态下，膨胀土具有较大的天然密度和干密度，含水率和孔隙比较小。膨胀土的孔隙比一般小于0.8，含水率多为17% ~ 36%，一般在20%左右。但饱和度较大，一般在80%以上。所以这种土在天然含水量下常处于硬塑或坚硬状态。

②膨胀土的液限和塑性指数都较大，塑限一般为17% ~ 35%，液限一般为40% ~ 68%，塑性指数一般为18 ~ 33。

③膨胀土一般为超压密的细粒土，其压缩性小，属中~低压缩性土，抗剪强度一般都比较高，但当含水量增加或结构受扰动后，其力学性质便明显减弱。

④当膨胀土失水时，土体即收缩，甚至出现干裂，而遇水时又膨胀鼓起，即使在一定的荷载作用下，仍具有胀缩性。膨胀土因受季节性气候的影响而产生胀缩变形，故这种地基将造成房屋开裂并导致破坏。

（三）膨胀岩土勘查的基本要求

1. 勘查阶段及各阶段的主要任务

勘查阶段应与设计阶段相适应，可分为选择场址勘查、初步勘查和详细勘查三个阶段。对场地面积不大、地质条件简单或有建设经验的地区，可简化勘查阶段，但应达到详细勘查阶段的要求。对地形地质条件复杂或有成群建筑物破坏的地区，必要时还应进行专门性的勘查工作。

（1）选择场址勘查阶段

选择场址勘查阶段应以工程地质调查为主，辅以少量探坑或必要的钻探工作，了解地层分布，采取适量扰动土样，测定自由膨胀率，初步判定场地内有无膨胀土，对拟选场址的稳定性和适宜性做出工程地质评价。

（2）初步勘查阶段

初步勘查阶段应确定膨胀土的胀缩性，对场地稳定性和工程地质条件做出评价，为确定建筑总平面布置、主要建筑物地基基础方案及对不良地质现象的防治方案提供工程地质资料。其主要工作应包括下列内容：

①工程地质条件复杂并且已有资料不符合要求时，应进行工程地质测绘，所用的比例尺可采用1 ∶ 1 000 ~ 1 ∶ 5 000。

②查明场地内不良地质现象的成因、分布范围和危害程度，预估地下水位季节性变化幅度和对地基土的影响。

③采取原状土样进行室内基本物理性质试验、收缩试验、膨胀力试验和50 kPa压力下的膨胀率试验，初步查明场地内膨胀土的物理力学性质。

（3）详细勘查阶段

详细勘查阶段应详细查明各建筑物的地基土层及其物理力学性质，确定其胀缩等级，为地基基础设计、地基处理、边坡保护和不良地质地段的治理，提供详细的工程地质资料。

2. 勘查方法和勘查工作量

（1）工程地质测绘和调查

膨胀岩土地区工程地质测绘与调查宜采用 1 ∶ 1 000 ~ 1 ∶ 2 000 比例尺，应着重研究下列内容：

①查明膨胀岩土的岩性、地质年代、成因、产状、分布以及颜色、节理、裂缝等外观特征及空间分布特征。

②划分地貌单元和场地类型，查明有无浅层滑坡、地裂、冲沟以及微地貌形态和植被分布情况和浇灌方法。

③调查地表水的排泄和积聚情况以及地下水类型、水位和变化规律；土层中含水量的变化规律。

④收集当地降水量、蒸发力、气温、地温、干湿季节、干旱持续时间等气象资料，查明大气影响深度。

⑤调查当地建筑物的结构类型、基础形式和埋深，建筑物的损坏部位，破裂机制、破裂的发生发展过程及胀缩活动带的空间展布规律。

（2）勘探点布置和勘探深度

勘探点宜结合地貌单元和微地貌形态布置，其数量应比非膨胀岩土地区适当增加，其中取土勘探点，应根据建筑物类别、地貌单元及地基土胀缩等级分布布置，其数量不应少于全部勘探点数量的 1/2；详细勘查阶段，在每栋主要建筑物下不得少于 3 个取土勘探点。

勘探孔的深度，除应满足基础埋深和附加应力的影响深度外，尚应超过大气影响深度；控制性勘探孔不应小于 8 m，一般性勘探孔不应小于 5 m。

（3）取样及测试

在大气影响深度内，每个控制性勘探孔均应采取Ⅰ、Ⅱ级土试样，取样间距不应大于 1.0 m，在大气影响深度以下，取样间距可为 1.5 ~ 2.0 m；一般性勘探孔从地表下 1 m 开始至 5 m 深度内，可取Ⅲ级土试样，测定天然含水量。土层有明显变化处，宜加取土样。

膨胀岩土的室内试验，除应遵循一般岩土的规定外，尚应测定：自由膨胀率、一定压力下的膨胀率、收缩系数以及膨胀力等四个工程特性指标。这四项指标是判定膨胀岩土、评价膨胀潜势、计算分级变形量和划分地基膨胀等级的主要依据，一般情况下都应测定。

（四）膨胀岩土的岩土工程评价

1. 膨胀岩土的判定

膨胀岩土的判定，目前尚无统一的指标和方法，多年来一直分为初判和终判两步的综合判定方法。对膨胀土初判主要根据地貌形态、土的外观特征和自由膨胀率；终判是在初判的基础上结合各种室内试验及邻近工程损坏原因分析进行。

（1）膨胀土初判方法

具有下列工程地质特征的场地，一般自由膨胀率大于或等于 40% 的土可初判为膨胀土：

①多分布在二级或二级以上阶地、山前丘陵和盆地边缘。

②地形平缓，无明显自然陡坎。

③常见浅层滑坡、地裂，新开挖的路堑、边坡、基槽易发生坍塌。

④裂缝发育，方向不规则，常有光滑面和擦痕，裂缝中常充填灰白、灰绿色黏土。

⑤干时坚硬，遇水软化，自然条件下呈坚硬或硬塑状态。

⑥未经处理的建筑物成群破坏，低层较多层严重，刚性结构较柔性结构严重。

⑦建筑物开裂多发生在旱季，裂缝宽度随季节变化。

（2）膨胀土的终判方法

对初判为膨胀土的地区，应计算土的膨胀变形量、收缩变形量和胀缩变形量，并划分胀缩等级。当拟建场地或其邻近有膨胀岩土损坏的工程时，应判定为膨胀岩土，并进行详细调查，分析膨胀岩土对工程的破坏机制，估计膨胀力的大小和胀缩等级。

（3）膨胀岩的判定

对于膨胀岩的判定尚无统一指标，作为地基时，可参照膨胀土的判定方法进行判定。目前，膨胀岩作为其他环境介质时，其膨胀性的判定标准也不统一。例如，中国科学院地质研究所将钠蒙脱石含量 5% ~ 6%、钙蒙脱石含量 11% ~ 14% 作为判定标准。铁道部第一勘测设计院以蒙脱石含量 8% 或伊利石含量 20% 作为标准。此外，也有将黏粒含量作为判定指标的，例如铁道部第一勘测设计院以粒径小于 0.002 mm 含量占 25% 或粒径小于 0.005 mm 含量占 30% 作为判定标准。还有将干燥饱和吸水率 25% 作为膨胀岩和非膨胀岩的划分界线。

但是，最终判定时岩石膨胀性的指标还是膨胀力和不同压力下的膨胀率，这一点与膨胀土相同。对于膨胀岩，膨胀率与时间的关系曲线以及在一定压力下膨胀率与膨胀力的关系，对洞室的设计和施工具有重要的意义。

2. 胀缩等级的划分

（1）膨胀土场地的分类

膨胀岩土场地，按地形地貌条件可分为平坦场地和坡地场地。符合下列条件之一者应划分为平坦场地：

①地形坡度小于 5° 且同一建筑物范围内局部高差不超过 1 m。

②地形坡度大于 5° 小于 14° ，与坡肩水平距离大于 10 m 的坡顶地带。

不符合以上条件的应划为坡地场地。

（2）膨胀土地基的胀缩等级

对初判为膨胀土的地区，应计算土的膨胀变形量、收缩变形量和胀缩变形量，并划分膨胀土地基的胀缩等级。

二、盐渍岩土

岩土中易溶盐含量大于0.3%，并具有溶陷、盐胀、腐蚀等工程特性时，应判定为盐渍岩土。

除了细粒盐渍土外，我国西北内陆盆地山前冲积扇的沙砾层中，盐分以层状或窝状聚集在细粒土夹层的层面上，形状为几厘米至十几厘米厚的结晶盐层或含盐沙砾透镜体，盐晶呈纤维状晶族。对这类粗粒盐渍土研究成果和工程经验不多，勘查时应予以注意。

（一）盐渍岩土的分类

盐渍岩按主要含盐矿物成分可分为石膏盐渍岩、芒硝盐渍岩等。当环境条件变化时，盐渍岩工程性质亦产生变化。盐渍岩一般见于湖相或深湖相沉积的中生界地层，如白垩系红色泥质粉砂岩、三叠系泥灰岩及页岩。

①氯盐类的溶解度随温度变化甚微，吸湿保水性强，使土体软化。

②硫酸盐类则随温度的变化而胀缩，使土体变软。

③碳酸盐类的水溶液有强碱性反应，使黏土胶体颗粒分散，引起土体膨胀。

（二）盐渍岩土勘查的基本要求

1. 盐渍岩土的勘查内容

①盐渍岩土的分布范围、形成条件、含盐类型、含盐程度、溶蚀洞穴发育程度和空间分布状况，以及植物分布生长状况。

②对含石膏为主的盐渍岩，应查明当地硬石膏的水化程度（硬石膏水化后变成石膏的界限）；对含芒硝较多的盐渍岩，在隧道通过地段查明地温情况。

③大气降水的积聚、径流、排泄、洪水淹没范围、冲蚀情况及地下水类型、埋藏条件、水质变化特征、水位及其变化幅度。

④有害毛细水上升高度值。粉土、黏性土用塑限含水量法，砂土用最大分子含水量法确定。

⑤收集研究区域气象（主要为气温、地温、降水量、蒸发量）和水文资料，并分析其对盐渍岩土工程性能的影响。

⑥收集研究区域盐渍岩土地区的建筑经验。

⑦对具有盐胀性、湿陷性的盐渍岩土，尚应按照有关规范查明其湿陷性和膨胀性。

2. 盐渍岩土地区的调查工作内容

盐渍岩土地区的调查工作，包括下列内容：

①盐渍岩土的成因、分布和特点。

②含盐化学成分、含盐量及其在岩土中的分布。

③溶蚀洞穴发育程度和分布。

④收集气象和水文资料。

⑤地下水的类型、埋藏条件、水质、水位及其季节变化。

⑥植物生长状况。

⑦含石膏为主的盐渍岩石膏的水化深度，含芒硝较多的盐渍岩，在隧道通过地段的地温情况。

硬石膏（$CaSO_4$）经水化后形成石膏（$CaSO_4 \cdot 2H_2O$），在水化过程中体积膨胀，可导致建筑物的破坏；另外，在石膏—硬石膏分布地区，几乎都发育岩溶化现象，在建筑物运营期间，在石膏—硬石膏中出现岩溶化洞穴，造成基础的不均匀沉陷。

芒硝（Na_2SO_4）的物态变化导致其体积的膨胀与收缩。当温度在 32.4℃以下时，芒硝的溶解度随着温度的降低而降低。因此，温度变化，芒硝将发生严重的体积变化，造成建筑物基础和洞室围岩的破坏。

⑧调查当地工程经验。

3. 勘探工作的布置及试样的采取

①勘探工作布置应满足查明盐渍岩土分布特征的要求；盐渍土平面分区可为总平面图设计选择最佳建筑场地；竖向分区则为地基设计、地下管道的埋设以及盐渍土对建筑材料腐蚀性评价等提供有关资料。

②工程需要时，应测定有害毛细水上升的高度。

③应根据盐渍土的岩性特征，选用载荷试验等适宜的原位测试方法，对于溶陷性盐渍土尚应进行浸水载荷试验确定其溶陷性。

④对盐胀性盐渍土宜现场测定有效盐胀厚度和总盐胀量，当土中硫酸钠含量不超过 1% 时，可不考虑盐胀性；对盐胀性盐渍土应进行长期观测以确定其盐胀临界深度。

据柴达木盆地实际观测结果，日温差引起的盐胀深度仅达表层下 0.3 m 左右，深层土的盐胀由年温差引起，其盐胀深度范围在 0.3 m 以下。

盐渍土盐胀临界深度，是指盐渍土的盐胀处于相对稳定时的深度。盐胀临界深度可通过野外观测获得，方法是在拟建场地自地面向下 5 m 左右深度内，于不同深度处埋设测标，每日定时数次观测气温、各测标的盐胀量及相应深度处的地温变化，观测周期为一年。

柴达木盆地盐胀临界深度一般大于 3.0 m，大于一般建筑物浅基的埋深，如某深度处盐渍土由温差变化影响而产生的盐胀压力，小于上部有效压力时，其基础可适当浅埋，但室内地面下需作处理，以防由盐渍土的盐胀而导致的地面膨胀破坏。

⑥除进行常规室内试验外，盐渍土的特殊试验要求对盐胀性和湿陷性指标的测定按照膨胀土和湿陷土的有关试验方法进行；对硬石膏根据需要可做水化试验、测定有关膨胀参数；应有一定数量的试样做岩、土的化学含量分析、矿物成分分析和有机质含量的测试。

第五节　风化岩和残积土、污染土

一、风化岩和残积图

岩石在风化营力作用下，其结构、成分和性质已产生不同程度的变异，应定名为风化岩。已完全风化成土而未经搬运的应定名为残积土。

不同的气候条件和不同的岩类具有不同风化特征，湿润气候以化学风化为主，干燥气候以物理风化为主。花岗岩类多沿节理风化，风化厚度大，且以球状风化为主。层状岩，多受岩性控制，硅质比黏土质不易风化，风化后层理尚较清晰，风化厚度较薄。可溶岩以溶蚀为主，有岩溶现象，不具完整的风化带，风化岩保持原岩结构和构造，而残积土则已全部风化成土，矿物结晶、结构、构造不易辨认，成碎屑状的松散体。

（一）风化岩与残积土的工程地质特征

①风化岩一般都具有较高的承载力，但由于岩石本身风化的程度、风化的均匀性和连续性不尽相同，故地基强度也不一样。当同一建筑物拟建在风化程度不同（软硬互层）的风化岩地基上时，应考虑不均匀沉降和斜坡稳定性问题。

②岩石已完全风化成土而未经搬运的应定为残积土，其承载力较高。风化岩与残积土作为一般建筑物的地基，是很好的持力层。

（二）风化岩与残积土勘查的基本要求

1. 风化岩和残积土勘查的重点

风化岩和残积土勘查的任务，对不同的工程应有所侧重。如作为建筑物天然地基时，应着重查明岩土的均匀性及其物理力学性质，作为桩基础时应重点查明破碎带和软弱夹层的位置和厚度等。风化岩和残积土的勘查应着重查明下列内容：①母岩地质年代和岩石名称。②岩石的风化程度。③岩脉和风化花岗岩中球状风化体（孤石）的分布。④岩土的均匀性、破碎带和软弱夹层的分布。⑤地下水的赋存状况及其变化。

2. 现场勘探工作量布置

①勘探点间距除遵循一般原则外，应按复杂地基取小值，对层状岩应垂直走向布置，并考虑具有软弱夹层的特点。各勘查阶段的勘探点均应考虑到不同岩层和其中岩脉的产状及分布特点布置；一般在初勘阶段、应有部分勘探点达到或深入微风化层，了解整个风化剖面。

②除用钻探取样外，对残积土或强风化带应有一定数量的探井，直接观察其结构，

岩土暴露后的变化情况（如干裂、湿化、软化等等）。从探井中采取不扰动试样并利用探井作原位密度试验等。

③为了保证采取风化岩样质量的可靠性，宜在探井中刻取或用双重管、三重管取样器采取试样，每一风化带不应少于 3 组。

④风化岩和残积土一般很不均匀，取样试验的代表性差，故应考虑原位测试与室内试验相结合的原则，并以原位测试为主。原位测试可采用圆锥动力触探、标准贯入试验、波速测试和载荷试验。

对风化岩和残积土的划分，可用标准贯入试验或无侧限抗压强度试验，也可采用波速测试，同时也不排除用规定以外的方法，可根据当地经验和岩土的特点确定。

3．室内试验

室内试验除应遵循一般的规定外，对相当于极软岩和极破碎的岩体，可按土工试验要求进行，对残积土，必要时应进行湿陷性和湿化试验。

对含粗粒的残积土，应在现场进行原位测定其密度。

对花岗岩残积土，为求得合理的液性指数，应确定其中细粒土（粒径小于 0.5 mm）的天然含水量 w_1、塑性指数 I_P、液性指数 I_L，试验应筛去粒径大于 0.5 mm 的粗颗粒后再做。而常规试验方法所做出的天然含水量失真，计算出的液性指数都小于零，与实际情况不符。细粒土的天然含水量可以实测，也可用式（3-1）计算：

$$w_f = \frac{w - w_A 0.01 P_{0.5}}{1 - 0.01 P_{0.5}} \tag{3-1}$$

$$I_P = w_L - w_P \tag{3-2}$$

$$I_1 = \frac{w_f - w_P}{I_P} \tag{3-3}$$

式中 w —— 花岗岩残积土（包括粗、细粒土）的天然含水量，%；

w_A —— 粒径大于 0.5 mm 颗粒吸着水含水量，%，可取 5%；

$P_{0.5}$ —— 粒径大于 0.5 mm 颗粒质量占总质量的百分比，%；

w_L —— 粒径小于 0.5 mm 颗粒的液限含水量，%；

w_P —— 粒径小于 0.5 mm 颗粒的塑限含水量，%。

对于风化岩，一般宜进行干、湿状态下单轴极限抗压强度试验及密度、吸水率、弹性模量等试验。对于强风化岩，因取样困难而难于试验，为评定其强度，可采用点荷载试验法。用点荷载强度指数 I_s 换算单轴极限抗压强度 f_r（kPa），按式（3-4）计算：

$$f_r = 23.7 I_{s(50)} \tag{3-4}$$

式中 $I_{s(50)}$——按直径 50 mm 修正后的点荷载强度指数。

（三）风化岩和残积土的岩土工程评价

①花岗岩类残积土的地基承载力和变形模量应采用载荷试验确定。有成熟地方经验时，对于地基基础设计等级为乙级、丙级的工程，可根据标准贯入试验等原位测试资料，结合当地经验综合确定。

②对于厚层的强风化和全风化岩石，宜结合当地经验进一步划分为碎块状、碎屑状和土状；厚层残积土可进一步划分为硬塑残积土和可塑残积土，也可根据含砾或含砂量划分为黏性土、砂质黏性土和砾质黏性土。

③建在软硬互层或风化程度不同地基上的工程，应分析不均匀沉降对工程的影响。

花岗岩分布区，因为气候湿热，接近地表的残积土受水的淋滤作用，氧化铁富集，并稍具胶结状态，形成网纹结构，土质较坚硬，而其下强度较低，再下由于风化程度减弱强度逐渐增加。因此，同一岩性的残积土强度不一，评价时应予以注意。

④基坑开挖后应及时检验，对于易风化的岩类，应及时砌筑基础或采取其他措施，防止风化发展。

⑤对岩脉和球状风化体（孤石），应分析评价其对地基（包括桩基）的影响，并提出相应的建议。

二、污染土

由于致污物质（工业污染、尾矿污染和垃圾填埋场渗滤液污染等）的侵入，使其成分、结构和性质发生了显著变异的土，应判定为污染土（contaminated soil）。污染土的定名可在原分类名称前冠以“污染”二字。

目前，国内外关于污染土特别是岩土工程方面的资料不多，国外也还没有这方面的规范。我国从 20 世纪 60 年代开始就有勘查单位进行污染土的勘查、评价和处理，但资料较分散。

（一）污染土场地的勘查和评价的主要内容

污染土场地和地基可分为下列类型，不同类型场地和地基勘查应突出重点：①已受污染的已建场地和地基；②已受污染的拟建场地和地基；③可能受污染的已建场地和地基；④可能受污染的拟建场地和地基。

根据国内进行过的污染土勘查工作，场地类型中最多的是受污染的已建场地，即对污染土造成的建筑物地基事故的勘查调查。不同场地的勘查要求和评价内容稍有不同，但基本点是研究土与污染物相互作用的条件、方式、结果和影响。污染土场地的勘查和评价应包括下列内容：①查明污染前后土的物理力学性质、矿物成分和化学成分等。

②查明污染源、污染物的化学成分、污染途径、污染史等。③查明污染土对金属和混凝土的腐蚀性。④查明污染土的分布，按照有关标准划分污染等级。⑤查明地下水的分布、运动规律及其与污染作用的关系。⑥提出污染土的力学参数，评价污染土地基的工程特性。⑦提出污染土的处理意见。

（二）污染土勘探与测试的要求

污染土场地和地基的勘查，应根据工程特点和设计要求选择适宜的勘查手段。目前国内尚不具有污染土勘查专用的设备或手段，还只能采用一般常用的手段进行污染土的勘查；手段的选用主要根据土的原分类对于该手段的适宜性，如对于污染的砂土或砂岩，可选择适宜砂土或岩石的勘查手段。原则上应符合下列要求：

①以现场调查为主，对工业污染应着重调查污染源、污染史、污染途径、污染物成分、污染场地已有建筑物受影响程度、周边环境等。对尾矿污染应重点调查不同的矿物种类和化学成分，了解选矿所采用工艺、添加剂及其化学性质和成分等。对垃圾填埋场应着重调查垃圾成分、日处理量、堆积容量、使用年限、防渗结构、变形要求及周边环境等。

②采用钻探或坑探采取土试样，现场观察污染土颜色、状态、气味和外观结构等，并与正常土比较，查明污染土分布范围和深度。

③直接接触试验样品的取样设备应严格保持清洁，每次取样后均应用清洁水冲洗后再进行下一个样品的采取；对易分解或易挥发等不稳定组分的样品，装样时应尽量减少土样与空气的接触时间，防止挥发性物质流失并防止发生氧化；土样采集后宜采取适宜的保存方法并在规定时间内运送实验室。

④对需要确定地基土工程性能的污染土，宜采用以原位测试为主的多种手段；当需要确定污染土地基承载力时，宜进行载荷试验。

目前对污染土工程特性的认识尚不足，由于土与污染物相互作用的复杂性，每一特定场地的污染土有它自己的特性。因此，污染土的承载力宜采用载荷试验和其他原位测试确定，并进行污染土与未污染土的对比试验。国内已有在可能受污染场地作野外浸酸载荷试验的经验。这种试验是评价污染土工程特性的可靠依据。

⑤拟建场地污染土勘查宜分为初步勘查和详细勘查两个阶段。条件简单时，可直接进行详细勘查。初步勘查应以现场调查为主，配合少量勘探测试，查明污染源性质、污染途径，并初步查明污染土分布和污染程度；详细勘查应在初步勘查的基础上，结合工程特点、可能采用的处理措施，有针对性地布置勘查工作量，查明污染土的分布范围、污染程度、物理力学和化学指标，为污染土处理提供参数。

⑥勘探点布置、污染土、水取样间距和数量的原则是要查明污染土及污染程度的空间分布，可根据各类场地具体情况提出不同具体要求；勘探测试工作量的布置应结合污染源和污染途径的分布进行，近污染源处勘探点间距宜密，远污染源处勘探点间距宜疏。为查明污染土分布的勘探孔深度应穿透污染土。详细勘查时，污染土试样的间距应根据其厚度及可能采取的处理措施等综合确定。确定污染土与非污染土界限时，取土间距不

宜大于1m。

有地下水的勘探孔应采取不同深度地下水试样，查明污染物在地下水中的空间分布，同一钻孔内采取不同深度的地下水试样时，应采用严格的隔离措施，防止因采取混合水样而影响判别结论。

⑦室内试验项目应根据土与污染物相互作用特点及土的性质的变化确定。污染土和水的室内试验，应根据污染情况和任务要求进行下列试验：污染土和水的化学成分；污染土的物理力学性质；对建筑材料腐蚀性的评价指标；对环境影响的评价指标；力学试验项目和试验方法应充分考虑污染土的特殊性质，进行相应的试验，如膨胀、湿化、湿陷性试验等；必要时进行专门的试验研究。

对污染土的勘探测试，当污染物对人体健康有害或对机具仪器有腐蚀性时，应采取必要的防护措施。

（三）污染土的岩土工程评价

污染土的岩土工程评价，对可能受污染场地，提出污染可能产生的后果和防治措施；对已受污染场地，应进行污染分级和分区，提出污染土工程特性、腐蚀性、治理措施和发展趋势等。

污染土评价应根据任务要求进行，对场地和建筑物地基的评价应符合下列要求：①污染源的位置、成分、性质、污染史及对周边的影响。②污染土分布的平面范围和深度、地下水受污染的空间范围。③污染土的物理力学性质，评价污染对土的工程特性指标的影响程度。根据工程具体情况，可采用强度、变形、渗透等工程特性指标进行综合评价。④工程需要时，提供地基承载力和变形参数，预测地基变形特征。⑤污染土和水对建筑材料的腐蚀性。⑥污染土和水对环境的影响。⑦分析污染发展趋势。预测发展趋势，应对污染源未完全隔绝条件下可能产生的后果、对污染作用的时间效应导致土性继续变化做出预测。这种趋势可能向有利方面变化，也可能向不利方面变化。⑧对已建项目的危害性或拟建项目适宜性的综合评价。污染土的防治处理应在污染土分区基础上，对不同污染程度区别对待，一般情况下严重和中等污染土是必须处理的，轻微污染土可不处理。但对建筑物或基础具腐蚀性时，应提出防护措施的建议。

第四章　地下水及其工程影响

第一节　地下水及其类型

地下水是存在于地表以下岩（土）层空隙中的各种不同形式的水的统称。地下水是地表水资源的重要补充。地表水与地下水的区别见表 4-1。虽然地下水资源量在我国各大流域基本小于地表水资源量（见图 4-1），但由于地下水对维持水平衡具有重大作用，同时地下水具有难以再生性的特点，因此对地下水的资源量的勘察是非常重要的。我们要根据地下水的补给、径流与排泄形式及其资源总量，确定其可以利用的量，保证水资源的可持续发展。

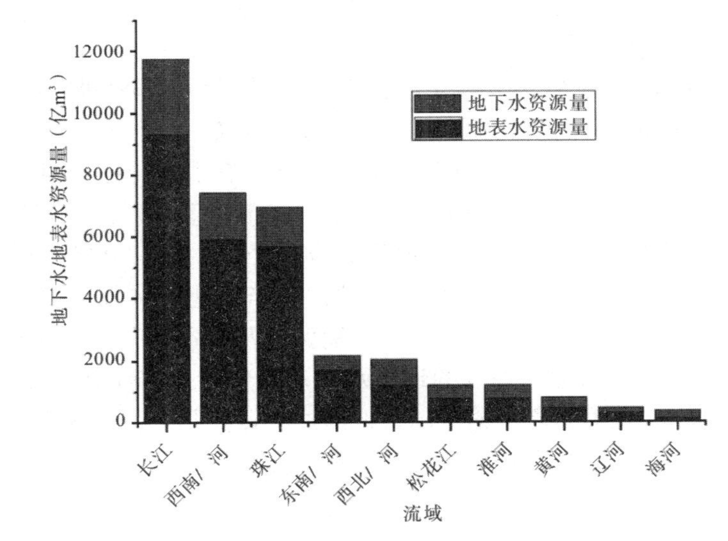

图 4-1　我国各流域地表水与地下水资源量组成

表 4-1　地表水与地下水的区别

比较项目	地表水	地下水
空间分布	地表稀疏的水文网	地下广阔的含水介质
时间调节	季节变化性大；需要筑坝建库进行人工调节	具有天然调节功能的地下水库
水质	易受污染；易恢复	不易受污染；不易恢复
可利用性	预先进行水质处理；修建管道	把地下水提升至地表消耗能量
补给速度	补给速度快，水资源可利用量大	补给速度慢，深层含水层的补给更慢

地下水基本规律是由地下水水文学这一学科进行研究的，地下水水文学的发展经历了以下的过程：

萌芽时期——由先民的逐水而居到逐渐凿井取水，开始认识并积累地下水知识，同时也可以认为，正是由于正确掌握了地下水的有关知识，人们才可以成功地凿井取水，从而不必过分依赖河流，使人类的居住范围得到了大范围的增加。

奠基时期——法国水力工程师达西通过试验及计算分析，提出了著名的“达西定律”，为地下水从定性到半定量计算提供了理论依据，使得人类对地下水的利用可以达到一种可控状态。

20 世纪中叶到 20 世纪 90 年代 —— 泰斯非稳定流理论的提出是该阶段的主要标志，同时计算机技术的应用为求解这些较复杂的公式提供了快捷的方式。

20 世纪 90 年代以后 —— 主要致力于地下水与环境可持续发展，数值模拟的方法与软件的出现为这种大范围的复杂的定量计算提供了可能。

目前，水文地质领域内常用的数值模拟方法有：有限差分法（FDM）、有限单元法（FEM）、有限分析法（FAM）和边界单元法（BEN）等。目前数值模拟的软件也很多，常用的软件中 MODF10W 是由美国地质调查局于 20 世纪 80 年代开发出的一套专门用于孔隙介质中地下水流动数值模拟的软件，是当前地下水数值模拟领域的权威软件。该软件在科研、生产、城乡发展规划、环境保护及水资源利用等许多行业和部门得到了广泛的应用，已经成为最为普及的地下水运动数值模拟的计算机程序。MODF10W 原本用于模拟地下水在孔隙介质中的流动，但通过大量实际工作发现，只要恰当使用，MODF10W 也可用于解决许多地下水在裂隙介质中流动的问题。

第二节　地下水的性质与运动规律

一、地下水的性质

地下水的性质包括物理性质和化学性质。由于地下水在运动过程中与各种岩土相互作用，且会溶解岩土中可溶物质，这使得地下水成为一种复杂的溶液。

（一）地下水的物理性质

地下水的物理性质通常是指地下水的温度、颜色、透明度、气味、味道、导电性及放射性等。通过地下水物理性质的研究，能够初步了解地下水的形成环境、污染情况及化学成分。

1. 温度

地下水的温度受气候和地质条件控制。由于地下水形成的环境不同，其温度变化也很大。根据温度不同，地下水可分为过冷水、冷水、温水、热水和过热水。

2. 颜色

地下水的颜色取决于它的化学成分及悬浮物。例如，含 H_2S 的水为翠绿色；含 Ca^{2+}，Mg^{2+} 的水为微蓝色；含 Fe^{2+} 的水为灰蓝色；含 Fe^{3+} 的水为褐黄色；含有机腐殖质的水为灰暗色。

3. 透明度

地下水大多是透明的。当水中含有矿物质、机械混合物、有机质及胶体时，地下水的透明度会发生改变。根据透明度不同，地下水可分为透明的、微浑的、浑浊的和极浑浊的。

4. 气味

地下水含有一些特定成分时，会具有一定的气味。例如，含腐殖质的水具有“沼泽”味，含 H_2S 的水具有臭鸡蛋味。

5. 味道

地下水的味道主要取决于地下水的化学成分。例如，含 NaCl 的水有咸味；含 $Ca(OH)_2$ 和 $Mg(HCO_3)_2$ 的水有甜味，俗称甜水；含 $MgCl_2$ 和 $MgSO_4$ 的水有苦味。

6. 导电性

当含有一些电解质时，地下水的导电性会增强。地下水的导电性还受温度的影响。

7. 放射性

地下水放射性的大小取决于水中放射性物质的含量。地下水中常见的放射性物质有镭、铀、锯、氮以及氢、氧同位素。

（二）地下水的化学性质

1. 地下水的化学成分

天然条件下，赋存于岩石圈中的地下水，不断与岩土发生化学反应，并与大气圈、地表水圈和生物圈的水进行化学元素的交换，其化学成分随空间及时间而演变。自然界中存在的元素，绝大多数已经在地下水中发现。

（1）地下水中主要离子成分

地下水中的主要离子成分有：

阳离子：H^+，Na^+，K^+，NH^+_4，Mg^{2+}，Ca^{2+}，Fe^{3+}，Fe^{2+}。

阴离子：OH^-，Cl^-，SO_2^{-4}，NO^{-2}，NO^{-3}，HCO^{-3}，CO_3^{2-}，PO_4^{3-}。

其中，在地下水中分布较广、含量较多的离子共 7 种，它们分别是 Cl^-，SO_2^{-4}，HCO^-_3，Na^+，K^+，Ca^{2+} 和 Mg^{2+}。

（2）地下水中主要气体成分

地下水主要气体成分有 O_2，N_2，CO_2 和 H2S 等。一般情况下，地下水中气体含量不高，每升水中只有几毫克到几十毫克气体。但是，气体成分能够很好地反映地下水所处的水文地球环境。同时，地下水中某些气体的含量能够影响盐类在水中的溶解度及其他化学反应。

地下水中的 O_2 和 N_2 主要来自大气层，它们随同大气降水及地表水补给地下水。地下水中溶解氧含量愈高，愈有利于氧化作用，在较封闭的环境中，O_2 会耗尽而只残留 N_2。因此，N_2 的单独存在，通常可说明地下水起源于大气并处于还原环境中。

地下水中的 CO_2 主要有两个来源。一种是由植物根系的呼吸作用及有机质残骸的发酵作用形成。这种作用发生在大气、土壤及地表水中，生成的 CO_2 随同水一起入渗补给地下水，浅部地下水中主要含有这种成因的 CO_2。另一种是由于深部变质而形成的。含碳酸盐类的岩石，在深部高温影响下，会分解生成 CO_2。

当地下水处在与大气较为隔绝的环境中且水中含有有机质时，由于微生物的作用，SO_4^{2-} 将被还原生成 H_2S。因此，H_2S 一般出现于封闭地质构造的地下水中。

（3）地下水中胶体成分与有机质

以 C，H，O 为主的有机质，经常以胶体方式存在于地下水中。大量有机质的存在，有利于进行还原作用，从而使地下水化学成分发生变化。

地下水中还有未离解的化合物构成的胶体，其中分布最广的是 $Fe(OH)_3$，$Al(OH)_3$ 及 SiO_2。这些都是很难以离子状态溶于水的化合物，但以胶体方式出现时，在地下水中的含量可以大大提高。

2. 地下水的化学性质

地下水的化学性质包括酸碱度、矿化度和硬度。

（1）酸碱度

地下水的酸碱度指的是氢离子浓度，常以 pH 值表示。pH 值是水的氢离子浓度以 10 为底的负对数值。地下水多呈弱酸性、中性和弱碱性，pH 值一般在 6.5 ~ 8.5 之间。在煤系地层和硫化物矿床附近地下水的 pH 值很低，一般小于 4.5，沼泽附近地下水的 pH 值在 4 ~ 6 之间。

（2）矿化度

地下水中各种离子、分子与化合物的总量称为矿化度，以 g/L 或 mg/L 为单位，它表示水的矿化程度。矿化度通常以在 105 ~ 110℃下将单位体积的水蒸干后所得的干涸残余物的质量表示，也可利用阴、阳离子和其他化合物含量之总和大概表示，但其中 HCO3- 含量只取一半计算。

矿化度与水的化学成分之间有密切的关系：淡水和微咸水常以 HCO_3^- 为主要成分，也称为重碳酸盐水；咸水常以 SO42- 为主要成分，也称为硫酸盐水；盐水和卤水则往往以 Cl- 为主要成分，也称为氯化物水。

高矿化水腐蚀钢筋，促使混凝土分解，会降低混凝土的强度，故拌合混凝土时不允许用高矿化水。

二、地下水的运动规律

地下水在岩层空隙中流动的现象称为渗流。在岩层空隙中渗流时，水的质点有秩序的、互不混杂的流动，称为层流运动。在具有狭小空隙的岩土（如砂、裂隙不大的基岩）中流动时，重力水受到介质的吸引力较大，水的质点排列较有秩序，故做层流运动。水的质点无秩序的、互相混杂的流动，称为紊流运动。做紊流运动时，水流所受阻力作用比层流状态作用大，消耗的能量较多。在宽大的空隙中（大的溶穴、宽大裂隙及卵砾石孔隙中），水的流速较大时，容易出现紊流运动。

地下水运动时，其运动规律服从达西定律或非线性渗透定律。

（一）达西定律

地下水在土体孔隙中渗透时，由于渗透阻力的作用，运动时必然伴随着能量的损失。为了揭示水在土体中的渗透规律，法国工程师达西（H.Darcy）做了大量的试验研究，于19世纪50年代总结得出渗透能量损失与渗透速度之间的相互关系，即达西定律。

设 Δt 时间内流入量杯的水体体积为 ΔV，则单位时间内渗流量为

$$q = \Delta V / \Delta t$$

达西分析了大量试验资料，发现土中单位时间内渗透的渗流量 q 与圆筒断面积 A 及水头损失 Δh 成正比，与断面间距 l 成反比，即

$$q = kA\frac{\Delta h}{l} = kAi$$

或

$$v = \frac{q}{A} = ki$$

式中：q—单位时间渗流量，单位为 cm^3/s 或 m^3/d；

v—渗透速度，单位为 cm/s 或 m/d；

i—水力坡降，也称水力梯度，定义为单位渗流长度上的水头损失，$i = \Delta h / l$，无单位；

k—渗透系数，其值等于水力坡降为 1 时水的渗透速度，单位为 cm/s；

A—土样截面积，单位为 cm^2 或 m^2。

式 $q = kA\frac{\Delta h}{l} = kAi$ 和式 $v = \frac{q}{A} = ki$ 所表示的关系称为达西定律，它是渗透的基本定律。达西定律是由砂质土体试验得到的，后来推广应用于其他土体，如黏性土和具有细裂隙的岩石等。

实际上，水在土中渗流时，若要服从达西定律，需满足一定的条件。水在粗颗粒土中渗流时，随着渗流速度的增加，水在土中的运动状态可以分成以下三种情况：①水流速度很小，为黏滞力占优势的层流，达西定律适用。②水流速度增加到惯性力占优势和层流向紊流过渡时，达西定律不再适用。③水流进入紊流状态，达西定律完全不适用。

另一方面，在黏性土中由于土颗粒周围结合水膜的存在而使土体呈现一定的黏滞性。因此，一般认为黏性土中自由水的渗流会受到结合水膜黏滞阻力的影响，只有当水力坡降达一定值后渗流才能发生，将这一水力坡降称为黏性土的起始水力坡降即对黏性土而言，存在一个达西定律有效范围的水力坡降的下限值。此时，达西定律可写成

$$v = k(i - i_0)$$

（二）非线性渗透定律

地下水在较大的空隙中运动，且其流速相当大时，呈紊流运动，此时的渗流服从哲才（A.Chezy）于20世纪初提出的非线性渗透定律，即

$$v = k\sqrt{i}$$

此时渗透速度 v 与水力坡降 i 的平方根成正比。

第三节　地下水对工程的影响

地下水是地质环境的重要组成部分，同时也是其中最活跃的因素。地下水的活动会对地质环境产生影响甚至诱发地质灾害，威胁建筑物的稳定与安全。因此，从工程建设的角度研究地下水及地下水可能引起的问题具有重要意义。

一、地下水位变化的影响

在自然因素与人为因素影响下，地下水位可能发生的变化表现为地下水位的上升与下降。

（一）地下水位的上升

1. 产生原因

①自然因素。引起地下水位上升的原因首先是自然因素。自然条件下，丰水年及丰水期水量充沛，地下水接受补给水位随之上升。其次，大气污染导致的温室效应在加长降雨历时、增加降雨强度的同时，还加速了南北极冰雪的消融，促使海平面上升，致使沿海地区地下水位上升。②人类工程活动。地下水位上升也可由人类工程活动诱发。人类工程活动是指人类为提高生存质量，对自然环境进行改造、利用的各种工程活动的总称。人类工程活动已成为改造地质环境的强大力量。引起地下水位上升的人类工程活动有很多，如人工补给地下水源或为防止地面沉降，对含水层进行回灌；农田灌溉水渗漏；园林绿化浇水渗漏；水库蓄水池渗漏；横切地下水流向的线形工程（如地铁、隧道、人防工程等）的上方地下壅水；地面输水沟渠渗漏；地下输水管道渗漏等。

2. 危害

地下水位上升使土层含水量增加甚至饱和，因而改变了土的物理力学性质。通常，

地下水位持续上升也属于地质灾害。在一般情况下，地下水距基础底面 3 ~ 5m 时便可对建筑物及其地面设施构成威胁。具体表现为以下几个方面：①地基土局部浸水、软化，承载力降低，建筑物发生不均匀沉降。②地基一定范围内形成较大的水位差，使地下水渗流速度加快，增强地下水对土体的潜蚀能力，引发地面塌陷。③在干旱、半干旱地区的土处于干燥状态，湿陷性黄土浸水后发生湿陷，引起地面塌陷、沉降。④地下水位上升还能加剧砂土的地震液化作用，很大程度地削弱砂土地基在一定的覆土深度范围内的抗液化能力。⑤在寒冷地区，潜水位上升可使地基土含水量增加。由于冻结作用，岩土中水分迁移并集中，形成冰夹层或冰锥等，造成地基土冻胀、地面隆起、桩台隆胀等。冻结状态的岩土具有较高强度和较低压缩性，但是当温度升高岩土解冻后，其抗压、抗剪强度大大降低。对于含水量大的岩土体，融化后的黏聚力约为冻胀时的 1/10，且压缩性增强，可造成地基融陷，导致建筑物失稳开裂。

（二）地下水位的下降

1. 产生原因

①自然因素。自然条件下，枯水年及枯水期水量减少，地下水水位就会下降。②人类工程活动。人类工程活动也可引起地下水位下降，如大量开采地下水；矿山排水疏干；地下工程（商场、仓库、停车场等）排水疏干；基坑工程降水；横切地下水流向的线形工程使下游水位下降；采油工程抽水（水油混合体）；城市地下排水管网排水；建筑物和沥青水泥铺面减少降水入渗；地下水面下排水管断裂排水等。

2. 危害

地下水位下降往往会引起地面沉降与地面塌陷、海水入侵、地裂缝的产生与复活，以及地下水源枯竭、水质恶化等一系列不良现象。

（1）地面沉降与地面塌陷

一般认为，地面沉降是由于地下水位下降，使地层中孔隙水压力降低，有效应力增加而产生的地层固结压缩现象；地面塌陷则是由于地下水位降低时，在松散土层中所产生的突发性断裂陷落现象。地面塌陷多发生于岩溶地区，是岩溶地区常见的地质灾害。研究表明，地面塌陷的形成原因复杂，常常是多种原因综合作用的结果。

地面沉降与地面塌陷的主要危害有：降低城市抵御洪水、潮水和海水入侵的能力，为治理地面沉降产生的危害，必须花费很大的财力、物力；地面沉降引起桥墩、码头、仓库地坪下沉，桥面下净空减小，不利于航运；地面沉降与地面塌陷还会引起建筑物倾斜或损坏，桥墩错动，造成水利设施、交通线路破坏，地下管网断裂等。

对于已发生地面沉降的地区可采取如下措施：采取局部治理改善环境的办法，如在沿海修筑挡潮堤防止海水倒灌，调整城市给水排水系统，调整和修改城市建筑规划；消除引起地面沉降的根本因素，谋求缓和直至控制地面沉降的发展，具体可采取的基本措施有以下几种：①对地下水资源进行严格管理，对地下水过量开采区减少地下水开采量，减少甚至关闭某些过量开采井，减少水位降低幅度。②用地表水或其他水源向含水层进行人工回灌，进行地下水动态和地面沉降观测，以制定合理的采灌方案。但应严格控制水质以防污染含水层。③调整开采层次，避开在高峰用水时期在同一层次集中开采，适当开采更深层地下水，生活用水和工业用水分层开采。

对于可能发生地面沉降的地区，应在调查研究和充分收集有关资料的基础上预测地面沉降的可能性及其危害程度。具体防治措施有以下几种：①预测地面沉降量及其发展趋势。②结合水资源评价，研究确定地下水资源的合理开采方案，做到在最小的地面沉降量条件下抽取最大可能的地下水开采量。③采取适当的建筑措施。例如，避免在沉降中心或严重沉降地区建设一级建筑物；在进行房屋、道路、水井等规划设计时，预先对可能发生的地面沉降量作充分考虑。

2. 海水入侵

近海地区的潜水或承压含水层往往与海水相连。在天然状态下，陆地的地下淡水向海洋排泄，含水层保持较高的水头，淡水与海水保持某种动态平衡，因而陆地淡水含水层能阻止海水入侵。如果大量开发陆地地下淡水，引起大面积地下水位下降，则可能导致海水向地下水含水层入侵，使淡水水质变坏。

3. 地裂缝的产生与复活

近年来，在我国很多地区发现了地裂缝，西安是地裂缝发育最严重的城市。据分析，这是由地下水位大面积大幅度下降而诱发的。

4. 地下水源枯竭、水质恶化

盲目开采地下水，当开采量大于补给量时，地下水资源就会逐渐减少，以致枯竭，造成泉水断流、井水干枯、地下水中有害离子量增多、矿化度增高。

二、地下水的渗透破坏

（一）地下水的渗透破坏

如果土体中任意两点的总水头相同，它们之间没有水头差产生，那么渗流就不会发生；如果它们之间存在水头差，土中将产生渗流。水头差 Δh 是渗流穿过 L 高度土体时所损失的能量，说明土粒给水流施加了阻力；反之，渗流必然对每个土粒有推动、摩擦和拖曳作用。渗透力，也称渗流力，就是当在饱和土体中出现水头差时，渗流作用于单位体积土骨架上的力，用 j 表示。

在渗流场中沿流线方向取一截面积为 A，长为 L 的土样进行分析。由于渗透力是水流和土颗粒之间的作用力，因此对于水土整体来说，它是个内力。基于此，将水和土颗粒的受力情况分开来考虑。

（二）渗透破坏的类型与防治

渗透破坏是指水在土中渗透时，土体在渗透力的作用下发生变形或破坏。地下水的渗透破坏主要有潜蚀、流砂和管涌三种类型。

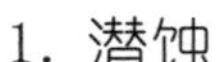

1. 潜蚀

潜蚀是指渗透水流在一定水力坡降条件下，会产生较大的动水压力，冲刷、携走细小颗粒或溶蚀岩土体，使岩土体中孔隙不断增大，甚至形成洞穴，导致岩土体结构松动或破坏，以致产生地表裂隙、塌陷的现象。潜蚀会影响工程的稳定。在黄土和岩溶地区的岩、土层中最容易发生潜蚀作用。

潜蚀作用可分为机械潜蚀和化学潜蚀两种类型。机械潜蚀是指在地下渗透水流的长期作用下，岩土体中产生细小颗粒的位移和掏空现象；化学潜蚀是指岩土中的易溶盐类（如岩盐、钾盐、石膏等）及某些较难溶解的盐类（如方解石、菱镁矿、白云石等）在流动水流的作用下，尤其是在地下水循环比较剧烈的地域，逐渐被溶解或溶蚀，使岩土体颗粒间的胶结力被削弱或破坏，岩土体出现结构松动甚至破坏的现象。机械潜蚀和化学潜蚀一般是同时进行的，且二者是相互影响、相互促进的。

潜蚀通常产生于粉细砂、粉土地层中。一般来说，具有下列条件的岩土体易产生潜蚀作用。

2. 流砂

由于渗透力方向与水流方向一致，因此当渗透水流自上而下运动时，渗透力方向与土体重力方向一致，这样土颗粒压得更紧，对工程有利；当渗透水流自下而上运动时，渗透力方向与土体重力方向相反，将减小土颗粒间的压力；当渗透力 j 大于或等于土的有效重度 γ' 时，土颗粒间的压力被抵消，土粒处于悬浮状态而失去稳定，会随水而流动，这种现象称为流砂或流土。流砂现象发生在土体表面渗流逸出处，不发生在土体内部。

水力坡降达到临界水力坡降，是发生流砂现象的必要水力条件。流砂多发生在细砂、粉砂和粉土等土层中。流砂发生时，一定范围内的土体会被抬起或冲毁，并且具有突发性，会造成大量土颗粒流失，使土结构破坏，强度降低，地面发生凹陷，不仅给施工带来很大困难，严重时还会影响邻近建筑物和地下管线的稳定和安全。

在地下水位以下开挖基坑时应特别注意，若地基土为易出现流砂的土，应避免表面直接排水。由于地基内埋藏着一砂土层，抽水时，在渗透力作用下，砂土向上涌出，引起流砂现象，造成大量土粒流失，使房屋不均匀下沉而开裂。

防治流砂的关键在于控制逸出处的水力坡降，为了保证实际的逸出坡降不超过允许坡降，水利工程上常采取下列工程措施：①上游布置垂直防渗帷幕，如混凝土防渗墙、水泥土截水墙、板桩或灌浆帷幕等。根据实际需要，帷幕可完全切断地基的透水层，彻底解决地基土的渗透变形问题。也可不完全切断透水层，做成悬挂式，起延长渗流途径、降低下游逸出坡降的作用。②上游布置水平防渗铺盖，以延长渗流途径、降低下游的逸出坡降。③在下游水流逸出处挖减压沟或打减压井，贯穿渗透性小的黏性土层，以降低作用在黏性土层底面的渗透压力。④在下游水流逸出处填筑一定厚度的透水盖重，以防止土体被渗透压力所推起。

3. 管涌

水在土中渗流时，土中的细颗粒在渗透力作用下通过粗颗粒的孔隙被水流带走，随着细粒土不断被带走，土的孔隙不断扩大，较粗的颗粒也被水流逐渐带走，最终导致土体内形成贯通的通道，造成土体塌陷，这种现象称为管涌。管涌可发生在土体表面渗流逸出处，具有渐进性。

防止管涌一般可从以下两方面采取措施：①改变水力条件。降低土层内部和渗流逸出处的渗透坡降，如在上游布置防渗铺盖或竖直防渗结构等。②改变几何条件。在渗流逸出部位铺设反滤保护层，是防止管涌破坏的有效措施。反滤保护层一般是1～3层级配较为均匀的砂土和砾石层，用以保护基土不让其中的细颗粒被带出；同时，反滤保护层应具有较大的透水性，使渗流可以畅通。

三、地下水压力的影响

（一）地下水的浮托力

当建筑物基础底面位于地下水位以下时，地下水对基础底面产生静水压力，即产生浮托力。地下水不仅对建筑物基础产生浮托力，同样对其水位以下的岩石、土体也产生浮托力。在地下水位埋深较浅的地区，通常采用人工降水的方法进行基础工程施工，以克服地下水浮托力的作用。

（二）基坑突涌

当基坑下伏有承压含水层时，如果开挖后基坑底部所留隔水层支撑不住承压水压力的作用，承压水的水头压力会冲破基坑底板，发生冒水、冒砂等事故，这种工程现象称为基坑突涌。

1. 发生条件

设计基坑时，为避免基坑突涌的发生，必须验算基坑底部隔水层的安全厚度反H_a。根据基坑底部隔水层厚度与承压水压力的平衡关系，可写出如下平衡关系式：

$$\gamma H_a = \gamma_w H$$

式中：γ—隔水层的重度，单位为kN/m^3；

γ_w—地下水的重度，单位为kN/m^3；

H—相对于含水层顶板的承压水头值，单位为m；

H_a—基坑开挖后隔水层的厚度，单位为m。

显然，为避免基坑突涌的发生，基坑底部隔水层的厚度必须满足下式：

$$H_a > \frac{\gamma_w}{\gamma} H$$

2. 预防措施

当建筑工程施工，开挖基坑后保留的隔水层厚度H_a小于安全厚度时，为防止基坑突涌，必须在基坑周围布置抽水井，对承压含水层进行预先排水，局部降低承压水位。

这样操作后，使基坑降水后承压水头 H_w 满足下式即可：

$$H_w < \frac{\gamma}{\gamma_w} H_a$$

四、地下水的腐蚀作用

随着城市建设的高速发展，特别是高层建筑的大量兴建，地下水的水质不仅对基础工程有影响，对地下防空设施、地下室、地下广场等地下建筑物的影响也日渐突出。腐蚀性地下水对混凝土结构耐久性的影响不可忽视。为了尽量减少不良现象的发生，我们应该深入了解地下水腐蚀混凝土的机理和因素，从而更好地防治地下水对建筑物的腐蚀。

（一）地下水引起腐蚀的原因

当地下水中的某些化学成分含量过高时，水对混凝土、可溶性石材、管道及钢铁构件及器材都有腐蚀作用。埋入混凝土的钢筋表面会产生一层钝化保护层，这一保护层在水泥开始水化反应后很快自行生成。但是，地下水中的 Cl^-，SO_2^{-4} 能够破坏这层氧化膜，使钢筋在水和氧的存在下发生锈蚀。

钢筋锈蚀有两种后果：一是锈蚀物的体积增加几倍，导致混凝土破裂、剥落和分层，这就使腐蚀剂更容易进入钢筋表面，必然加速钢筋的锈蚀；二是锈蚀过程减小了钢筋的横截面面积，也就减小了钢筋的荷载能力。

另外，地下水或潮湿的土中的某些盐类，通过毛细管水上升，浸入混凝土的毛细孔中，经过干湿交替作用，盐溶液在毛细孔中被浓缩至饱和状态。当温度下降时，析出盐的结晶，晶体膨胀会使混凝土遭受腐蚀破坏。当温度回升、水汽增加时，结晶会潮解，当温度再次下降时，盐溶液会再次结晶，腐蚀也就进一步加深。这种环境气候条件加快了混凝土在腐蚀介质（水、土）中的腐蚀速度，缩短了建筑物的使用寿命。

（二）地下水腐蚀的类型

根据地下水的腐蚀性指标及其对混凝土腐蚀特征不同，地下水的腐蚀可分为结晶性腐蚀、分解性腐蚀和结晶分解复合性腐蚀三类。

1. 结晶性腐蚀

地下水中的硫酸盐类与混凝土中的固态游离石灰质或水泥结石起化合作用，产生含水结晶体。结晶体的形成使混凝土体积增大，产生膨胀压力，会导致混凝土胀裂破坏。

2. 分解性腐蚀

地下水中的 H^+，侵蚀性 CO_2 和游离 CO_2^{-3}；超过一定储量时，会导致水泥结石水解，引起混凝土强度降低。

3. 结晶分解复合性腐蚀

地下水中的阳离子（Mg^{2+}，NH_4^-）会产生分解性腐蚀，而阴离子（Cl^-，SO_2^{-4} 和

NO_3^-）会产生结晶性腐蚀，将两者共同产生的复合性腐蚀作用称为结晶分解复合性腐蚀。

（三）预防腐蚀的措施

地下水的腐蚀作用，主要反映在它对混凝土与金属材料和设备的破坏上。当建筑物的混凝土基础及其他混凝土构件经常处于地下水的作用下时，在工程地质勘察中，必须采集水样，进行水化学腐蚀性分析，评价地下水的侵蚀性，为工程设计提供依据。另外，地下水腐蚀性的强弱还与建筑场地的自然地理环境和水文地质条件密切相关，这些在评价时都应考虑。

预防腐蚀的措施主要有以下几种：

1．原材料的选择

①水泥。混凝土的强度和性能主要取决于水泥，一旦遭受腐蚀，混凝土的强度及性能将受到极大的破坏。由于各种水泥的矿物组分不同，因而对各种腐蚀性介质的耐蚀性也有差异。正确选用水泥品种，对保证工程的耐久性有重要意义。②粗、细集料。粗、细集料的耐蚀性和表面性能对混凝土的耐蚀性能具有很大影响。混凝土中所采用粗、细集料应保证致密，同时控制材料的吸水率以及其他杂质的含量，确保材质状况。③搅拌及养护用水。应正确选择混凝土搅拌及养护用水，检查其杂质情况。目前主要采用自来水，严禁采用海水和井水。④外加剂。在拌制混凝土过程中掺入外加剂，可以改善混凝土性质，如提高混凝土密实性或钢筋的阻锈能力，从而提高混凝土结构的耐久性。常见的外加剂有阻锈剂、密实剂一、早强剂等。由于外加剂化学组成中的氯盐可能使混凝土结构中的钢筋脱钝，给结构物带来隐患，在选择外加剂时需对其中的氯盐含量进行检测，并做相关试验再作选择。

2．混凝土配合比的设计

为合理减少水泥和混凝土中碱的含量，应尽量采用低碱水泥。同时，合理使用粉煤灰、矿渣等矿物掺和料，这也是提高混凝土抗裂和耐久性能的重要途径。

3．对基础、基础梁的表面采取防护措施

对处在强、中等腐蚀性环境中的基础，应铺设碎石灌沥青或沥青混凝土的耐腐蚀垫层；而对基础梁，需在其表面贴两层环氧沥青玻璃布或涂两遍环氧沥青厚浆型涂料。

4．加强混凝土养护

控制混凝土表面裂缝，确保施工质量，对防腐蚀也能起到一定加强作用。此外，防止或降低地下水污染也是降低地下水腐蚀的一个重要方面。对于个别严重腐蚀的区域采用桩基础时，除了可对桩身采取防腐蚀措施，如表面用沥青类、高分子树脂等涂膜防护，也可采取场地降水、排水换土等措施来预防腐蚀。

第五章 岩土工程地球物理电法、电磁法与地震勘探

第一节 电法勘探

电法勘探是以岩（矿）石之间的电性差异为基础，通过观测和研究与这种电性差异有关的电场分布特点及变化规律，来查明地下地质构造或寻找矿产资源的一类地球物理勘探方法。

电法勘探方法种类繁多，目前可供使用的方法已有 20 多种。这首先是因为岩（矿）石的电学性质表现在许多方面。例如，在电法勘探中通常利用的有岩（矿）石的导电性、电化学活动性、介电性等。

一、电阻率法

电阻率法是传导类电法勘探方法之一。它利用各种岩（矿）石之间具有导电性差异，通过观测和研究与这些差异有关的天然电场或人工电场的分布规律，达到查明地下地质构造或寻找矿产资源的目的。

（一）电阻率法的理论基础

1. 电阻率

岩（矿）石间的电阻率差异是电阻率法的物理前提。电阻率是描述物质导电性能的一个电性参数。从物理学中我们已经知道，导体电阻率公式为：

$$\rho = R\frac{S}{l} \quad \text{（式 5-1）}$$

式中：ρ 为导体的电阻率（Ω·m）；R 为导体电阻（Ω）；S 为导体长度（m）；l 为垂直于电流方向的导体横截面积（m²）。

显然，电阻率在数值上等于电流垂立通过单位立方体截面时，该导体所呈现的电阻。岩（矿）石的电阻率值越大，其导电性就越差；反之，则导电性越好。

2. 电阻率公式及视电阻率

在电阻率法工作中，通常是在地面上任意两点用供电电极 A、B 供电，在另两点用测量电极 M、N 测定电位差。利用四极装置测定均匀、各向同性的半空间电阻率基本公式为：

$$\rho = K\frac{\Delta V_{MN}}{I} \quad \text{（式 5-2）}$$

式中：K 为装置系数，$K = \dfrac{2\pi}{\dfrac{1}{AM}-\dfrac{1}{AN}-\dfrac{1}{BM}-\dfrac{1}{BN}}$ 是各电极间的距离，

AM、AN、BM、BN 在野外工作中装置形式和极距一经确定，K 值便可计算出来；ΔV_{MN} 为 MN 间测得的电位差（V）；I 为供电电流（A）。

首先需要引入“地电断面”的概念。所谓地电断面，是指根据地下地质体电阻率的差异而划分界线的断面。这些界线可能同地质体、地质层位的界线吻合，也可能不一致。如图 5-1 所示的地电断面中分布着呈倾斜接触，电阻率分别为 ρ_1 和 ρ_2 的两种岩层，以及一个电阻率为 ρ_3 的透镜体（阴影部分）。

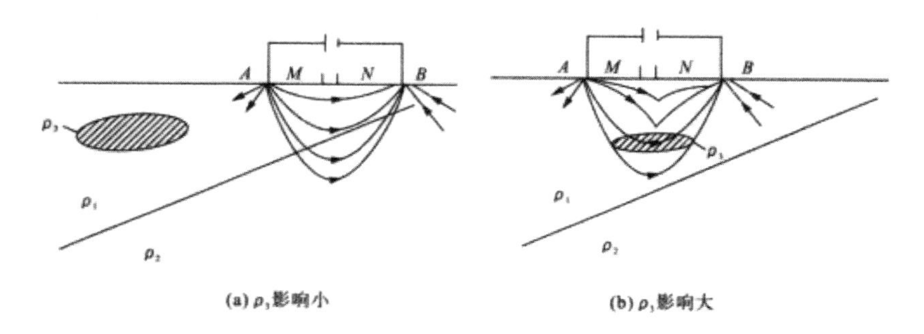

图 5-1　四极装置建立的电场在地电断面中的分布图

向地下通电并进行测量，可以按（式 5-2）求出一个“电阻率”值。不过，它既不是 ρ_1，也不是 ρ_2 和 ρ_3，而是与三者都有关的物理量。用符号 ρ_s 表示，并称之为视电阻率，即：

$$\rho_s = K\frac{\Delta V_{MN}}{I} \qquad （式 5-3）$$

式中：ρ_s 为视电阻率（Ω·m）。

视电阻率实质上是在电场有效作用范围内各种地质体电阻率的综合影响值。

3. 电阻率法的实质

在地表不平、地下岩矿石导电性分布不均匀的条件下，对于测量电极距很小的梯度装置来说，MN 范围内的电场强度和电流密度均可视为恒定不变的常量。经推导得出视电阻率的微分形式为：

$$\rho_s = \frac{j_{MN}}{j_0}\cdot\rho_{MN}\frac{1}{\cos\alpha} \qquad （式 5-4）$$

式中：j_{MN}：、j_0 分别为 MN 处和地表水平且地下为半无限均匀岩石的电流密度（A/m^2）为 MN 处的电阻率（Ω·m）；α 为 MN 处地形坡角（°）。

式（5-4）为起伏地形条件下，视电阻率的微分表示式。其应用条件是测量电极距 MN 较小。显然，如果地面水平，只是地下赋存有导电性不均匀地质体时，（式 5-4）可简化为：

$$\rho_x = \frac{j_{MN}}{j_0}\cdot\rho_{MN} \qquad （式 5-5）$$

在对视电阻率曲线进行定性分析时，经常用到（式 5-4）和（式 5-5）。

（二）电阻率法的仪器及装备

根据（式 5-3），电阻率法测量仪器的任务就是测量电位差 ΔV_{MN} 和电流 I 。为适应野外条件，仪器除必须有较高的灵敏度、较好的稳定性、较强的抗干扰能力外，还必须有较高的输入阻抗，以克服测量电极打入地下而产生的“接地电阻”对测量结果的影响。

（三）电剖面法

电剖面法是电阻率法中的一个大类，它是采用不变的供电极距，并使整个或部分装置沿观测剖面移动，逐点测量视电阻率的值。由于供电极距不变，探测深度就可以保持在同一范围内，因此可以认为，电剖面法所了解的是沿剖面方向地下某一深度范围内不同电性物质的分布情况。

根据电极排列方式的不同，电剖面法又有许多变种。目前常用的有联合剖面法、对称剖面法和中间梯度法等。

1. 联合剖面法

联合剖面法是用两个三极装置 $AMN\infty$ 和 ∞MNB 联合进行探测的一种电剖面方法。

所谓三极装置，是指一个供电电极置于无穷远的装置。

实际工作中，可以用不同极距的联合剖面曲线交点的位移来判断地质体的倾向。小极距反映浅部情况，大极距反映深部情况，若大、小极距的低阻正交点位置重合，说明地质体直立；若大极距相对于小极距低阻正交点有位移，说明地质体倾斜。

2. 中间梯度法

中间梯度法的装置示意图如图 5-2 所示。图中该装置的供电极距 AB 很大，通常选取为覆盖层厚度的 70 ~ 80 倍。测量电极距 MN 相对于 AB 要小得多，一般选用 $MN=\left(\frac{1}{50}\sim\frac{1}{30}\right)AB$。工作中保持 A 和 B 固定不动，M 和 N 在 A、B 之间的中部约

$\left(\frac{1}{3}\sim\frac{1}{2}\right)AB$ 的范围内同时移动，逐点进行测量，测点为 MN 的中点。中间梯度法的电场属于两个异性点电源的电场。在 AB 中部的范围内电场强度（即电位的负梯度）变化很小，电流基本上与地表平行，呈现出均匀场的特点。这也就是中间梯度法名称的由来。中间梯度法的电场不仅在 A、B 连线中部是均匀的，而且在 A、B 连线范围内的测线中部也近似地是均匀的。所以，不仅可以在 A、B 两电极所在的测线上移动 M、N 极进行测量，也可以在 A、B 连线两侧范围内的测线上移动 M、N 极进行测量。中间梯度法这种“一线布极，多线测量”的观测方式，比起其他电剖面方法（特别是联合剖面法），其效率要高得多。

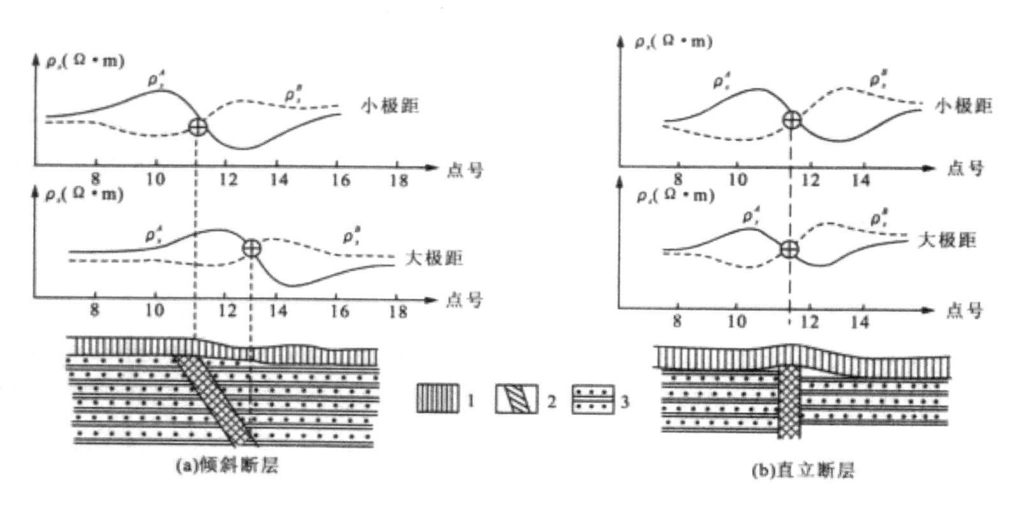

图 5-2　不同极距对比曲线同构造的关系图

1- 表土层；5- 断层；3 - 高阻石英岩

中间梯度法的视电阻率必须指出，装置系数 K 不是恒定的，测量电极每移动一次

都要计算一次 K 值。

中间梯度法主要用于寻找产状陡倾的高阻薄脉，如石英脉、伟晶岩脉等。这是因为在均匀场中，高阻薄脉的屏蔽作用比较明显，排斥电流使其汇聚于地表附近，j_{MN} 急剧增加，致使 ρ_s 曲线上升，形成突出的高峰。至于低阻薄脉，由于电流容易垂直通过，只能使 j_{MN} 发生很小的变化，因而 ρ_s 异常不明显。

（四）电测深法

电测深法是探测电性不同的岩层沿垂向分布情况的电阻率方法。该方法采用在同一测点多次加大供电极距的方式，逐次测量视电阻率 ρ_s 的变化。我们知道，适当加大供电极距可以增大勘探深度，因此在同一测点上不断加大供电极距所测出的 ρ_s 值的变化，将反映出该测点下电阻率有差异的地质体在不同深度的分布状况。按照电极排列方式的不同，电测深法可以分为对称四极电测深、三极电测深、偶极电测深、环形电测深等方法，其中最常用的是对称四极电测深法。我们主要讨论对称四极测深法，如无特殊说明，所说的电测深法都是指对称四极电测深法。

由于电测深法是在同一测点上每增大一次极距 AB，就计算一个 K 值，因此其 K 值是变化的。

1．二层断面的电测深曲线

二层地电断面含 ρ_1 和 ρ_2 两个电性层。设第一层厚度为 h_1，第二层厚度 h_2 为无穷大。按 ρ_1 和 ρ_2 的组合关系，可将地电断面分为 $\rho_1 > \rho_2$ 和 $\rho_1 < \rho_2$ 两种类型。与二层断面相对应的电测深曲线称为二层曲线。其中对应于 $\rho_1 > \rho_2$ 地断面的曲线定名为 D 型曲线，对应于 $\rho_1 < \rho_2$ 断面的定名为 G 型曲线。

在实际工作中，还有一种常见的情况是第二层电阻率 ρ_2 相对于 ρ_1 为无限大，此时二层曲线尾部呈斜线上升。在对数坐标上，其渐近线与横轴呈 45° 相交。

2．三层断面的电测深曲线

三层地电断面由 3 个电性层组成，各电性层的电阻率分别为 ρ_1 艰 ρ_2 和 ρ_3。设第一、第二层厚度分别为 h_1 和 h_2，第三层厚度 h_3 为无穷大。

3. 多层断面的电测深曲线

4 个电性层组成的地电断面，相邻各层电阻率之间的组合关系，其测深曲线可以有 8 种类型，每种类型的电测深曲线用两个字母表示。第一个字母表示断面中的前 3 层所对应的电测深曲线类型，第二个字母表示断面中后 3 层所对应的电测深曲线类型。

为了反映一条测线的垂向断面中视电阻率的变化情况，常需用该测线上不同测深点的全部数据绘制等视电阻率断面图。其做法是：以测线为横轴，标明各测深点的位置及编号，以 $\frac{AB}{2}$ 为纵轴垂直向下，采用对数坐标或算术坐标；依次将各测深点处各种极距的 ρ_s 值标在图上的相应位置，然后按一定的 ρ_s 值间隔，用内插法绘出若干条等值线。

（五）高密度电阻率法

高密度电阻率法是一种在方法技术上有较大进步的电阻率法。就其原理而言，它与常规电阻率法完全相同。由于它采用了多电极高密度一次布极，并实现了跑极和数据采集的自动化，因此相对常规电阻率法来说，它具有许多优点：由于电极的布设是一次完成的，测量过程中无需跑极，因此可防止因电极移动而引起的故障和干扰；在一条观测剖面上，通过电极变换和数据转换可获得多种装置的 ρ_s 断面等值线图；可进行资料的现场实时处理与成图解释；成本低，效率高。

1. 观测系统

高密度电阻率法在一条观测剖面上，通常要打上数十根乃至上百根电极（一个排列常用 60 根），而且多为等间距布设。所谓观测系统是指在一个排列上进行逐点观测时，供电和测量电极采用何种排列方式。目前常用的有四电极排列的“三电位观测系统”、三电极排列的“双边三极观测系统”以及二极采集系统等。

（1）三电位观测系统

当相隔距离为 a 的 4 个电极，只需改变导线的连接方式，在同一测点上便可获得 3 种装置（α、β、γ）的视电阻率（ρ_s^α、ρ_s^β、ρ_s^γ）值，故称三电位观测系统，其中 α 即温纳装置，β 用即偶极装置，γ 则称双二极装置。

3 种装置的视电阻率及其相互关系表达式为：

$$\rho_s^\alpha = 2\pi a\frac{\Delta U_a}{I};\quad \rho_s^\alpha = \frac{1}{3}\rho_s^\beta + \frac{2}{3}\rho_s^\gamma$$
$$\rho_s^\beta = 6\pi a\frac{\Delta U_\beta}{I};\quad \rho_s^\beta = 3\rho_s^\alpha + 2\rho_s^\gamma$$
$$\rho_s^\gamma = 3\pi a\frac{\Delta U_\gamma}{I};\quad \rho_s^\gamma = \frac{1}{2}\left(3\rho_s^\alpha - \rho_s^\gamma\right) \tag{式 5-6}$$

式中：ρ_s^α、ρ_s^β、ρ_s^γ 为 3 种装置（α、β、γ）的视电阻率（Ω·m）；ΔU_a、ΔU_β、ΔU_γ 为 3 种装置（α、β、γ）测得的电位差（V）；a 为电极间的距离，$a = nx$，x 为点距，$n = 1, 2, 3, \cdots, m$。

（2）双边三极观测系统

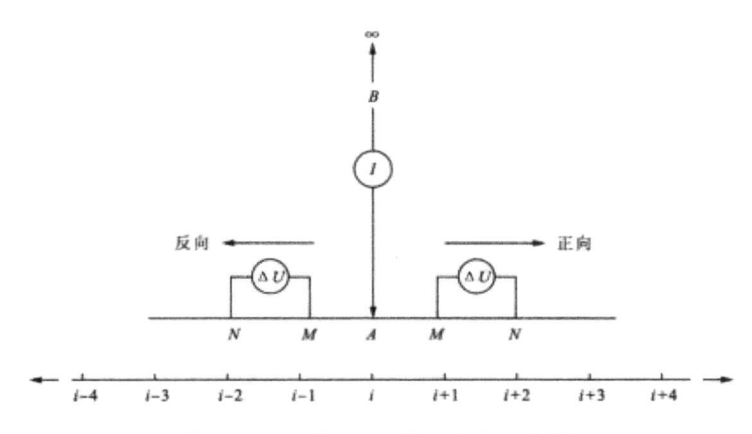

图 5-3　双边三极观测系统示意图

如图 5-3 所示，该系统是当供电电极 A 固定在某测点之后，在其两边各测点上沿相反方向进行逐点观测。当整条剖面测定后，在相同极距 AO（O 为 MN 中点）所对应的测点上均可获得两个三极装置的视电阻率值。它们之间的相互关系表达式，便可换算出对称四极、温纳、偶极以及双二极等装置的视电阻率，进而可绘出它们的 ρ_s 断面等值线图。

二、充电法

充电法最初主要用于矿体的详查及勘探阶段，其目的是查明矿体的产状、分布及其与相邻矿体的连接情况。此后，充电法在水文、工程地质调查中也被用来测定地下水的流速、流向，追索岩溶发育区的地下暗河等。

（一）充电法的基本原理

当对具有天然或人工露头的良导地质体进行充电时，实际上整个地质体就相当于一个大电极，若良导地质体的电阻率远小于围岩电阻率时，我们便可以近似的把它看成是理想导体。理想导体充电后，在导体内部并不产生电压降，导体的表面实际上就是一个等位面，电流垂直于导体表面流出后便形成了围岩中的充电电场。显然，当不考虑地面对电场分布的影响时，则离导体越近，等位面的形状与导体表面的形状越相似；在距导体较远的地方，等位面的形状便逐渐趋于球形。可见，理想充电电场的空间分布将主要取决于导体的形状、大小、产状及埋深，与充电点的位置是无关的。

当地质体不能被视为理想导体时，充电电场的空间分布将随充电点位置的不同而有较大的变化。所以，充电法也是以地质对象与围岩间导电性的差异为基础并且要求这种差异必须足够大，通过研究充电电场的空间分布来解决有关地质问题的一类电探方法。

为了观测充电电场的空间分布，充电法在野外工作中一般采用两种测量方法：一种是电位法；另一种是梯度法。电位法是把一个测量电极（N）置于无穷远处，并把该点作为电位的相对零点。另一个测量电极（M）沿测线逐点移动，从而观测各点相对于“无穷远”电极间的电位差。为了消除供电电流的变化对测量结果的影响，一般将测量结果用供电（即充电）电流进行归一，即把电位法的测量结果用 U / I 来表示。梯度法是使测量电极 MN 保持一定，沿测线移动逐点观测电极间的电位差 ΔU_{MN}，同时记录供电电流，其结果用 $\Delta U_{MN}/I_{MN}$ 来表示。梯度法的测量结果一般记录在 MN 中点，由于电位梯度值可正可负，故野外观测中必须注意 ΔU_{MN} 正、负号的变化。此外，在某些情况下，充电法的野外观测还可以采用追索等位线的方法。此时，一般以充电点在地表的投影点为中心，布设夹角为 45° 的辐射状测线，然后距充电点由远至近以一定的间隔追索等位线，根据等位线的形态和分布便可了解充电体的产状特征。

不难理解，当充电模型为理想充电球体时，则主剖面上的电位及梯度曲线形态将不再随剖面的方位而改变。此时，电位等值线的平面分布将为一簇同心圆。可见，球形导体的充电电场和点电源的电场极为相似，尤其当球体规模不大或埋藏较深时，单凭电位或梯度曲线的异常很难将它与点电源区分开。从这种意义上来说，充电法用来追踪或固定有明显走向的良导体更为有利。

（二）充电法的实际应用

充电法在水文工程及环境地质调查中，主要用来确定地下水的流速、流向，追索岩溶区的地下暗河分布等。

1. 测定地下水的流速、流向

应用追索等位线的方法来确定地下水的流速、流向，一般只限于含水层的埋深较小，水力坡度较大以及角岩均匀等条件下进行。具体做法是：首先把食盐作为指示剂投入井中，盐被地下水溶解后便形成一良导的并随地下水移动的盐水体；然后对良导盐水体进行充电，并在地表布设夹角为 45° 的辐射状测线；最后按一定的时间间隔来追索等位线。

为便于比较，一般在投盐前应进行正常场测量，若围岩为均匀和各向同性介质时，正常场等位线应近似为一个圆。投盐后测量便测得异常等位线。由于含盐水溶液沿地下水流动方向缓慢移动，因而使等位线沿水流方向具有拉长的形态。

2. 追索岩溶区的地下暗河

岩溶区灰岩电阻率高达 $n\times10^3\ \Omega \cdot \mathrm{m}$，而溶洞水的电阻率只有 $n\times10\ \Omega \cdot \mathrm{m}$，二者电性差异明显。在地形地质条件有利的情况下，利用充电法可以追踪地下暗河的分布及其延伸情况。

通常在进行充电法工作时，首先把充电点选在地下暗河的出露处，然后在垂直于地下暗河的可能走向方向上布设测线，并沿测线依次进行电位或梯度测量。图中给出了横穿某地下暗河剖面的电位及梯度曲线。显然，当将全部测量剖面上电位曲线的极大点及梯度曲线的零值点连接起来，这个异常轴就是地下暗河在地表的投影。

三、自然电场法

在电法勘探中，除广泛利用各种人工电场外，在某些情况下还可以利用由各种原因所产生的天然电场。目前我们能够观测和利用的天然电场有两类。一类是在地球表面呈区域性分布的大地电流场和大地电磁场，这是一种低频电磁场，其分布特征与较深范围内的地层结构及基底起伏有关。另一类是分布范围仅限于局部地区的自然电场，这是一种直流电场，往往和地下水的运动和岩矿的电化学活动性有关。观测和研究这种电场的分布，可解决找矿勘探或水文、工程地质问题，我们把它称为自然电场法。

（一）自然电场

1. 电子导体自然电场

利用自然电场法来寻找金属矿床时，主要是基于对电子导体与围岩中离子溶液间所产生的电化学电场的观测和研究。实践表明，与金属矿有关的电化学电场通常能在地表引起几十至几百毫伏的自然电位异常。由于石墨也属于电子导体，因此在石墨矿床或石墨化岩层上也会引起较强的自然电位异常，这对利用自然电场法来寻找金属矿床或解决某些水文、工程地质问题是尤为重要的。

自然状态下的金属矿体，当其被潜水面切割时，由于潜水面以上的围岩孔隙富含氧气，因此，这里的离子溶液具有氧化性质，所产生的电极电位使矿体带正电，围岩溶液中带负电。随深度的增加，岩石孔隙中所含氧气逐渐减少，到潜水面以下时，已变成缺氧的还原环境。因此，矿体下部与围岩中离子溶液的界面上所产生的电极电位使矿体带负电，溶液中带正电。矿体上、下部位这种电极电位差随着地表水溶液中氧的不断溶入而得以长期存在，因此，自然电场通常随时间的变化很小，以至我们可以把自然电场看成是一种稳定电流场。

2. 过滤电场

当地下水溶液在一定的渗透压力作用下通过多孔岩石的孔隙或裂隙时，由于岩石颗粒表面对地下水中的正、负离子具有选择性的吸附作用，使其出现了正、负离子分布的不均衡，因而形成了离子导电岩石的自然极化。一般情况下，含水岩层中的固体颗粒大多数具有吸附负离子的作用。这样，由于岩石颗粒表面吸附了负离子，结果在运动的地下水中集中了较多的正离子，形成了在水流方向为高电位、背水流方向为低电位的过滤电场（或渗透电场）。

在自然界中，山坡上的潜水受重力作用，从山坡向下逐渐渗透到坡底，出现了在坡顶观测到负电位，在坡底观测到正电位这样一种自然电场异常。这种条件下所产生的过滤电场也称为山地电场。

顺便指出，过滤电场的强度在很大程度上取决于地下水的埋藏深度以及水力坡度的大小。当地下水位较浅，而水力坡度较大时，才会出现明显的自然电位异常。

显然，从过滤电场的形成过程可见，在利用自然电场法找矿时，过滤电场便成为一种干扰。但是在解决某些水文、工程地质问题时，如研究裂隙带及岩溶地区岩溶水的渗漏以及确定地下水与地表水的补给关系等方面,过滤电场便成了主要的观测和研究对象。

3. 扩散电场

当两种岩层中溶液的浓度不同时，其中的溶质便会由浓度大的溶液移向浓度小的溶液，从而达到浓度的平衡，这便是我们经常见到的扩散现象。显然，在这一过程中，溶质小的正、负离子也将随着溶质而移动，但由于不同离子的移动速度不同，结果使两种不同浓度的溶液分别含有过量的正离子或负离子，从而形成被称为扩散电场的电动势。

除了电化学电场、过滤电场及扩散电场外，在地表还能观测到由其他原因所产生的自然电场，如大地电流场、雷雨放电电场等，这些均为不稳定电场，在水文及工程地质调查中尚未得到实际应用。

（二）自然电场法的应用

自然电场法的野外工作需首先布设测线测网，测网比例尺应视勘探对象的大小及研究工作的详细程度而定。一般基线应平行地质对象的走向，测线应垂直地质对象的走向。野外观测分电位法及梯度法两种：电位法是观测所有测点相对于总基点（即正常场）的电位值，而梯度法则是测量测线上相邻两点间的电位差。两种方法的观测结果可绘成平面剖面图及平面等值线图。

自然电场法除了在金属矿的普查勘探中有广泛的应用外，在水文地质调查中通过对离子导电岩石过滤电场的研究，可以用来寻找含水破碎带、上升泉，了解地下水与河水的补给关系，确定水库及河床堤坝渗漏点等。此外，自然电场法还可以用来了解区域地下水的流向等。

四、激发极化法

在电法勘探的实际工作中我们发现，当采用某一电极排列向大地供入或切断电流的瞬间，在测量电极之间总能观测到电位差随时间的变化，在这种类似充、放电的过程中，由于电化学作用所引起的随时间缓慢变化的附加电场的现象称为激发极化效应（简称激电效应）。激发极化法就是以岩（矿）石激电效应的差异为基础从而达到找矿或解决某些水文地质问题的一类电探方法。由于采用直流电场或交流电场都可以研究地下介质的激电效应，因而激发极化法又分为直流（时间域）激发极化法和交流（频率域）激发极化法。二者在基本原理方面是一致的，只是在方法技术上有较大的差异。

激发极化法近年来无论从理论上还是方法技术上均有了很大的进展，它除了被广泛地用于金属矿的普查、勘探外，在某些地区还被广泛地用于寻找地下水。该方法由于不受地形起伏和围岩电性不均匀的影响，因此在山区找水中受到了重视。

（一）激发极化特性及测量参数

岩（矿）石的激发极化效应可以分为两类：面极化与体极化。按理来说，二者并无差别，因为从微观来看，所有的激发极化都是面极化的。下面，我们以体极化为例来讨论岩（矿）石在直流电场作用下的激发极化特性。

1. 激发极化场的时间特性

激发极化场（即二次场）的时间特性与被极化体和围岩溶液的性质有关。图 5-4 表示体极化岩（矿）石在充、放电过程中激发极化场的变化规律。显然，在开始供电的瞬间，只观测到一次场电位差 ΔU_1，随着供电时间的增长，激发极化电场（即二次场电位差 ΔU_1）先是迅速增大，然后变慢，经过 2 ~ 3min 后逐渐达到饱和。这是因为在充电过程中，极化体与围岩溶液间的超电压是随充电时间的增加而逐渐形成的。显然，在供电过程中，二次场叠加在一次场上，我们把它称为总场电位差，并用 ΔU 来表示。当断去供电电流后，一次场立即消失，二次场电位差开始衰减很快，然后逐渐变慢，数分钟后衰减到零。

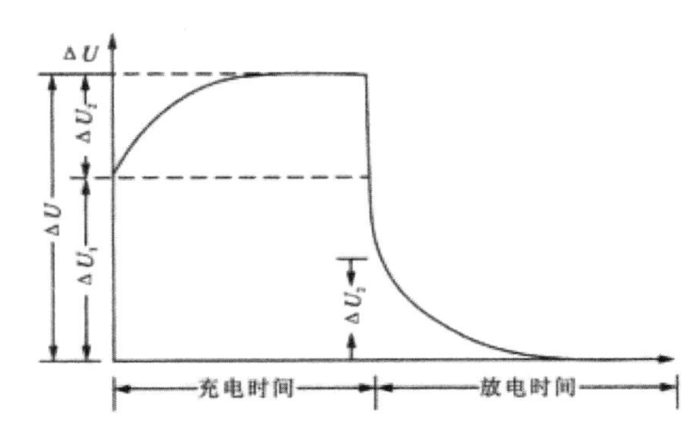

图 5-4　岩（矿）石的充，放电曲线图

2. 激发极化场的频率特性

交流激发极化法是在超低频电场作用下，根据电场随频率的变化来研究岩（矿）石的激电效应。图 5-5 是一块黄铁矿人工标本的激电频率特征曲线。由图可见，在超低频段（0 ~ nHz）范围内，交放电位差（或者说由此而转换成的复电阻率）将随频率的升高而降低，我们把这种现象称为频散特性或幅频特性。由于激电效应的形成是一种物理化学过程，需要一定的时间才能完成，所以，当采用交流电场激发时，交流电的频率与单向供电持续时间的关系显然是：频率越低，单向供电时间越长，激电效应越强，因而总场幅度便越大；相反，频率越高，单向供电时间越短，激电效应越弱，总场幅度也越小。显然，如果适当地选取两种频率来观测总场的电位差后，便可从中检测出反映激电效应强弱的信息。

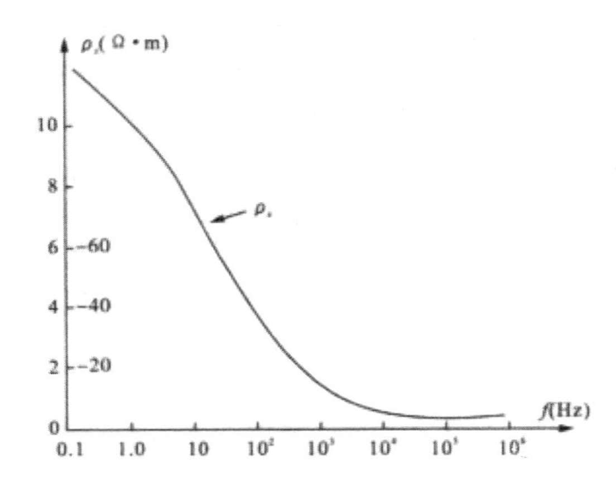

图 5-5　黄铁矿人工标本的激电频率特征曲线图

3. 激发极化法的测量参数

（1）视极化率（η_s）

视极化率是直流（或时域）激发极化法的一种基本测量参数。它的大小和分布反映了地下一定深度范围内极化体的存在及赋存状况。当地下岩（矿）石的极化率分布不均匀时，用某一电极装置的测量结果实际上就是各种极化体激发极化效应的综合反映。

（2）视频散率（P_s）

视频散率是交流（或频率域）激发极化法的一种基本测量参数。该参数是通过选用两种不同频率的电流供电时所测总场电位差来进行计算的。

视频散率也是地下一定深度范围内各种极化体激发极化效应的综合反映。由于直流激电和低频交流激电二者在物理本质上是完全一样的，因此在极限条件下即 $\Delta U(f_1 \to 0)$ 和 $\Delta U(f_2 \to 0)$ 时，两种方法会有完全相同的测量结果。

（3）衰减度（D）

衰减度是反映激发极化场（即二次场）衰减快慢的一种测量参数，用百分比表示。二次衰减越快，其衰减度就越小。

（二）极化球体上的激电异常曲线

在水文物探工作中，激发极化法可以采用各种电极装置形式，其中最常用的有中梯装置和对称四极测深装置。为了对它们的异常特征有一定的了解，以下仅以极化球为例加以说明。

1. 激电中梯 η_s 曲线

中间梯度装置是时间域激电法中应用最广泛的一种电极装置类型，由于供电极距较大，并且测量是在 AB 中部 $\left(\frac{1}{3} \sim \frac{1}{2}\right)$ 地段进行，所以一次场比较均匀，当其中赋存高极化率地质体时，它将被水平均匀电场所激发，二次场的空间分布形态比较简单。

2. 激电测深 η_s 曲线

图 5-6 为良导极化球体上不同测点位置的激电测深曲线。显然，η_s 曲线形状和测深点相对于球体的位置有关。当 $x = 0$ 时，即在球体的正上方，η_s 曲线相当于水平二层地电断面电阻率测深的 G 型曲线。这不难从电场分布随极距的变化来加以解释。

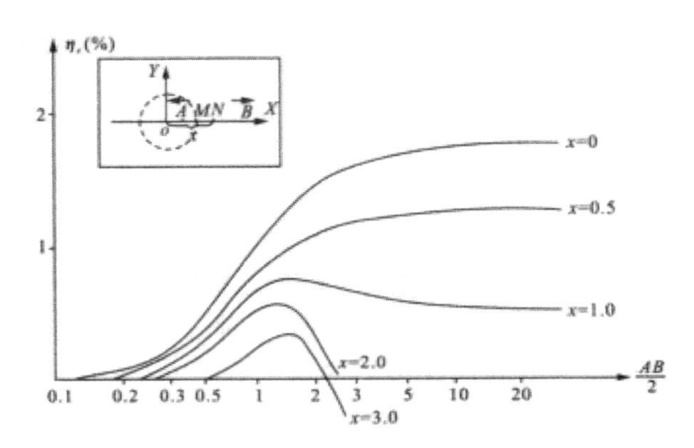

图 5-6 良导极化球体激电测深 η_s 曲线图

当极距（$AB/2$）较小时，电场主要分布于地表附近，极化球体的影响十分微弱，故视极化率 η_s 接近于围岩的极化率 η_s，供电极距增大，电场分布范围加大，球体所产生的激电二次场影响加大，η_s 曲线逐渐上升；当极距很大时，球体赋存地段的电场相当于均匀场，此时 η_s 测深曲线便趋近于某一稳定值。显然，此稳定值的大小恰好等于极化球体上激电中间梯度 η_s 曲线的极大值。

此外，当 $x \neq 0$ 时，即测深点位于极化球体主剖面其他测点位置时，激电测深曲线的形态将随测点位置的不同而有明显的变化。即：随测深点位置偏离球心正上方，异常幅度逐渐减小；测深点坐标等于或大于球心埋深的一半时，曲线均出现极值，其形态和水平三层断面的 K 型视电阻率测深曲线相似；当极距 $AB/2 \to \infty$ 时，曲线趋近于比极大值要小的某一渐近值。由于此时球体处于均匀场中，因此各测深点的渐近值分别等于球体上中梯装置 η_s 曲线在相应测点的视极化率值。

（三）激发极化法在水文地质调查中的应用

从上述讨论可知，不同岩（矿）石的激发极化特性主要表现在二次场的大小及其随时间的变化上。在水文地质调查中，我们更重视表征二次场衰减特性的参数，如衰减度、激发比、衰减时等。激发极化法在水文地质调查中的应用主要有两点：一是区分含碳质的岩层与含水岩层所引起的异常；二是寻找地下水，划分出富水地段。

1．用视极化率判别水异常

激发极化法在岩溶区找水时，由于低阻碳质夹层的存在，常会引起明显的电阻率法低阻异常，这些异常与岩溶裂隙水或基岩裂隙水引起的异常特征类似，给区分水异常带来了困难。由于碳质岩层不仅能引起视电阻率的低阻异常，同时还能引起高视极化率异常，而水则无明显的视极化率异常，因此，借助于激发极化法可识别碳质岩层对水异常的干扰。

2．用二次场衰减特性找水

激发极化法在找水工作中的应用主要是利用了二次场的衰减特性，也就是说，当我们把停止供电后二次场随时间的衰减用某些参数表征时，借助于这些参数便可研究它与被寻找对象间的关系。

3．衰减时法找水

在激电法找水中，我国近年来还成功地应用了衰减时法。所谓衰减时是指二次场衰减到某一百分比时所需的时间。也就是说，若将断电瞬间二次场的最大值记为100%的话，则当放电曲线衰减到某一百分数，比如说50%时，所需的时间即为半衰时。这是一种直接寻找地下水的方法,对寻找第四系的含水层和基岩孔隙水具有较好的应用效果。

第二节　电磁法勘探

一、频率电磁测深法

频率电磁测深法是电磁法中用以研究不同深度地电结构的重要分支方法，和直流电测深法不同，它是通过改变电磁场频率的方法来达到改变探测深度的目的。近年来，利用人工场源所进行的频率测深，在解决各类地质构造问题上获得了较好的地质效果。由于它具有生产效率高、分辨力强、等值影响范围小以及具有穿透高阻电性屏蔽层的能力，因而受到勘探地球物理界的普遍重视。

人工场源频率测深的激发方式有两种，其中一种是利用接地电极 AB 将交变电流送入地下，当供电偶极 AB 距离不很大时，由此而产生的电磁场就相当于水平电偶极场。另一种激发方式是采用不接地线框，其中通以交变电流后在其周围便形成了一个相当于垂直磁偶极场的电磁场。由于供电频率较低，对于地下大多数非磁性导电介质而言，可以忽略位移电流的影响，视之为似稳场，即在距场源较远的地段可以把电磁波的传播看成是以平面波的形式垂直入射到地表。通常，供电偶极（AB）距离的选择取决于勘探对象的埋藏深度，由于只有当极距 $r > 0.1\lambda$ 时，地电断面的参数对电磁场的观测结果才有影响。因此，一般选择极距 r 大于 6 ~ 8 倍研究深度，即通常在所谓“远区”观测，这时才能显示出地电断面参数对被测磁场的影响。由于垂直磁偶极场远较水平电偶极场的衰减快，因此在较大深度的探测中多采用电偶极场源。但由于磁偶极场是用不接地线圈激发的，因此对某些接地条件较差的测区，或在解决某些浅层问题的探测中磁偶极源还是经常被采用的。

二、瞬变电磁法

（一）瞬变电磁剖面法

1. 工作装置

在瞬变电磁（TEM）法中，常用的剖面测量装置如图 5-7 所示。

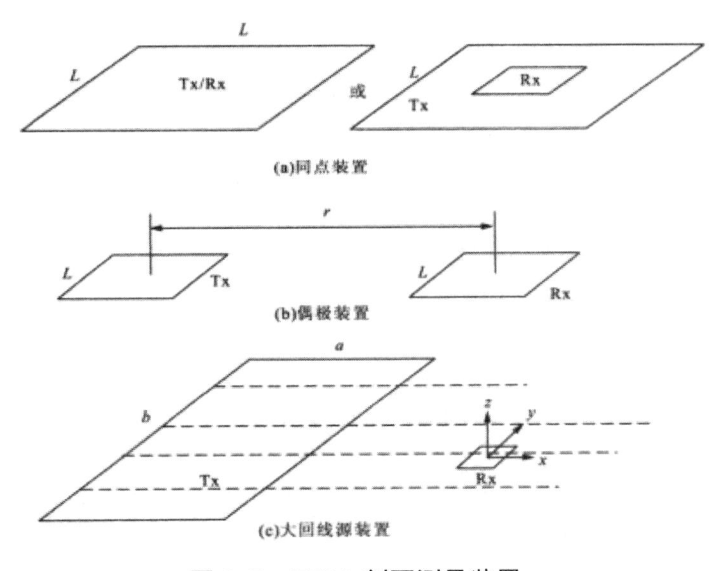

图 5-7　TEM 剖面测量装置

根据发、收排列的不同，它又分为同点、偶极和大回线源 3 种。同点装置中的重叠回线是发送回线（Tx）与接收回线（Rx）相重合敷设的装置。由于 TEM 法在供电和测量时间上是分开的，因此 Tx 与 Rx 可以共用一个回线，称之为共圈回线。同点装量是频率域方法无法实现的装置，它与地质探测对象有最佳的耦合，是勘查金属矿产常用的装置。偶极装置与频率域水平线圈法相类似，Tx 与 Rx 要求保持固定的发、收距、在瞬变电磁（TEM）法中，常用沿测线逐点移动观测 dB/dt 值。大回线装置的 Tx 采用边长达数百米的矩形回线，Rx 采用小型线圈（探头）沿垂直于 Tx 边长的测线逐点观测磁场 3 个分量的 dB/dt 值。

2. 观测参数

瞬变电磁仪器系统的一次场波形、测道数及其时间范围、观测参数及计算单位等，不同仪器有所差别。各种仪器绝大多数都是使用接收线圈观测发送电流脉冲间歇期间的感应电压 $V(t)$ 值，就观测读数的物理量及计量单位而言，大概可以分为以下 3 类。

（1）用发送脉冲电流归一的参数：仪器读数为 $V(t)/I$ 值，以 μA/A 作计量单位。

（2）以一次场感应电压 V_1 归一的参数。

（3）归一到某个放大倍数的参数。

3. 时间响应

对于任意形态的脉冲信号，可以根据频谱分析分解成相应的频谱函数。对各个频率，地质体具有相应的频率响应。将频谱函数与其对应的地质体频率响应函数相乘，经过反变换，就可获得地质体对该脉冲信号磁场的时间响应。

4. 典型规则导体的剖面曲线特征

（1）球体及水平圆柱体上的异常特征

导电水平圆柱体上同测道的刻画曲线，异常为对称于柱顶的单峰，异常随测道衰减的速度决定于时间常数 τ 值，$\tau=\mu\sigma a^2/5.82$。

球体上也是出现对称于球顶的单峰异常，球体的时间常数 $\tau=\mu\sigma a^2/\pi^2$，故在半径 a 相同的条件下，球体异常随时间衰减的速度要比水平圆柱体快得多，异常范围也比较小。在直立柱体上，也具有此类似的规律。

（2）薄板状导体上的异常特征

导电薄板上的异常形态及幅度与导体的倾角有关。当 a = 90° 时，由于回线与导体间的耦合较差，异常响应较小，异常形态为对称于导体顶部的双峰；峰顶出现接近于背景值的极小值；不同测道的曲线，除了异常幅值及范围有所差别外，具有相同的特征。

当 0° ＜ α ＜ 90° 时，随 a 的减小，回线与导体间耦合增强，异常响应随之增强，但双峰不对称，在导体倾向一侧的峰值大于另一侧。极小值随 a 的减小而稍有增大，其位置也向反倾斜侧有所移动。

（二）瞬变电磁测深法

在瞬变电磁法中常用的测深装置有电偶源、磁偶源、线源和中心回线（图 5-8）。中心回线装置是使用小型多匝线圈（或探头）放置于边长为 L 的发送回线中心观测的装置，常用于 1km 以内浅层的探测工作。其他几种则主要用于深部构造的探测。

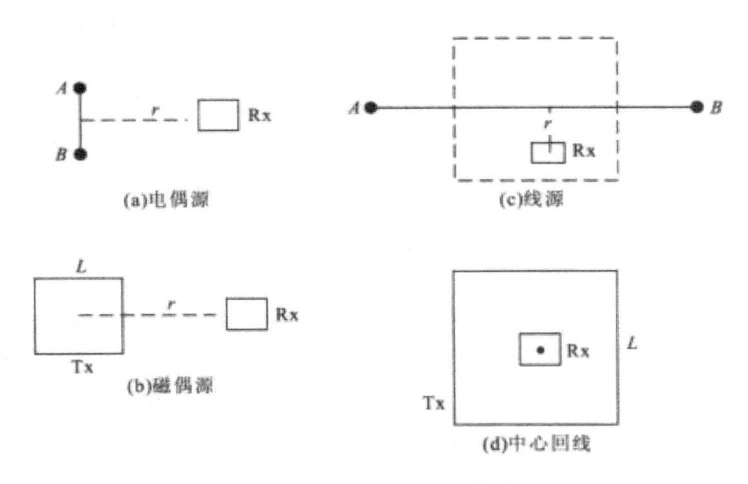

图 5-8　TEM 测深工作装置

仪器装置，一般认为，探测 1km 以内目标层的最佳装置是中心回线装置，它与目标层有最佳耦合、受旁侧及层位倾斜的影响小等特点，所确定的层参数比较准确。

线源或电偶源装置是探测深部构造的常用装置，它们的优点是由于场源固定，可以使用较大功率的电源，在场源两侧进行多点观测，有较高的工作效率。这种装置所观测的信号衰变速度要比中心回线装置慢，信号电平相对较大，对保证晚期信号的观测质量有好处。缺点是前支畸变段出现的时窗要比中心回线装置往后移，并且随极距 r 的增大向后扩展，使分辨浅部地层的能力大大减小。此外，这种装置受旁侧及倾斜层位的影响也较大。

三、可控源音频大地电磁测深法

可控源音频大地电磁测深法（CSAMT）是在大地电磁法（MT）和音频大地电磁法（AMT）的基础上发展起来的一种人工源频率域测深方法。它是基于观测超低频天然大地电场和磁场正交分量，计算视电阻率的大地电磁法。我们知道，大地电磁场的场源，主要是与太阳辐射有关的大气高空电离层中带电离子的运动有关。其频率范围从 $n\times10^{-4}\sim n\times10^{-2}$ Hz。。由于频率很低，MT 的探测深度很大，达数十千米乃至一百多千米，是研究深部构造的有效手段。近年来，它也被用于研究油气构造和地热探测。

（一）方法概述

1．场源

CSAMT 属人工源频率测深，它采用的人工场源有磁性源和电性源两种。磁性源是在不接地的回线或线框中，供以音频电流产生相应频率的电磁场。磁性源产生的电磁场随距离衰减较快，为观测到较强的观测信号，场源到观测点的距离（收、发距）r 一般较小（n×102m），故其探测深度较小$\left(<\frac{1}{3}r\right)$，主要用于解决水文、工程或环境地质中的浅层问题。电性源是在有限长（1 ~ 3km）的接地导线中供音频电流，以产生相应频率的电磁场，通常称其为电偶极源或双极源。视供电电源功率不同，电性源 CSAMT 的收、发距离可达几米到十几千米，因而探测深度较大（通常可达 2km），主要用于地热、油气藏和煤田探测及固体矿产深部找矿。目前，电性源 CSAMT 应用较多。

2. 测量方式

图 5-9 示出了最简单的电性源 CSAMT 标量测量的布置平面图。通过沿一定方向（设为 X 方向）布置的接地导线 AB 向地下供入某一音频 f 的谐变电流 $I=I_0\ e^{-i\alpha\omega}$；在其一侧或两侧 60° 张角的扇形区域内，沿 x 方向布置测线，逐个测点观测沿测线（X）方向相应频率的电场分量 E_X 和与之正交的磁场分量 B_Y，进而计算卡尼亚视电阻率和阻抗相位，分别为：

$$\rho_s=\frac{1}{\omega\mu}\left|\frac{E_X}{B_Y}\right|^2 \qquad \text{（式 5-7）}$$

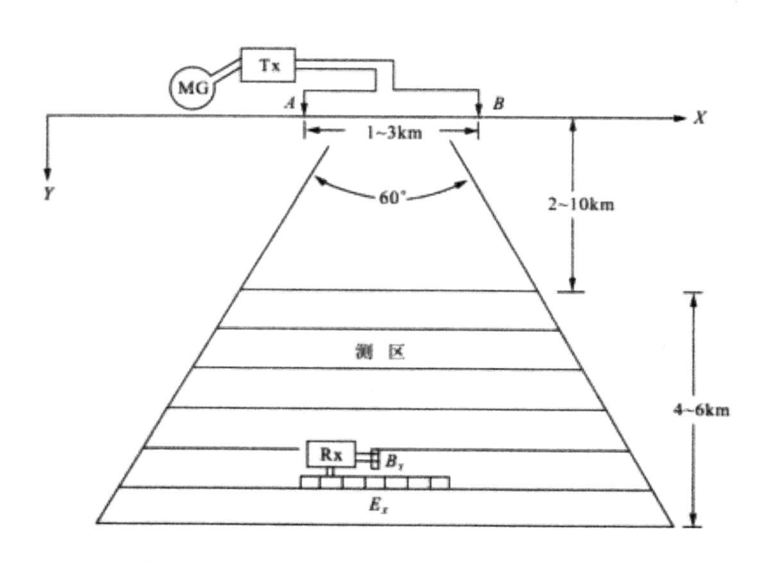

图 5-9　双源 CSAMT 标量测量布置平面图

（二）可控源音频大地电磁法应用实例

CSAMT 在该盆地的任务是探测奥陶系高阻灰岩顶面的起伏，研究其与上覆地层构造的继承关系，以查明该区的局部构造和断裂分布。野外观测采用 AB = 2km 的双极源，

供电电流为 n~20A，测量电极距 MN = 200m，收、发距 r = 6 ~ 10km，大于探侧目标奥陶系灰岩顶面深度（1 ~ 2km）的 3 倍。

第三节　地震勘探

一、透射波法

在工程地震勘探中，透射波法主要用于地震测井（地面与井之间的透射）地面与地面之间凸起介质体的勘查，以及井与井之间地层介质体的勘查。地质目的不同，所采用的方法手段也不同。但从原理上讲，均是采用透射波理论，利用波传播的初至时间，反演表征岩土介质的岩性、物性等特性以及差异的速度场，为工程地质以及地震工程等提供基础资料或直接解决其问题。

（一）地面与井的透射

井口附近激发，井中不同深度上接收透射波的地震工作称为地震测井。在工程勘探中，地震测井按采集方式的不同，可分为单分量的常规测井、两分量或三分量的 PS 波测井以及用于测量地层吸收衰减参数的 Q 测井等。尽管采集方式不同，但方法原理基本一致。

1. 透射波垂直时距曲线

地震测井是测量透射波的传播时间与观测深度之间的关系，这种关系曲线叫作透射波垂直时距曲线。假设地下为水平层状介质，各层的透射速度分别为 V_1、$V_2 \cdots V_n$，厚度 h_1、$h_2 \cdots h_n$，各层底界面的深度为 Z_1、$Z_2 \cdots Z_n$。在地面激发，井中接收，透射波就相当于直达波。但是，由于波经过速度分界面时有透射作用，透射波垂直时距曲线比均匀介质中的直达波复杂。它是一条折线，折点位置与分界面位置相对应。因此，根据透射波垂直时距曲线的折点，可以确定界面的位置，而且，时距曲线各段直线的斜率倒数，就是地震波在各层介质中的传播速度，也就是该层的层速度。

2. 资料采集

（1）仪器设备

在工程地震测井中，主道的工程数字要采用的仪器设备有地面记录仪器，常用 6 ~ 24 道的工程数字地震仪以及转换面板（器）。井下带推靠装置的检波器，一般为单分量、两分量或三分量。多分量检波器主要用于纵、横波测量，激发装置，以及信号传输用电缆和简易绞车等。

（2）激发

激发方式有地面激发和井中激发两种。地面激发的方式主要有锤击、落重、叩板（横向击板）和炸药等方式。而对于井中激发，激发震源主要为炸药震源、电火花震源和机械振动震源。当激发力方向与地面垂直时，可激发出 P 型和 SV 型的透射波；当激发力方向与地面水平时，可激发出 SH 型的透射波。

（3）接收

井下检波器的功能为拾取地震波引起的井壁振动，并转换为电信号，通过电缆送给地面记录系统。一般要求其具有耐温、耐压和不漏电等性能。核心部分一般为机电耦合型的速度检波器，又称为换能器。对于单分量而言，其方位可以是垂直或水平放置（与地面相对而言）；对于两分量而言，换能器方位互为 90° 角放置，即 1 个垂直、1 个水平；对于三分量而言，3 个换能器方位互为 90° 角，即按 X–Y–Z 方方向放置，井中有 2 个水平分量（X、Y）、1 个垂直分量（Z）。

对于地面激发、井中接收而言，测量顺序一般为从井底测到井口，并要求有重复观测点，以校正深度误差。接点至收点间距一般为 1 ~ 10m，可根据精度要求选择，也可采用不等距测量。对于地面井旁浅孔接收、井中激发，工作过程和要求与上文一致，只是激发和接收换了一个位置。

地面记录仪器因素的选择基本与反射波法一致。但是在测井中，我们需要的只是初至波，所以仪器因素的选择应以尽可能地突出初至波为标准。此外，为压制或减轻干扰，要求井下检波器与井壁耦合要好，检波器定位后要松缆并使震源与井口保持一定距离。

（4）干扰波

在地震测井中，主要的干扰波有电缆波、套管波、井筒波（又称为管波）以及其他噪声等。然而，对于透射的初至波造成干扰的主要干扰波为电缆波和套管波，下面简要介绍其特点。

电缆波是一种因电缆振动引起的噪声。引起电缆振动的原因包括地表井场附近或井口的机械振动以及地滚波扫过井口形成的新振动。在工程测井中，电缆波可能出现在初至区，从而影响初至时间的正确拾取。当检波器推靠不紧时，最易受电缆波的干扰。

减少电缆波干扰的方法有推靠耦合、适当松缆、减少地面振动（包括井口）、尽量在地面设法（如挖隔离沟等）克制面波对井口的干扰。

在下套管（钢管）的井中测量时，要求套管和地层（井壁）胶结良好（一般用水泥固井），否则，透射波将在胶结不良处形成新的沿套管传播的套管波。由于套管波的速度一般高于波在岩土中传播的速度，因此，它将对胶结不良的局部井段接收到的初至波形成干扰。

研究表明，套管波对纵波干扰严重，对转换波（SV）和横波（SH）影响较小。减少套管波干扰的办法是提高固井质量或采用对能迅速衰减套管波的薄壁塑料管、井用砂或油砂石回填，使套管和原状土良好接触。后期采用滤波的方式进行压制。

3. 资料的处理解释

不论 P 型还是 SH 型的初至波，拾取时间位置均为起跳前沿。拾取方法通常为人工或人机联作拾取。对于受到干扰的初至波，可在滤波后拾取，在滤波处理无效的情况下，也可拾取初至波的极大峰值时间，并经一定的相位校正后作为初至时间。对于 SH 型横波，可采用正、反两次激发所得的两个横波记录用重叠法拾取其初至时间。

（二）井间透射

这类测量方式需要两口或两口以上的钻井。它分别在不同的井中进行激发和接收。所利用的信息仍为透射的初至波。此时的初至波中除直达波外，还可能包含折射波（当井间距离较大时）。从方法上考虑，一般分为两种：一种为跨孔法；另一种为井间（或称为跨孔 CT）法。下面我们分别简述其方法技术。

1. 跨孔法

跨孔法又称为平均速度法，这是因为当震源孔与接收孔之间距离较大时，接收的初至波中可能既包含了直达波也包含了折射波，由此求得的速度将是孔间地层的某一平均速度，它包含了地层内部和某一折射层的信息。

跨孔法可以用来测量钻孔之间岩体纵、横波的传播速度、弹性模量及衰减系数等，这些参数可用于岩体质量的评价。

2. 井间法

该方法主要包括两个部分内容：第一是满足 CT 成像要求的资料采集方法；第二是透射 CT 成像技术。

（1）资料采集

由于是在井中激发和接收地震透射波，所利用的信息仍是初至波，因此，对仪器设备、激发和接收的方式及要求基本与地震测井相同。不同的是井中的激发点是多个，即从井底按一定间距激发至井口，另一井的接收用检波器也往往不是一个，而是按一定间距设置的检波器组，每激发一次，不同接收点位的多个检波器同时接收。为满足 CT 成像的技术要求，激发井和接收井采集一次后，激发和接收排列要互换井位再采集一次，以保证信息场的完备。

（2）透射 CT 成像技术

透射层折成像原理可表示为：

$$t_i = \int_{S_i} \frac{\mathrm{d}S}{V(X,Z)}, \quad (i = 1,2,3,\cdots,N) \qquad \text{（式 5-8）}$$

式中：t 为透射波旅行时（s）；$V(X, Z)$ 为透射波在地层中的传播速度（m/s）；S_i 为射线路径。

（三）地面凸起介质的透射

对于地面凸起介质的勘查思路与井间透射法思路基本一致，但激发和接收所需的仪器设备完全采用地面地震勘探所用的仪器设备。检波器一般采用单分量的纵波或横波检波器。

对于规则形体的凸起物，当剖面线内的厚度较小时，可采用直达波的思想计算其凸起介质的速度分布，其做法类似于跨孔法，也可采用透射 CT 的思想反演其速度分布场；对于不规则形体的凸起介质，如坡度较大的岩土山梁等，一般采用透射 CT 技术进行速度成像。

二、反射波法

反射波法是在工程地震勘探中广泛应用的方法。在各种有弹性差异的分界面上都会产生反射波，反射波法主要用于探测断层，确定层状大地层速度、层厚度等。

（一）反射波法观测系统

在浅层反射波法现场数据采集中，为了压制干扰波和突出有效波，也可根据不同情况选择不同的观测系统，而使用最多的是宽角范围观测系统和多次覆盖观测系统。宽角范围观测系统是将接收点布置在临界点附近的范围进行观测，因为此范围内反射波的能量比较强，并且可避开声波与面波的干扰，尤其对“弱”反射界面其优越性更为明显。

多次覆盖观测系统是根据水平叠加技术的要求而设计的，为此先介绍一下水平叠加的概念。水平叠加又称共反射点叠加或共中心点叠加，就是把不同激发点、不同接收点上接收到的来自同一反射点的地震记录进行叠加，这样可以压制多次波和各种随机干扰波，从而大大地提高了信噪比和地震剖面的质量，并且可以提取速度等重要参数。多次覆盖观测系统是目前地震反射波法中使用最广泛的观测系统。

具体做法是，选定偏移距和检波距之后，每激发一次，激发点和整个排列都同时向前移动一个距离，直至测完全部剖面。为了容易在观测系统上找出共中心点道集的位置，目前常用综合平面法来表示多次覆盖的观测系统。

（二）反射波理论时距曲线

1. 水平界面的反射波时距曲线

设地下介质如图 5-10 所示，有一水平的波阻抗界面 R，界面埋深 h，界面上覆盖层的波速为 V_1。在 O 点激发产生的地震波传播到界面 R 以后，一部分能量反射回地面，在地面上 D_1，D_2，D_3 等各点接收到反射点 O^*，此点通常称为虚震源点。由于 O 点和 O^* 点以界面对称，这样可以把在地面上接收到的反射波，看作是具有波速 V_1 的介质充满整个空间，与由 O^* 点发射出来的直达波一样，于是我们可以很容易得出该反射波的时距曲线方程式为：

$$t=\frac{1}{V_1}\sqrt{(2h)^2+x^2} \qquad \text{（式 5-9）}$$

式中 :t 为接收到反射波的时间（s）；V_1 为界面上覆盖层的波速（m/s）h 为界面埋深（h）；x 为发射点和接收点的水平距离（m）。

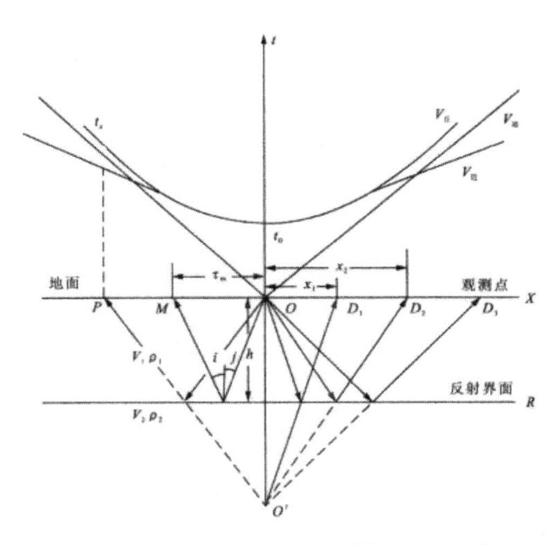

图 5-10　水平两层介质的反射波时距曲线图

2．倾斜界面的反射波时距曲线

如图 5-11 所示，设有一倾斜反射界面 R，其倾角为 φ，覆盖层介质的波速为 V_1，若在 O 点进行激发，并沿工方向观测其反射波的走时，根据波射线的传播原理和虚震源法可得出相应的时距曲线方程。

同样我们可以把测线上任意一点 D 接收到的经 A 点反射的波，看作是由虚震源 O^* 射出的直达波，则自震源。到达 D 点反射波的旅行时 t 可写成：

$$t=\frac{O^*D}{V_1} \tag{式 5-10}$$

式中：t 为自震源 O 到达 D 点反射波的旅行时 O^*D 为 O^* 到 D 点的距离。

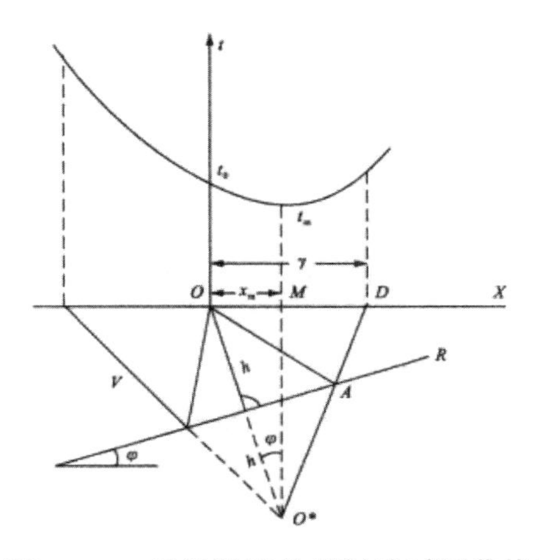

图 5-11　倾斜界面的反射波时距曲线图

（三）反射波资料处理及解释

目前，浅层反射波法现场采集的资料通常都是用多次覆盖观测系统得到的共激发点地震记录，其中除了有效波外还常伴随有各种干扰波，无法进行直接的地质解释。因此必须对这些资料进行滤波、校正、叠加等一系列的处理，得出可靠的反射波地震剖面后，才能做进一步的地质解释。反射波资料处理系统就是在此基础上设计的。

1. 反射波的资料处理系统

随着微机技术的应用和发展，国内外的一些部门和单位结合浅层反射波的特点先后开发出反射处理系统，并已广泛地应用于生产实践，取得了较好的经济效益。

2. 反射波法资料解释

野外采集的地震资料，经过处理之后，得到的主要成果资料是经过水平叠加（或偏移）的时间剖面。因此，它们是反射波资料进行地质解释的基础。在一般情况下，通过时间剖面上波的对比，可以确定反射层的构造形态、接触关系以及断层分布等情况。但是，这种地质解释的准确程度往往受到多种因素的影响。首先是资料采集和数据处理的质量，有较高的信噪比和分辨率的时间剖面是确保解释质量的基本条件。在采集或处理中，若方法或参数选择不当，也会影响地震剖面的质量，甚至造成假像，影响解释工作的准确性。另外，地震剖面的解释还受其分辨率的限制。

（1）时间剖面的表示形式

地震资料经过数字处理之后，每个 CDP 点记录道的振动图形均采用波形线和变面积的显示法来表示（使波形正半周部分呈黑色），这样即能显示波形特征，又能更醒目地表示出强弱不同的波动景观，便于波形的对比和同相轴追踪。

由于反射界面总有一定的稳定延续范围，来自同一反射界面的反射波形态也有相应的稳定性，在时间剖面中形成延续一定长度的清晰同相轴。又因为地震波的双程旅行时间大致和界面的法线深度成正比，因此，可以根据同相轴的变化定性地了解岩层起伏及地质构造等概况。但是，时间剖面不是反射界面的深度剖面，更不是地质剖面，必须要经过一定的时间深度转换处理，才能进行定量的地质解释。

（2）反射波的对比识别

在时间剖面上一般反射层位表现为同相轴的形式。在地震记录上相同相位的连线叫作同相轴。所以在时间剖面上反射波的追踪实际上就变为同相轴的对比。我们可以根据反射波的走时及波形相似的特点来识别和追踪同一界面的反射波。

主要是从波的强度幅频特性、波形相似性和同相性等标志，对波进行对比。这些标志并不是彼此孤立，也不是一成不变的。反射波的波形、振幅、相位与许多因素有关，一般来说激发、接收等受地表条件的影响，会使同相轴从浅到深发生相似的变化，而与深部地震地质条件变化有关的影响，则往往只使一个或几个同相轴发生变化。所以在波的对比中要善于分析研究各种影响因素，弄清同相轴变化的原因，并严格区分是地质因素，还是地表等其他因素。

另外在时间剖面的识别中，除了规则界面的反射波外，还应该对多次波、绕射波、断面波等一些特殊波的特征有足够的认识，只有这样才能进行正确的地质解释。

3. 时间剖面的地质解释

结合已知地层情况和钻孔资料，在时间剖面上找出特征明显、易于连续追踪的且具有地质意义的反射波同相轴，作为全区解释中进行对比的标准层。在没有标准层的地段，则可将相邻有关地段的构造特征作为参考来控制解释。

断层带的同相轴变化特征主要包括：反射波同相轴错位；反射波同相轴突然增减或消失；反射波同相轴产状突变，反射零乱或出现空白带；标准反射波同相轴发生分叉、合并、扭曲、强相位转换；等等。

沉积岩层中的不整合面往往是侵蚀面，其波阻抗变化较大，故反射波的波形和振幅也有较大的变化。特别是角度不整合，时间剖面常出现多组视速度有明显差异的反射波组，沿水平方向有逐渐合并和尖灭的趋势。

此外，当地震地质条件比较复杂，或处理过程中方法、参数选择不当时，将会使时间剖面上的同相轴发生突化，甚至造成假象，出现假构造，做出错误的解释。在工作中必须注意避免这种情况的发生。

三、折射波法

折射波法是工程地震勘探中应用最为广泛的，也是较为成熟的方法之一。当下层介质的速度大于上层介质时，以临界角入射的地震波沿下层介质的界面滑行，同时在上层介质中产生折射波。根据折射波资料可以可靠地确定基岩土覆盖层的厚度和速度，根据每层速度值判断地层岩性、压实程度、含水情况及地下潜水界面等。用折射波法可获得基岩面深度，这个深度是指新鲜基岩界面的埋深。当基岩土部风化裂隙发育或风化层较厚时，新鲜基岩面给出了硬质稳定的地下岩层，从而可以减少给工程带来危险性的机会。另外，还可由界面速度值确定地层岩性。利用折射波法可以准确地勾画出低速带，指示出断层、破碎带、岩性接触带等。

（一）折射波法观测系统

1. 测线类型

根据不同的工作内容，可选择不同类型的测线。当激发点和接收点在一条直线上时，称之为纵测线；当激发点和接收点不在一条直线上时，则称为非纵测线。在非纵测线中，根据各种不同的排列关系和相对位置又可分为横测线、弧形测线等。在工作中，纵测线是主要测线，而非纵测线一般只作为辅助测线来布置，它可以在某些特定情况下解决一些特殊问题（如探测古河床、断裂带等），以弥补纵测线的不足。

用纵测线观测时，根据测线间不同的组合关系可分为单支时距曲线观测系统、相遇时距曲线观测系统、多重相遇时距曲线观测系统以及追逐时距曲线观测系统等。时距曲线观测系统则是根据地震波的时距曲线分布特征所设计的观测系统。在各种时距曲线观测系统中，以相遇时距曲线观测系统使用最为广泛。

2. 相遇时距曲线观测系统

同一观测地段分别在其两端 O_1 和 O_2 点激发，可得到两支方向相反的相遇时距曲线 S_1 和 S_2。相遇时距曲线观测系统可弥补单一方向时距曲线的不足，可从不同方向反映界面的变化。

（二）折射波理论时距曲线

1. 水平界面的折射波时距曲线

假设地下深度为 h 处，有一个水平的速度分界面 R，其上、下两层的速度分别为 V_1 和 V_2 且 $V_1 > V_2$。如图 5-12 所示，从激发点 O 至地面接收点 D 的距离为 X，折射波旅行的路程为 OK、KE、ED 之和，则它的旅行时 t 为：

$$t=\frac{OK}{V_1}+\frac{KE}{V_2}+\frac{ED}{V_1} \qquad (式 5-11)$$

式中：t 为两层水平介质时折射波的旅行时（s）；V_1，V_2 分别为速度分界面 R 上、下的折射波速度（m/s）；OK、KE、ED 分别为各点间的距离（m）。

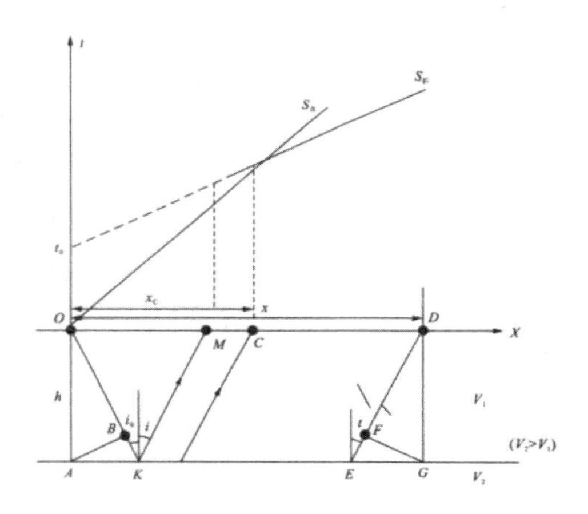

图 5-12　水平两层介质折射波时距曲线

2. 倾斜界面的折射波时距曲线

如图 5-13 所示，有一倾斜速度界面 R，下部介质速度 V_2 大于上覆介质速度 V_1，界面倾角为 φ，若分别在 O_1 和 O_2 点激发，可以得到两条方向相反的时距曲线，即下倾方向接收和上倾方向接收的曲线，现分别讨论如下。

如图 5-11 所示，若在 O_1 点激发，M_1O_2 段接收，这时接收段相对于激发点 O_1 为界面的下倾方向，折射波到达地面接收点 O_2 的走时，则有：

$$t = \frac{O_1A}{V_1} + \frac{AB}{V_2} + \frac{BO_2}{V_1} \qquad \text{（式 5-12）}$$

式中：t 为折射波到达地面接收点 O_2 的走时（s）；V_1、V_2 分别为第一层和第二层的速度（m/s）；O_1A、AB、BO_2 分别为各点的距离（m）。

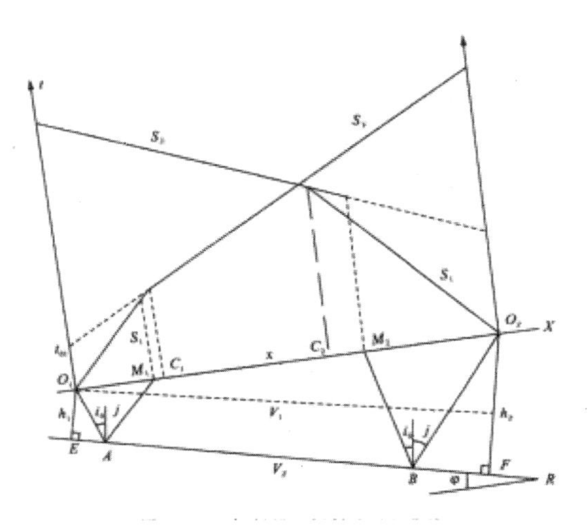

图 5-13　倾斜界面折射波时距曲线

从图中几何关系可知：

$$\begin{cases} O_1A = h_1 / \cos i, BO_2 = h_2 / \cos i \\ AB = x \cdot \cos\varphi - (h_1 + h_2)\tan i \\ h_2 = h_1 + x \cdot \sin\varphi \end{cases} \qquad \text{（式 5-13）}$$

（三）折射波资料的处理解释

这里所讨论折射波资料的处理和解释是对初至折射波而言。因此，首先必须对地震记录进行波的对比分析，从中识别并提取有效波的初至时间和绘制相应的时距曲线。

解释工作可分为定性解释和定量解释两个部分。定性解释主要是根据已知的地质情况和时距曲线特征，判别地下折射界面的数量及其大致的产状，是否有断层或其他局部性地质体的存在等，给选择定量解释方法提供依据。定量解释则是根据定性解释的结果选用相应的数学方法或作图方法求取各折射界面的埋深和形态参数。有时为了得到精确的解释结果，需要反复多次地进行定性和定量解释。然后可根据解释结果构制推断地质图等成果图件，并编写成果报告。

1. 折射波资料处理解释系统

折射波资料处理解释系统的一般过程如图 5-14 中的流程框图所示。从图中可以看出，在对地震记录拾取初至时间之前，先判别是否要做预处理。当有的地震记录中初至区干扰波较强，而有效波相对较弱时，则应在预处理中通过滤波、切除或均衡等方法压制干扰波，以保证对有效折射波的识别和正确地拾取初至时间。这一工作对计算机自动判别拾取初至时间，则更为重要。若地震记录中干扰小，初至折射波很清晰，则不必做预处理。

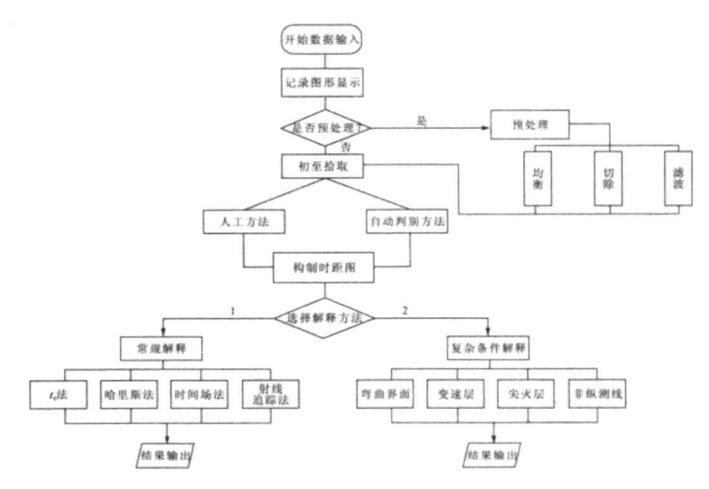

图 5-14 折射波资料处理解释系统流程框图

在解释方法的选择中，可分为常规解释方法和复杂条件解释方法两类，各类中又分别包含各种不同的方法和不同的情况。通常当折射界面为正常的水平或倾斜速度界面时，可选用常规的解释方法，若是其他一些特殊形态的地质体和岩层，则应选用相应的复杂方法进行解释。关于各种不同情况折射波的解释方法，都是根据地震波的射线传播原理和几何关系得出的。

2. t_0 法求折射界面

t_0 法又称 t_0 差数时距曲线法，是解释折射波相遇时距曲线最常用的方法之一。在折射界面的曲率半径比其埋深大得多的情况下，t_0 法通常能取得较好的效果，且具有简便快速的优点。

其方法原理如图 5-15 所示。设有折射波相遇时距曲线 S_1 和 S_2 两者的激发点分别为 O_1 和 O_2，若在剖面上任意取一点 D，则在两条时距曲线上可分别得到其对应的走时 t_1 和 t_2。

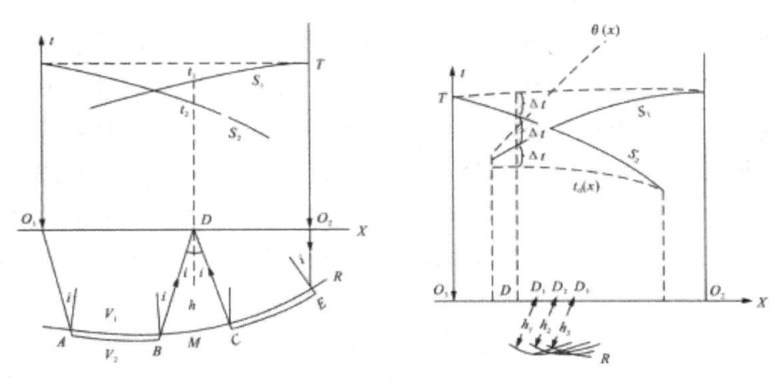

图 5-15　t_0 法求折射波界面示意图

3．非纵测线的解释

精确地解释非纵测线时距曲线要比解释纵测线的时距曲线困难得多，因为它的激发点远离测线，涉及到的空间变化更大，影响因素也就更多，因此不可能提出一个较精确的解释方法，这里只介绍一个近似估算深度的方法。

假设，有一横测线 $\overline{AB}$，激发点 O 在测线 $\overline{AB}$ 上的投影点为 C，$\overline{OC}$ 两点的距离为 r（图 5-16）。当下面的界面为水平时，则在 $\overline{AB}$ 剖面上折射波时距方程有如下形式：

$$t=\frac{1}{V_2}\sqrt{r^2+X^2}+\frac{2h_0}{V_1}\cos i \quad \text{（式 5-14）}$$

对于不是水平的情况，则可以写成：

$$t=\frac{1}{V_2}\sqrt{r^2+X^2}+\frac{h_0}{V_1}\cos i+\frac{h_C}{V_1}\cos i \quad \text{（式 5-15）}$$

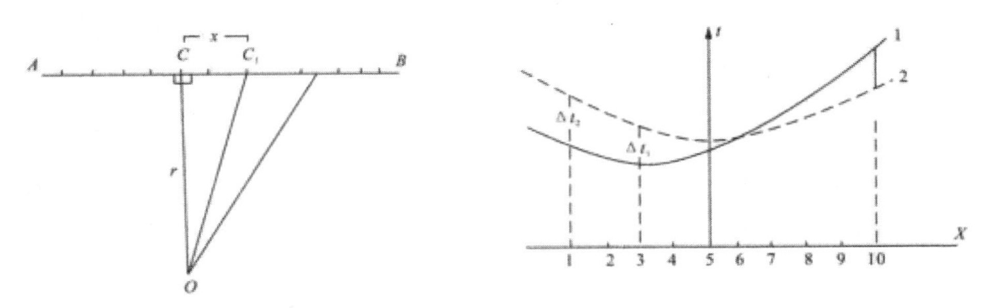

图 5-16　非纵测线时距曲线的对比解释示意图

从上述方程式可知，非纵测线的折射波时距曲线为双曲线形态，和反射波的时距曲线形态有些相似。对于水平界面来说，是一支对称于 C 点的双曲线，但是实际界面可以是任意的形状，因此所得到的曲线也可能是对称和光滑的，相对于水平界面，对称双曲线有“超前”或“滞后”的变化。这种“超前”或“滞后”的时间差，可以认为是由于界面深度的变化所致，因此可根据实测曲线和理论曲线之间的时差来估算界面深度的变化，从而给出界面的起伏形态。具体做法是，读出实测时距曲线和理论时距曲线在各测点上的时差 Δt_i。以时差 $\Delta t_i = 0$ 的点作为“基准点”，$\Delta t_i > 0$ 表示该点界面深度大于“基准点”心，$\Delta t_i < 0$ 表示该点界面深度小于“基准点”，校正值的计算公式为：

$$\Delta h_i = \frac{\Delta t_i \cdot V}{\cos i} \quad \text{（式 5-16）}$$

第六章 岩土工程其他地球物理勘探方法

第一节 声波探测

声波探测是一种利用声波传播特性进行探测和定位的技术。在声波探测中，声波被发射器产生并传播到目标物体，然后被接收器接收并转换成电信号进行处理。

声波探测广泛应用于医学、水下探测、地震勘探、工业监测等领域。在医学中，声波探测被用于超声波检查，可以帮助医生了解人体内部的情况。在水下探测中，声波探测可以被用于搜救和勘测沉船遗迹等。在地震勘测中，声波探测可以被用于探测地下岩石和地质构造。在工业监测中，声波探测可以被用于监测机器设备的运行状态等。

声波探测的原理是基于声波在介质中的传播特性，声波在不同介质中的传播速度和方向都会发生变化，这种变化可以被探测器接收到并转化成信号进行处理。通过分析处理后的信号，可以确定目标物体的位置、大小、形状等信息。

声波探测可以通过不同的技术和设备实现。以下是一些常见的声波探测技术和设备：

超声波探测：利用超声波在物体中的传播特性，可以探测物体内部的结构和缺陷。超声波探测广泛应用于医学诊断、工业检测、建筑材料检测等领域。

水声探测：利用声波在水中的传播特性，可以探测水下物体的位置、形状和特征。水声探测广泛应用于海洋勘测、水下搜寻和探测、海洋资源调查等领域。

地震勘探：利用地震波在地下介质中的传播特性，可以探测地下岩石、地质构造和矿藏等。地震勘探广泛应用于石油、天然气勘探和地质灾害预警等领域。

声纳探测：利用声波在水中传播的特性，可以探测水下目标物体的位置、距离和大小。声纳探测广泛应用于航海、潜水和水下作业等领域。

声频识别：利用声波在空气中的传播特性，可以实现声音信号的识别和分析。声频识别广泛应用于语音识别、音乐识别和声音监测等领域。

总之，声波探测是一种非常重要的探测技术，可以在医学、水下探测、地震勘探、工业监测等领域发挥重要作用。随着科技的不断发展，声波探测技术也在不断创新和完善，为人类的生产和生活带来了更多的便利和效益。

第二节　层析成像

层析成像是一种通过对物体进行扫描、拍摄和分析，从而获得物体内部结构的三维成像技术。层析成像的原理是通过对物体进行多次投影扫描，并对扫描结果进行分析和重建，从而获得物体内部的三维结构信息。

层析成像技术广泛应用于医学、工业、地质勘探、材料科学等领域。在医学领域，层析成像被用于诊断和治疗许多疾病，如肿瘤、骨折、心脏病等。在工业领域，层析成像被用于检测材料内部缺陷、判断材料质量等。在地质勘探领域，层析成像被用于探测地下油气、矿藏等。在材料科学领域，层析成像被用于研究材料的微观结构和性质等。

层析成像有多种技术，包括X射线层析成像、CT层析成像、MRI层析成像、PET层析成像等。其中，X射线层析成像和CT层析成像是最常用的技术。X射线层析成像利用X射线对物体进行扫描，CT层析成像则利用X射线对物体进行多个角度的扫描，并通过计算机对扫描结果进行重建和分析，从而获得物体内部的三维结构信息。MRI层析成像利用强磁场和无线电波对人体进行扫描，PET层析成像则利用放射性物质对人体进行扫描。

层析成像技术的发展和应用，为人类的生产和生活带来了巨大的变革和进步。随着科技的不断发展，层析成像技术也在不断创新和完善，为人类的健康和科技进步做出了巨大的贡献。

除了常见的X射线层析成像、CT层析成像、MRI层析成像、PET层析成像等技术，还有一些新兴的层析成像技术：

光学相干层析成像：利用光学相干性原理，通过光学成像获得样品的层析图像。与其他成像技术相比，光学相干层析成像具有无损、高分辨率等特点，适用于生物医学、材料科学等领域。

声学层析成像：利用超声波对物体进行扫描，根据声波在不同介质中的传播特性，得出物体内部的三维结构信息。与X射线层析成像等技术相比，声学层析成像无辐射，适用于生物医学和工业领域。

电子束层析成像：利用电子束对样品进行扫描，根据电子束在样品中的散射和吸收情况，得出样品内部的三维结构信息。电子束层析成像适用于纳米科学、材料科学等领域。

磁共振弹性成像：结合 MRI 和机械振动技术，可以获得物体内部的弹性信息，适用于医学和材料科学等领域。

层析成像技术的发展和应用，为人类的生产和生活带来了巨大的变革和进步。随着技术的不断创新和发展，层析成像技术在未来的应用前景也十分广阔。例如，层析成像技术可以结合人工智能和大数据技术，实现更加精准的医疗诊断和治疗；层析成像技术可以结合机器人技术，实现自动化的工业检测和制造等。层析成像技术的发展和应用将会为人类带来更加便捷、高效和健康的生产和生活方式。

第三节　综合测井

综合测井是一种利用地球物理方法和技术对井内地层进行探测、分析和描述的技术。综合测井通过测量井内地层的物理参数，如密度、电阻率、声速、自然伽马射线等，从而获得井内地层的性质和特征信息。

综合测井技术广泛应用于石油、天然气勘探和开采等领域。综合测井可以用于确定井内地层的岩性、厚度、含油气性等特征，帮助石油工程师制定勘探、开采和注水方案。此外，综合测井还可以用于地质勘探、水文地质和环境地质等领域，对于研究地质结构和探测地下水资源也具有重要意义。

综合测井的常见技术包括电测井、自然伽马测井、声波测井、密度测井等。其中，电测井通过测量井壁电阻率，确定井内地层的电性质；自然伽马测井通过测量井内自然伽马射线强度，确定井内地层的放射性质和岩性；声波测井通过测量井内地层的声波传播速度，确定井内地层的压缩性质和弹性模量；密度测井通过测量井内地层的质量密度，确定井内地层的物质密度和孔隙度。

综合测井技术的不断创新和完善，为石油、天然气勘探和开采等领域提供了更为精确、快速、高效的工具和方法。例如，近年来，综合测井技术结合人工智能、大数据等技术，实现了对地层信息的更加全面和深入的分析和识别；综合测井技术还可以结合井下传感器和通信技术，实现对井下环境和工作状态的实时监测和预警。综合测井技术的不断发展和应用，为地球物理探测和石油、天然气勘探开采领域的发展做出了重要贡献。

除了常见的电测井、自然伽马测井、声波测井、密度测井等技术，还有一些新兴的综合测井技术：

核磁共振测井：利用核磁共振技术，测量井内地层中原子核的信号，从而确定井内地层的物理和化学性质。

光学测井：利用激光光谱和成像技术，对井内地层进行高分辨率成像和光谱分析，从而确定井内地层的岩性、矿物成分和含油气性等特征。

微波测井：利用微波信号对井内地层进行探测，从而确定井内地层的电性质和含水性质等特征。

三维成像测井：利用多点测井数据进行三维成像重构，获得井内地层的高分辨率三维图像，从而实现更加精准的地质分析和评价。

综合测井技术的发展和应用，为石油、天然气勘探和开采等领域提供了更为精确、快速、高效的工具和方法。随着技术的不断创新和发展，综合测井技术在未来的应用前景也十分广阔。例如，综合测井技术可以结合人工智能和大数据技术，实现对地层信息的更加全面和深入的分析和识别；综合测井技术可以结合井下传感器和通信技术，实现对井下环境和工作状态的实时监测和预警。综合测井技术的发展和应用将会为地球物理探测和石油、天然气勘探开采领域的发展带来更大的助力。

第四节　物探方法的综合应用

一、地基土勘测的物探方法

物探方法在地基土勘测中主要用来查明施工场地及外围的地下地质情况，对地基土进行详细的分层，测定土的动力学参数，提供地基土的承载力等。目前最常用的物探方法是弹性波速原位测试方法中的检层法和跨孔法。就测量剪切波而言，检层法是测量竖直方向上水平扳动的 SH 波，而跨孔法是测量水平方向的 SV 波。理论上对于同一空间点 SH 波与 SV 波的波速应是相同的，但在实际测试过程中，由于检层法带有垂直方向的平均性，而跨孔法带有水平方向的平均性，因此两者实测结果并不完全相同，一般 SV 波的速度稍大于 SH 波的速度。由于水平传播的弹性波有利于测定多层介质的各层速度，因此需精确测定各层参数时，应采用跨孔法。

（一）场地土的分层和分类

1. 场地土的分层

在平原地区，地基土层中的剖面结构特点是具有水平或微倾斜产状的层理，各层位的物理性质是不同的，其波速值决定于上部岩层的压力和岩石本身的密度。

2. 场地土的分类

利用剪切波波速 V_s 作为场地土的分类依据列入铁路工程抗震设计规范中，如表 6-1 所示。

表 6-1 场地类别划分

场地类别	Ⅰ	Ⅱ	Ⅲ
场地平均剪切波 V_{s_m}（m/s）	> 500	500 ~ 140	< 140

（二）液化土的判别

实际工作中，判别是否发生液化可通过地基在振动力作用下产生的剪应变 r_e 和抗液化的临界剪应变 r_t 做对比来实现。若 $r_e \leqslant r_t$，砂土末发生液化；若 $r_e > r_t$，则已发生液化。一般 r_e 的取得是通过测定剪切波波速 V_s，然后利用（式 6–1）计算得出：

$$r_e(\%) = G \cdot \frac{a_{\max} \cdot Z}{V_S^2} \cdot \gamma \qquad \text{（式 6–1）}$$

式中: r_e 为振动力作用下产生的剪应变(mm); G 为和相应最大切应变等有关的常数; Z 为层中计算点的深度（m）；V_s 为层中横波速度（m/s）；a_{max} 为地震时地面的最大加速度（m/s^2）；γ 为深度 Z 以上砂土层的容重（kN/m^3）。

（三）场地处理前后的土动力学参数评价

由于有砂土液化问题，工程施工前要对场地进行处理。处理后的场地是否符合要求，对于建筑物的安全十分重要。因此，场地处理前后需对土动力学性能进行评价。

二、岩体的波速测试

岩体通常是非均质的和不连续的集合体（地质体）。不同的岩性具有不同的物理性质，如基性岩和超基性岩的弹性波速度最高，达 6500 ~ 7500m/s; 酸性火成岩稍低一些; 沉积岩中灰岩最高，往下依次是砂岩、粉砂岩、泥质板岩等。目前岩体测试广泛采用地震学方法，重要原因就是速度值与岩石的性质和状态之间存在着依赖关系。这种依赖关系可用来进行岩体结构分类、岩体质量评价、岩体风化带划分，以及评价岩体破裂程度、裂隙度、充水量和应力状态等。

（一）岩体的工程分类及断层带

岩体工程分类的目的在于预测各类岩体的稳定性，进行工程地质评价。根据地球物理调查研究结果，将岩体划分为具一定地球物理参数、不同水平和级别的块体及岩带。

（二）风化带划分

通常岩石愈风化，其孔隙率和裂隙率愈高，造岩矿物变为次生矿物的比例愈大，性质愈软弱，地震波传播的速度也愈小。因此人们可以利用测定特征波的波速，对风化带进行分层。

（三）岩体裂隙定位

一般岩体裂隙定位有两种情况，一种是在探洞、基坑或露头上已见到一些裂隙，要求在钻孔中予以定位；另一种则是在岩石上未见到，但要求预测钻孔在不同深度上是否存在显著的裂隙或软弱结构面。这对于岩体加固，尤其是预应力锚索很重要。超声波法、声波测井、地震剖面法等已成功地应用于定量研究评价裂隙性。根据这些方法的测量结果，可以取得覆荒地区岩石裂隙发育程度的定量特性，而在钻井中可取得包括破碎岩段和通常无法用岩芯研究的构造断裂带在内的全剖面裂隙特征。

（四）岩体动态参数的测试

在大多数工程地质参数之间以及地震参数与工程地质参数之间存在着相互依赖的关系，从而使应用地震学方法对工程地质参数（如静弹性模量、动弹性模量、动剪切模量、泊松比、岩体孔隙裂隙度等）进行估算成为可能。根据测定岩体的纵波速度 V_{P} 和横波速度 V_ss，可计算出动弹性模量 E_{m}、动剪切模量 G_{m} 和动泊松比 σ_m。

在一些工程设计中，如核电站的抗震设计及各种建筑物、重大设备及辅助设施的设计中，一般均要求提供岩石的动态特性参数。

（五）岩体及灌浆质量评价

岩体质量评价主要包括两个方面内容：岩体强度和变形性。岩体强度是岩体稳定性评价的重要参数，但对现场岩体进行抗压强度测试，目前是很困难的；岩体变形特性和变形量大小，主要取决于岩体的完整程度。对现场岩体进行变形特性试验，工程地质通常采用千斤顶法、狭缝法等静力法，这些方法不可能大量做。由于岩体强度特性和变形特性与弹性波速度 V_{P} 及 V_{s} 有关，故可用地震法或声波法，在岩体处于天然状态条件下进行观测，确定现场岩体的强度特性和变形特性，并可大范围地反映岩体特性。根据测得的岩体波速，即可计算出岩体的动弹性模量、动剪切模量等参数。

前面介绍了天然状态下岩体质量的评价方法，但在工程中常常因为天然状态下的岩体强度不够，表现出很高的孔隙度、裂隙度和变形程度，需要人为地改善这些性质。如对于有裂隙的坚硬岩体，一般采用加固灌浆的方法，即在高压下对一些专门用来加固的钻孔压入水泥灰浆，人为地改善它的结构性能。水泥渗透到空隙和裂隙内，经过一段时间的凝固，结果形成了较大块的岩体。由此，可以提高岩体的各种应变指标，减少或完全防止加固地段承压水的渗透。这样也就需要对人为改善岩体性质的岩体进行质量检验。

第七章 各类工程地质勘察

第一节 工程地质勘察方法

一、岩土工程条件

查明场地的工程地质条件是传统工程地质勘察的主要任务。工程地质条件指与工程建设有关的地质因素的综合，或者是工程建筑物所在地质环境的各项因素。这些因素包括岩土类型及其工程性质、地质构造、地貌、水文地质、工程动力地质作用和天然建筑材料等方面。工程地质条件是客观存在的，是自然地质历史塑造而成的，不是人为造成的。由于各种因素组合的不同，不同地点的工程地质条件随之变化，存在的工程地质问题也各异，其影响结果是对工程建设的适宜性相差甚远。工程建设不怕地质条件复杂，怕的是复杂的工程地质条件没有被认识、被发现，因而未能采取相应的岩土工程措施，以致给工程施工带来麻烦，甚至留下隐患，造成事故。

岩土工程条件不仅包含工程地质条件，还包括工程条件，把地质环境、岩土体和建造在岩土体上的建筑物作为一个整体来进行研究。具体地说，岩土工程条件包括场地条件、地基条件和工程条件。

场地条件——场地地形地貌、地质构造、水文地质条件的复杂程度；有无不良地质现象、不良地质现象的类型、发展趋势和对工程的影响；场地环境工程地质条件（地面沉降、采空区、隐伏岩溶地面塌陷、土水的污染、地震烈度、场地对抗震有利、不利影响或危险、场地的地震效应等）。

地基条件——地基岩土的年代和成因，有无特殊性岩土，岩土随空间和时间的变异性；岩土的强度性质和变形性质；岩土作为天然地基的可能性、岩土加固和改良的必要性和可行性。

工程条件——工程的规模、重要性（政治、经济、社会）；荷载的性质、大小、加荷速率、分布均匀性；结构刚度、特点、对不均匀沉降的敏感性；基础类型、刚度、对地基强度和变形的要求；地基、基础与上部结构协同作用。

二、岩土工程勘察分级

岩土工程勘察分级，目的是突出重点，区别对待，以利于管理。岩土工程勘察等级应在综合分析工程重要性等级、场地等级和地基等级的基础上，确定综合的岩土工程勘察等级。

（一）工程重要性等级

《建筑结构可靠度设计统一标准 MGB 50068-2017）将建筑结构分为三个安全等级（表 7-1）4 建筑地基基础设计规范》（GB 50007-2011）将地基基础设计分为三个等级（表 7-2），都是从设计角度考虑的。对于勘察，《岩土工程勘察规范》（GB 50021-2001，2009 年版）主要考虑工程规模大小和特征，以及由于岩土工程问题造成破坏或影响正常使用的后果，分为三个工程重要性等级（表 7-3）。

表 7-1　工程安全等级

安全等级	破坏后果	工程类型
一级	很严重	重要工程
二级	严重	一般工程
三级	不严重	次要工程

表 7-2 地基基础设计等级

设计等级	建筑和地基类型
甲级	重要的工业与民用建筑； 30 层以上的高层建筑； 体形复杂，层数相差超过 10 层的高低层连成一体的建筑物； 大面积的多层地下建筑物（如地下车库、商场、运动场等）； 对地基变形有特殊要求的建筑物； 复杂地质条件下的坡上建筑物（包括高边坡）； 对原有工程影响较大的新建建筑物； 场地和地基条件复杂的一般建筑物； 位于复杂地质条件及软土地区的二层及二层以上地下室的基坑工程； 开挖深度大于 15 m 的基坑工程； 周边环境条件复杂、环境保护要求高的基坑工程
乙级	除甲级、丙级以外的工业与民用建筑； 除甲级、丙级以外的基坑工程
丙级	场地和地基条件简单、荷载分布均匀的七层及七层以下民用建筑及一般工业建筑；次要的轻型建筑；非软土地区且场地地质条件简单、基坑周边环境条件简单、环境保护要求不高且开挖深度小于 5 m 的基坑工程

表 7-3 工程重要性等级

重要性等级	工程规模和特征	破坏后果
一级工程	重要工程	很严重
二级工程	一般工程	严重
三级工程	次要工程	不严重

由于涉及各行各业，涉及房屋建筑、地下洞室、线路、电厂及其他工业建筑、废弃物处理工程等，工程的重要性等级很难做出具体的划分标准，只能做一些原则性的规定。以住宅和一般公用建筑为例，30 层以上的可定为一级，7 ~ 30 层的可定为二级，6 层及 6 层以下的可定为三级。

（二）场地等级

根据场地对建筑抗震的有利程度、不良地质现象、地质环境、地形地貌、地下水影响等条件将场地划分为三个复杂程度等级（表 7-4）。

表 7-4　场地复杂程度等级

等级 划分条件	场地对建筑抗震有利程度	不良地质作用	地质环境破坏程度	地形地貌	地下水影响
一级	危险	强烈发育	已经或可能受到强烈破坏	复杂	有影响工程的多层地下水、岩溶裂隙水或其他水文地质条件复杂，需专门研究
二级	不利	一般发育	已经或可能受到一般破坏	较复杂	基础位于地下水位以下的场地
三级	地震设防烈度 < 6 度或有利	不发育	基本未受破坏	简单	地下水对工程无影响
注：①从一级开始，向二级、三级推定，以最先满足的为准。 ②对建筑抗震有利、不利和危险的地段的划分，应按现行国家标准《建筑抗震设计规范》（GB 50011-2010）（2016 年版）的规定确定。 ③“不良地质作用强烈发育”是指泥石流沟谷、崩塌、滑坡、土洞、塌陷、岸边冲刷、地下强烈潜蚀等极不稳定的场地，这些不良地质现象直接威胁着工程安全；“不良地质作用一般发育”是指虽有上述不良地质现象，但并不十分强烈，对工程安全的影响不严重。 ④“地质环境”是指人为因素和自然因素引起的地下采空、地面沉降、地裂缝、化学污染、水位上升等；“受到强烈破坏”是指对工程的安全已构成直接威胁，如浅层采空、地面沉降盆地的边缘地带、横跨地裂缝、因蓄水而沼泽化等；“受到一般破坏”是指已有或将有上述现象，但不强烈，对工程安全的影响不严重。					

（三）地基等级

根据地基的岩土种类和有无特殊性岩土等条件将地基分为三个等级（表 7-5）。

表 7-5　地基复杂程度等级

等级 划分条件	一般岩土				特殊性岩土及处理要求
	岩土种类	均匀性	性质变化	处理要求	
一级 （复杂地基）	种类多	很不均匀	变化大	需特殊处理	多年冻土，严重湿陷、膨胀、盐渍、污染的特殊性岩土，以及其他情况复杂、需作专门处理的岩土
二级 （中等复杂地基）	种类较多	不均匀	变化较大	根据需要确定	除一级地基规定以外的特殊性岩土
三级 （简单地基）	种类单一	均匀	变化不大	不处理	无特殊性岩土

注：①划分时，符合条件之一即可定为该级。
②从一级开始，向二级、三级推定，以最先满足的为准。
③特殊性岩土是指多年冻土、湿陷、膨胀、盐渍、污染严重的土层。
④多年冻土情况特殊，勘察经验不多，应列为一级地基。
⑤“严重湿陷、膨胀、盐渍、污染的特殊性岩土”是指Ⅲ级及Ⅲ级以上的自重湿陷性土、三级非自重湿陷性土、三级膨胀性土等。
⑥其他需作专门处理的，以及变化复杂、同一场地上存在多种强烈程度不同的特殊性岩土时，也应列为一级地基。

（四）岩土工程勘察等级

根据工程重要性等级、场地复杂程度等级和地基复杂程度等级，可按下列条件划分岩土工程勘察等级：

甲级——在工程重要性、场地复杂程度和地基复杂程度等级中，有一项或多项为一级。

乙级——除勘察等级为甲级和丙级以外的勘察项目。

丙级——工程重要性、场地复杂程度和地基复杂程度等级均为三级。

一般情况下，勘察等级可在勘察工作开始前通过收集已有资料确定。但随着勘察工作的开展，对自然认识的深入，勘察等级也可能发生改变。

对于岩质地基，场地地质条件的复杂程度是控制因素。建造在岩质地基上的工程，如果场地和地基条件比较简单，勘察工作的难度是不大的。故即使是一级工程，场地和地基为三级时，岩土工程勘察等级也可定为乙级。

三、勘察阶段的划分

我国的勘察规范明确规定勘察工作一般要分阶段进行，勘察阶段的划分与设计阶段相适应，一般可划分为可行性研究勘察（选址勘察）、初步勘察和详细勘察三个阶段，施工勘察不作为一个固定阶段。

当场地条件简单或已有充分的地质资料和经验时，可以简化勘察阶段，跳过选址勘察，有时甚至将初勘和详勘合并为一次性勘察，但勘察工作量布置应满足详细勘察工作的要求。对于场地稳定性和特殊性岩土的岩土工程问题，应根据岩土工程的特点和工程性质，布置相应的勘探与测试或进行专门研究论证评价。对于专门性工程和水坝、核电等工程，应按工程性质要求，进行专门勘察研究。

（一）选址勘察

选址勘察的目的是为了得到若干个可选场址方案的勘察资料。其主要任务是对拟选场址的稳定性和建筑适宜性做出评价，以便方案设计阶段选出最佳的场址方案。所用的手段主要侧重于收集和分析已有资料，并在此基础上对重点工程或关键部位进行现场踏勘，了解场地的地层、岩性、地质结构、地下水及不良地质现象等工程地质条件，对倾向于选取的场地，如果工程地质资料不能满足要求时，可进行工程地质测绘及少量的勘探工作。

（二）初步勘察

初步勘察是在选址勘察的基础上，在初步选定的场地上进行的勘察，其任务是满足初步设计的要求。初步设计内容一般包括：指导思想、建设规模、产品方案、总平面布置、主要建筑物的地基基础方案、对不良地质条件的防治工作方案。初勘阶段也应收集已有资料，在工程地质测绘与调查的基础上，根据需要和场地条件，进行有关勘探和测试工作，带地形的初步总平面布置图是开展勘察工作的基本条件。

初勘应初步查明：建筑地段的主要地层分布、年代、成因类型、岩性、岩土的物理力学性质，对于复杂场地，因成因类型较多，必要时应做工程地质分区和分带（或分段），以利于设计确定总平面布置；场地不良地质现象的成因、分布范围、性质、发生发展的规律及对工程的危害程度，提出整治措施的建议；地下水类型、埋藏条件、补给径流排泄条件，可能的变化及侵蚀性；场地地震效应及构造断裂对场地稳定性的影响。

（三）详细勘察

经过选址和初勘后，场地稳定性问题已解决，为满足初步设计所需的工程地质资料亦已基本查明。详勘的任务是针对具体建筑地段的地质地基问题所进行的勘察，以便为施工图设计阶段和合理地选择施工方法提供依据，为不良地质现象的整治设计提供依据。对工业与民用建筑而言，在本勘察阶段工作进行之前，应有附有坐标及地形等高线的建筑总平面布置图，并标明各建筑物的室内外地坪高程、上部结构特点、基础类型、所拟尺寸、埋置深度、基底荷载、荷载分布、地下设施等。

详勘主要以勘探、室内试验和原位测试为主。

（四）施工勘察

施工勘察指的是直接为施工服务的各项勘察工作。它不仅包括施工阶段所进行的勘察工作，也包括在施工完成后可能要进行的勘察工作（如检验地基加固的效果）。但并非所有的工程都要进行施工勘察，仅在下面几种情况下才需进行：对重要建筑的复杂地基，需在开挖基槽后进行验槽；开挖基槽后，地质条件与原勘察报告不符；深基坑施工需进行测试工作；研究地基加固处理方案；地基中溶洞或土洞较发育；施工中出现斜坡失稳，需进行观测及处理。

第二节 各类工程场地岩土工程勘察

岩土工程服务并指导各部门各地区的工程建设，涉及的工程种类繁多。由于各类工程的特点和技术标准有显著的差异，所以对岩土工程勘察的技术要求和复杂程度有很大不同，再加上各类工程的岩土工程勘察的技术成熟程度不等，勘察时一方面要按照工程的类型和各自的特点与要求采用不同的技术要求以及方案布置相应的勘察工作量，另一方面也要考虑到岩土工程勘察对象的共性和技术方法与基础理论的通用性。对岩土工程师来说最重要的一点，是不能死板地套用规范规程，而是要结合个人丰富的技术知识与实践经验，针对工程特点编制勘察纲要，提出创造性的评价、论证方案与建议。

本章以国家标准《岩土工程勘察规范》为基础，同时也注意有机地吸取我国最新的其他有关规范、规程、技术标准、手册、专著和地区性的经验、数据、资料以及部分国外先进的适用于中国的部分标准、手册和专著的有关内容。

一、房屋建筑与构筑物

（一）主要工作内容

房屋建筑和构筑物（以后简称建筑物）的岩土工程勘察，应有明确的针对性，因此应在收集建筑物上部荷载、功能特点、结构类型、基础形式、埋置深度和变形限制等方面资料的基础上进行，以便提出岩土工程设计参数和地基基础设计方案。不同勘察阶段对建筑结构的了解深度是不同的。建筑物的岩土工程勘察主要工作内容应符合下列规定：

①查明场地和地基的稳定性、地层结构、持力层和下卧层的工程特性、土的应力历史和地下水条件以及不良地质作用等。

②提供满足设计、施工所需的岩土参数，确定地基承载力，预测地基变形性状。

③提出地基基础、基坑支护、工程降水和地基处理设计与施工方案的建议。

④提出对建筑物有影响的不良地质作用的防治方案建议。

⑤对于抗震设防烈度等于或大于6度的场地，进行场地与地基的地震效应评价。

（二）勘察阶段的划分

根据我国工程建设的实际情况和数十年勘察工作的经验，勘察工作宜分阶段进行。勘察是一种探索性很强的工作，是一个从不知到知、从知之不多到知之较多的过程，对自然的认识总是由粗到细、由浅而深，不可能一步到位。况且，各设计阶段对勘察成果也有不同的要求，因此，必须坚持分阶段勘察的原则，勘察阶段的划分应与设计阶段相适应。可行性研究勘察应符合选择场址方案的要求，初步勘察应符合初步设计的要求，详细勘察应符合施工图设计的要求，场地条件复杂或有特殊要求的工程，宜进行施工勘察。

但是，也应注意到，各行业设计阶段的划分不完全一致，工程的规模和要求各不相同，场地和地基的复杂程度差别很大，要求每个工程都分阶段勘察是不实际也是不必要的。勘察单位应根据任务要求进行相应阶段的勘察工作。

场地较小且无特殊要求的工程可合并勘察阶段。在城市和工业区，一般已经积累了大量工程勘察资料。当建筑物平面布置已经确定且场地或其附近已有岩土工程资料时，可根据实际情况，直接进行详细勘察。但对于高层建筑的地基基础，基坑的开挖与支护、工程降水等问题有时相当复杂，如果这些问题都留到详勘时解决，往往因时间仓促而解决不好，故要求对在短时间内不易查明并要求作出明确的评价的复杂岩土工程问题，仍宜分阶段进行。

岩土工程既然要服务于工程建设的全过程，当然应当根据任务要求，承担后期的服务工作，协助解决施工和使用过程中遇到的岩土工程问题。

（三）各勘察阶段的基本要求

1. 选址或可行性研究勘察

把可行性研究勘察（选址勘察）列为一个勘察阶段，其目的是要强调在可行性研究时勘察工作的重要性，特别是一些大的工程更为重要。按照《地质灾害防治条例》和《国土资源部关于加强地质灾害危险性评估工作的通知》的要求，我国从2004年起实行建设用地地质灾害危险性评估工作，进一步加强了岩土工程可行性研究勘察工作，尤其是关于场地稳定性工作内容和范围更明确化和具体化。

在本阶段，要求通过搜集、分析已有资料，进行现场踏勘，必要时，进行工程地质测绘和少量勘探工作，应对拟建场地的稳定性和适宜性作出岩土工程评价，进行技术经济论证和方案比较应符合选择场址方案的要求。

（1）主要工作内容

①搜集区域地质、地形地貌、地震、矿产、当地的工程地质、岩土工程和建筑经验等资料。

②在充分搜集和分析已有资料的基础上，通过踏勘了解场地的地层、构造、岩性、不良地质作用和地下水等工程地质条件。

③当拟建场地工程地质条件复杂，已有资料不能满足时，应根据具体情况进行工程地质测绘和必要的勘探工作。

④应沿主要地貌单元垂直的方向线上布置不少于 2 条地质剖面线。在剖面线上钻孔间距为 400 ~ 600 m。钻孔深度一般应穿过软土层进入坚硬稳定地层或至基岩。钻孔内对主要地层宜选取适当数量的试样进行土工试验。在地下水位以下遇粉土或砂层时应进行标准贯入试验。

⑤当有两个或两个以上拟选场地时，应进行比选分析。

（2）主要任务

①分析场地的稳定性。

②明确选择场地范围和应避开的地段；确定建筑场地时，在工程地质条件方面，宜避开下列地区或地段。

• 不良地质现象发育或环境工程地质条件差，对场地稳定性有直接危害或潜在威胁的；

• 地基土性质严重不良的；

• 对建筑物抗震属危险的；

• 洪水、海潮或水流岸边冲蚀有严重威胁或地下水对建筑场地有严重不良影响的；

• 地下有未开采的有价值矿藏或对场地稳定有严重影响的未稳定的地下采空区。

③进行选址方案对比，确定最佳场地方案。

选择场地一般要有两个以上场地方案进行比较，主要是从岩土工程条件、对影响场地稳定性和建设适宜性的重大岩土工程问题作出明确的结论和论证，从中选择有利的方案，确定最佳场地方案。

2. 初步勘察

初步勘察是在可行性研究勘察的基础上，对场地内拟建建筑场地的稳定性和适宜性作出进一步的岩土工程评价，为确定建筑总平面布置、主要建筑物地基基础方案和基坑工程方案及对不良地质现象的防治工程方案进行论证，为初步设计或扩大初步设计提供资料，并对下一阶段的详勘工作重点提出建议。

（1）主要工作内容

①进行勘察工作前，应详细了解、研究建设设计要求，搜集拟建工程的有关文件、工程地质和岩土工程资料、工程场地范围的地形图、建筑红线范围及坐标以及与工程有关的条件（建筑的布置、层数和高度、地下室层数以及设计方的要求等）；充分研究已有勘察资料，查明场地所在的地貌单元。

②初步查明地质构造、地层结构、岩土工程特性。

③查明场地不良地质作用的成因、分布、规模、发展趋势，判明影响场地和地基稳定性的不良地质作用和特殊性岩土的有关问题，并对场地稳定性做出评价，包括断裂、地裂缝及其活动性，岩溶、土洞及其发育程度，崩塌、滑坡、泥石流、高边坡或岸边的稳定性，调查了解古河道、暗浜、暗塘、洞穴或其他人工地下设施。

④对抗震设防烈度大于或等于 6 度的场地，应对场地和地基的地震效应做出初步评价。应初步评价建筑场地类别，场地属抗震有利、不利或危险地段，液化、震陷可能性，设计需要时应提供抗震设计动力参数。

⑤初步判明特殊性岩土对场地、地基稳定性的影响，季节性冻土地区应调查场地的标准冻结深度。

⑥初步查明地下水埋藏条件，初步判定水和土对建筑材料的腐蚀性。

⑦高层建筑初步勘察时，应对可能采取的地基基础类型、基坑开挖与支护、工程降水方案进行初步分析评价。

（2）初步勘察工作量布置原则

①勘探线应垂直地貌单元、地质构造和地层界线布置。

②每个地貌单元均应布置勘探点，在地貌单元交接部位和地层变化较大的地段，勘探点应予加密。

③在地形平坦地区，可按网格布置勘探点。

④岩质地基与岩体特征、地质构造、风化规律有关，且沉积岩与岩浆岩、变质岩，地槽区与地台区情况有很大差别，因此勘探线和勘探点的布置、勘探孔深度，应根据地质构造、岩体特性、风化情况等，按有关行业、地方标准或当地经验确定。

⑤对土质地基，勘探线、勘探点间距、勘探孔深度、取土试样和原位测试工作以及水文地质工作应符合下列要求，并应布设判明场地、地基稳定性、不良地质作用和桩基持力层所必需的勘探点和勘探深度。

第二，初步勘察勘探孔深度要求。

初步勘探孔的深度主要决定于建筑物的基础埋深、基础宽度、荷载大小等因素。

当遇下列情况之一时，应根据地质条件和工程要求可适当增减勘探孔深度：

①当勘探孔的地面标高与预计整平地面标高相差较大时，应按其差值调整勘探孔深度。

②在预定深度内遇基岩时，除控制性勘探孔仍应钻入基岩适当深度外，其他勘探孔达到确认的基岩后即可终止钻进。

③当预定深度内有厚度较大（超过 3 m）且分布均匀的坚实土层（如碎石土、密实砂、老沉积土等）时，除控制性勘探孔应达到规定深度外，一般勘探孔深度可适当减小。

④当预定深度内有软弱土层时，勘探孔深度应适当增加，部分控制性勘探孔应穿透软弱土层或达到预计控制深度。

⑤对重型工业建筑应根据结构特点和荷载条件适当增加勘探孔深度。

以上增减勘探孔深度的规定不仅适用于初勘阶段，也适用于详勘及其他勘察阶段。

第二，初步勘察取土试样和原位测试工作要求。

取土试样和进行原位测试的勘探点应结合地貌单元、地层结构和土的工程性质布置，其数量可占勘探孔总数的 1/4 ~ 1/2。

取土试样的数量和孔内原位测试的竖向间距，应按地层特点和土的均匀程度确定。

每层土均应进行取土试样或进行原位测试，其数量不宜少于 6 个。

第四，初步勘察水文地质工作要求。

地下水是岩土工程分析评价的主要因素之一，搞清地下水情况是勘察工作的重要任务。在勘察过程中，应通过资料搜集等工作，掌握工程场地所在城市或地区的宏观水文地质条件，包括：

①决定地下水空间赋存状态、类型的宏观地质背景；调查主要含水层和隔水层的分布规律，含水层的埋藏条件，地下水类型、补给和排泄条件，各层地下水位，调查其变化幅度（包括历史最高水位，近 3 ~ 5 年最高水位，水位的变化趋势和影响因素），工程需要时还应设置长期观测孔，设置孔隙水压力装置，量测水头随平面、深度和时间的变化。

②宏观区域和场地内的主要渗流类型。当需绘制地下水等水位线图时，应根据地下水的埋藏条件和层位，统一量测地下水位。

③当地下水有可能浸湿基础时，应采取水试样进行腐蚀性评价。

3. 详细勘察

到了详勘阶段，建筑总平面布置已经确定，单体工程的主要任务是地基基础设计。因此，详细勘察应按单体建筑或建筑群提出详细的岩土工程资料和设计、施工所需的岩土参数；对建筑地基做出岩土工程评价，并对地基类型、基础形式、地基处理、基坑支护、工程降水和不良地质作用的防治等提出建议，符合施工图设计的要求。

（1）详细勘察的主要工作内容和任务

①收集附有建筑红线、建筑坐标、地形、± 0.00 高程的建筑总平面图，场区的地面整平标高，建筑物的性质、规模、结构类型、特点、层数、总高度、荷载及荷载效应组合、地下室层数，预计的地基基础类型、平面尺寸、埋置深度、地基允许变形要求，勘察场地地震背景、周边环境条件及地下管线和其他地下设施情况及设计方案的技术要求等资料，目的是为了使勘察工作的布置和岩土工程的评价具有明确的工程针对性，解决工程设计和施工中的实际问题。所以，搜集有关工程结构资料、了解设计要求是十分重要的工作。

②查明不良地质作用的类型、成因、分布范围、发展趋势和危害程度，提出整治方案和建议。

③查明建筑物范围内岩土层的类别、深度、分布、工程特性，尤其应查明基础下软弱和坚硬地层分布，以及各岩土层的物理力学性质，分析和评价地基的稳定性、均匀性和承载力；对于岩质的地基和基坑工程，应查明岩石坚硬程度、岩体完整程度、基本质量等级和风化程度；论证采用天然地基基础形式的可行性，对持力层选择、基础埋深等提出建议。

④对需进行沉降计算的建筑物，提供地基变形计算参数，预测建筑物的变形特征。

地基的承载力和稳定性是保证工程安全的前提，但工程经验表明，绝大多数与岩土工程有关的事故是变形问题，包括总沉降、差异沉降、倾斜和局部倾斜；变形控制是地基设计的主要原则，故应分析评价地基的均匀性，提供岩土变形参数，预测建筑物的变形特性；勘察单位根据设计单位要求和业主委托，承担变形分析任务，向岩土工程设计延伸，是其发展的方向。

⑤查明埋藏的古河道、墓穴、防空洞、孤石等对工程不利的埋藏物。

⑥查明地下水类型、埋藏条件、补给及排泄条件、腐蚀性、初见及稳定水位；提供季节变化幅度和各主要地层的渗透系数；判定水和土对建筑材料的腐蚀性。

地下水的埋藏条件是地基基础设计和基坑设计施工十分重要的依据，详勘时应予查明。由于地下水位有季节变化和多年变化，故应“提供地下水位及其变化幅度”。

⑦在季节性冻土地区，提供场地土的标准冻结深度。

⑧对抗震设防烈度等于或大于6度的地区，应划分场地类别，划分对抗震有利、不利或危险地段；对抗震设防烈度等于或大于7度的场地，应评价场地和地基的地震效应。

⑨当建筑物采用桩基础时，应按桩基工程的有关要求进行。当需进行基坑开挖、支护和降水设计时，应按基坑工程的有关规定进行。

⑩工程需要时，详细勘察应论证地基土和地下水在建筑施工和使用期间可能产生的变化及其对工程和环境的影响，提出防治方案、防水设计水位和抗浮设计水位的建议，提供基坑开挖工程应采取的地下水控制措施，当采用降水控制措施时，应分析评价降水对周围环境的影响。

近年来，在城市中大量兴建地下停车场、地下商店等，这些工程的主要特点是“超补偿式基础”，开挖较深，挖土卸载量较大，而结构荷载很小。在地下水位较高的地区，防水和抗浮成了重要问题。高层建筑一般带多层地下室，需进行防水设计，在施工过程中有时也有抗浮问题。在这样的条件下，提供防水设计水位和抗浮设计水位成了关键。这是一个较为复杂的问题，有时需要进行专门论证。

（2）详细勘察工作的布置原则

详细勘察勘探点布置和勘探孔深度，应根据建筑物特性和岩土工程条件确定。对岩质地基，与初勘的指导原则一致，应根据地质构造、岩体特性、风化情况等，结合建筑物对地基的要求，按有关行业、地方标准或当地经验确定；对土质地基，勘探点布置、勘探点间距、勘探孔深度、取土试样和原位测试工作应符合下列要求。

第一，详细勘察的勘探点布置原则。

①勘探点宜按建筑物的周边线和角点布置，对无特殊要求的其他建筑物可按建筑物或建筑群的范围布置。

②同一建筑范围内的主要受力层或有影响的下卧层起伏较大时，应加密勘探点，查明其变化。

建筑地基基础设计的原则是变形控制，将总沉降、差异沉降、局部倾斜、整体倾斜控制在允许的限度内。影响变形控制最重要的因素是地层在水平方向上的不均匀性，故地层起伏较大时应补充勘探点，尤其是古河道、埋藏的沟浜、基岩面的局部变化等。

③重大设备基础应单独布置勘探点；对重大的动力机器基础和高耸构筑物，勘探点

不宜少于 3 个。

④宜采用钻探与触探相结合的原则，在复杂地质条件、湿陷性土、膨胀土、风化岩和残积土地区，宜布置适量探井。

勘探方法应精心选择，不应单纯采用钻探。触探可以获取连续的定量数据，也是一种原位测试手段；井探可以直接观察岩土结构，避免单纯依据岩芯判断。因此，勘探手段包括钻探、井探、静力触探和动力触探等，应根据具体情况选择。为了发挥钻探和触探的各自特点，宜配合应用。以触探方法为主时，应有一定数量的钻探配合。对复杂地质条件和某些特殊性岩土，布置一定数量的探井是很必要的。

⑤高层建筑的荷载大，重心高，基础和上部结构的刚度大，对局部的差异沉降有较好的适应能力，而整体倾斜是主要控制因素，尤其是横向倾斜。为此，详细勘察的单栋高层建筑勘探点的布置，应满足高层建筑纵横方向对地层结构和地基均匀性的评价要求，需要时还应满足建筑场地整体稳定性分析的要求，满足高层建筑主楼与裙楼差异沉降分析的要求，查明持力层和下卧层的起伏情况。应根据高层建筑平面形状、荷载的分布情况布设勘探点。高层建筑平面为矩形时应按双排布设；为不规则形状时，应在凸出部位的角点和凹进的阴角布设勘探点；在高层建筑层数、荷载和建筑体形变异较大位置处，应布设勘探点；对勘察等级为甲级的高层建筑应在中心点或电梯井、核心筒部位布设勘探点。单幢高层建筑的勘探点数量，对勘察等级为甲级的不应少于 5 个，乙级不应少于 4 个。控制性勘探点的数量不应少于勘探点总数的 1/3 且不少于 2 个。对密集的高层建筑群，勘探点可适当减少，可按建筑物并结合方格网布设勘探点。相邻的高层建筑，勘探点可互相共用，但每栋建筑物至少应有 1 个控制性勘探点。

第二，详细勘察勘探点间距确定原则。

在暗沟、塘、浜、湖泊沉积地带和冲沟地区，在岩性差异显著或基岩面起伏很大的基岩地区，在断裂破碎带、地裂缝等不良地质作用场地，勘探点间距宜取小值并可适当加密。

在浅层岩溶发育地区，宜采用物探与钻探相配合进行，采用浅层地震勘探和孔间地震 CT 或孔间电磁波 CT 测试，查明溶洞和土洞发育程度、范围和连通性。钻孔间距宜取小值或适当加密，溶洞、土洞密集时宜在每个柱基下布设勘探点。

第三，详细勘察勘探孔深度的确定原则。

详细勘察的勘探深度自基础底面算起，应符合下列规定：

①勘探孔深度应能控制地基主要受力层，当基础底面宽度 b 不大于 5 m 时，勘探孔的深度对条形基础不应小于基础底面宽度的 3 倍，对单独柱基不应小于 1.5 倍，且均不应小于 5 m。

②控制性勘探孔是为变形计算服务的，对高层建筑和需作变形计算的地基，控制性勘探孔的深度应超过地基变形计算深度；高层建筑的一般性勘探孔应达到基底下 0.5 ~ 1.0 倍的基础宽度，并深入稳定分布的地层。

由于高层建筑的基础埋深和宽度都很大，钻孔比较深，钻孔深度适当与否将极大地影响勘察质量、费用和周期。对天然地基，控制性钻孔的深度应满足以下几个方面的要求：

- 等于或略深于地基变形计算的深度，满足变形计算的要求；
- 满足地基承载力和弱下卧层验算的需要；
- 满足支护体系和工程降水设计的要求；
- 满足对某些不良地质作用追索的要求。

确定变形计算深度有“应力比法”和“沉降比法”，现行国家标准《建筑地基基础设计规范》是沉降比法。但对于勘察工作，由于缺乏荷载和模量等数据，用沉降比法确定孔深是无法实施的。过去的规范控制性勘探孔深度的确定办法是将孔深与基础宽度挂钩，虽然简便，但不全面。

现行的勘察规范一般采用应力比法。地基变形计算深度，对于中、低压缩性土可取附加压力等于上覆土层有效自重压力 20% 的深度；对于高压缩性土层可取附加压力等于上覆土层有效自重压力 10% 的深度。

③对仅有地下室的建筑或高层建筑的裙房，当不能满足抗浮设计要求，需设置抗浮桩或锚杆时，勘探孔深度应满足抗拔承载力评价的要求。

建筑总平面内的裙房或仅有地下室部分（或当地基附加压力≤ 0 时）的控制性勘探孔的深度可适当减小，但应深入稳定分布地层，且根据荷载和土质条件不宜小于基底下 0.5 ~ 1.0 倍基础宽度；

④当有大面积地面堆载或软弱下卧层时，应适当加深控制性勘探孔的深度。

⑤在上述规定深度内当遇基岩或厚层碎石土等稳定地层时，勘探孔深度应根据情况进行调整。

⑥在断裂破碎带、冲沟地段，地裂缝等不良地质作用发育场地及位于斜坡上或坡脚下的高层建筑，当需进行整体稳定性验算时，控制性勘探孔的深度应根据具体条件满足评价和验算的要求；对于基础侧旁开挖，需验算稳定时，控制性钻孔达到基底下 2 倍基宽时可以满足要求；对于建筑在坡顶和坡上的建筑物，应结合边坡的具体条件，根据可能的破坏模式确定孔深。

⑦当需确定场地抗震类别而邻近无可靠的覆盖层厚度资料时，应布置至少一个钻孔波速测试孔，其深度应满足划分建筑场地类别对覆盖层厚度的要求。

⑧大型设备基础勘探孔深度不宜小于基础底面宽度的 2 倍。

⑨当需进行地基处理时，勘探孔深度应满足地基处理的有关设计与施工要求；当采用桩基时，勘探孔深度应满足桩基工程的有关要求。

第四，详细勘察取土试样和原位测试工作要求。

①采取土试样和进行原位测试的勘探点数量，应根据地层结构、地基土的均匀性和设计要求确定，对地基基础设计等级为甲级的建筑物每栋不应少于 3 个；勘察等级为甲级的单幢高层建筑不宜少于全部勘探点总数的 2/3，且不应少于 4 个。

原位测试是指静力触探、动力触探、旁压试验、扁铲侧胀试验和标准贯入试验等。

考虑到软土地区取样困难，原位测试能较准确地反映土性指标，因此可将原位测试点作为取土测试勘探点。

②每个场地每一主要土层的原状土试样或原位测试数据不应少于 6 件（组）。

由于土性指标的变异性，单个指标不能代表土的工程特性，必须通过统计分析确定其代表值，故规定了原状土试样和原位测试的最少数量，以满足统计分析的需要。当场地较小时，可利用场地邻近的已有资料。对“较小”的理解可考虑为单幢一般多层建筑场地；“邻近”场地资料可认为紧靠的同一地质单元的资料，若必须有个量的概念，以距场地不大于 50 m 的资料为好。

为了保证不扰动土试样和原位测试指标有一定数量，规范规定基础底面下 1.0 倍基础宽度内采样及试验点间距为 1 ~ 2 m，以下根据土层变化情况适当加大距离，且在同一钻孔中或同一勘探点采取土试样和原位测试宜结合进行。

静力触探和动力触探是连续贯入，不能用次数来统计，应在单个勘探点内按层统计，再在场地（或工程地质分区）内按勘探点统计。

③在地基主要受力层内，对厚度大于 0.5 m 的夹层或透镜体，应采取土试样或进行原位测试。规范没有规定具体数量的要求，可根据工程的具体情况和地区的规定确定。南京市规定，土层厚度大于 1 m 的稳定地层应满足规范的条款，厚度小于 1 m 时原状土样不少于 4 件。

④当土层性质不均匀时，应增加取土数量或原位测试工作量。

⑤地基载荷试验是确定地基承载力比较可靠的方法，对勘察等级为甲级的高层建筑或工程经验缺乏或研究程度较差的地区，宜布设载荷试验确定天然地基持力层承载力特征值和变形参数。

4. 施工勘察

对于施工勘察不作为一个固定阶段，应视工程的实际需要而定。当工程地质条件复杂或有特殊施工要求的重大工程地基，需要进行施工勘察。施工勘察包括施工阶段的勘察和竣工后一些必要的勘察工作（如检验地基加固效果等），因此，施工勘察并不是专指施工阶段的勘察。

当遇下列情况之于时，应配合设计、施工单位进行施工勘察：

①基坑或基槽开挖后，岩土条件与勘察资料不符或发现必须查明的异常情况时，应进行施工勘察。

②在地基处理及深基开挖施工中，宜进行检验和监测工作。

③地基中溶洞或土洞较发育，应查明并提出处理建议。

④施工中出现边坡失稳危险时应查明原因，进行监测并提出处理建议。

二、桩基工程

桩基础又称桩基，它是一种常用而古老的深基础形式。桩基础可以将上部结构的荷载相对集中地传递到深处合适的坚硬地层中去，以保证上部结构对地基稳定性和沉降量的要求。由于桩基础具有承载力高、稳定性好、沉降稳定快和沉降变形小、抗震能力强以及能够适应各种复杂地质条件等特点，在工程中得到广泛应用。

桩基按照承载性状可分为摩擦型桩（摩擦桩和端承摩擦桩）和端承型桩（端承桩和摩擦端承桩）两类；按成桩方法分为非挤土桩、部分挤土桩和挤土桩三类；按桩径大小可分为小直径桩（$d \leq 250$ mm）、中等直径桩（$250 < d < 800$ mm）和大直径桩（$d \geq 800$ mm）。

（一）主要工作内容

①查明场地各层岩土的类型、深度、分布、工程特性和变化规律。

②当采用基岩作为桩的持力层时，应查明基岩的岩性、构造、岩面变化、风化程度，包括产状、断裂、裂隙发育程度以及破碎带宽度和充填物等，除通过钻探、井探手段外，还可根据具体情况辅以地表露头的调查测绘和物探等方法。确定其坚硬程度、完整程度和基本质量等级，这对于选择基岩为桩基持力层时是非常必要的；判定有无洞穴、临空面、破碎岩体或软弱岩层，这对桩的稳定是非常重要的。

③查明水文地质条件，评价地下水对桩基设计和施工的影响，判定水质对建筑材料的腐蚀性。

④查明不良地质作用、可液化土层和特殊性岩土的分布及其对桩基的危害程度，并提出防治措施的建议。

⑤对桩基类型、适宜性、持力层选择提出建议；提供可选的桩基类型和桩端持力层；提出桩长、桩径方案的建议；提供桩的极限侧阻力、极限端阻力和变形计算的有关参数；对成桩可行性、施工时对环境的影响及桩基施工条件、应注意的问题等进行论证评价并提出建议。

桩的施工对周围环境的影响，包括打入预制桩和挤土成孔的灌注桩的振动、挤土对周围既有建筑物、道路、地下管线设施和附近精密仪器设备基础等带来的危害以及噪声等公害。

（二）勘探点布置要求

1. 端承型桩

①勘探点应按柱列线布设，其间距应能控制桩端持力层层面和厚度的变化，宜为12 ~ 24 m。

②在勘探过程中发现基岩中有断层破碎带，或桩端持力层为软、硬互层，或相邻勘探点所揭露桩端持力层层面坡度超过10%，且单向倾伏时，钻孔应适当加密。

③荷载较大或复杂地基的一柱一桩工程，应每柱设置勘探点；复杂地基是指端承型桩端持力层岩土种类多、很不均匀、性质变化大的地基，且一柱一桩，往往采用大口径桩，荷载很大，一旦出现差错或事故，将影响大局，难以弥补和处理，结构设计上要求更严。实际工程中，每个桩位都需有可靠的地质资料，故规定按柱位布孔。

④岩溶发育场地，溶沟、溶槽、溶洞很发育，显然属复杂场地，此时若以基岩作为

桩端持力层，应按柱位布孔。但单纯钻探工作往往还难以查明其发育程度和发育规律，故应辅以有效地球物理勘探方法。近年来地球物理勘探技术发展很快，有效的方法有电法、地震法（浅层折射法或浅层反射法）及钻孔电磁波透视法等。查明溶洞和土洞范围和连通性。查明拟建场地范围及有影响地段的各种岩溶洞隙和土洞的发育程度、位置、规模、埋深、连通性、岩溶堆填物性状和地下水特征。连通性系指土洞与溶洞的连通性、溶洞本身的连通性和岩溶水的连通性。

⑤控制性勘探点不应少于勘探点总数的 1/3。

2. 摩擦型桩

①勘探点应按建筑物周边或柱列线布设，其间距宜为 20 ~ 35 m。当相邻勘探点揭露的主要桩端持力层或软弱下卧层层位变化较大，影响到桩基方案选择时，应适当加密勘探点。带有裙房或外扩地下室的高层建筑，布设勘探点时应与主楼一同考虑。

②桩基工程勘探点数量应视工程规模大小而定，勘察等级为甲级的单幢高层建筑勘探点数量不宜少于 5 个，乙级不宜少于 4 个，对于宽度大于 35 m 的高层建筑，其中心应布置勘探点。

③控制性的勘探点应占勘探点总数的 1/3 ~ 1/2。

（三）桩基岩土工程勘察勘探方法要求

对于桩基勘察不能采用单一的钻探取样手段，桩基设计和施工所需的某些参数单靠钻探取土是无法取得的，而原位测试有其独特之处。我国幅员广阔，各地区地质条件不同，难以统一规定原位测试手段。因此，应根据地区经验和地质条件选择合适的原位测试手段与钻探配合进行，对软土、黏性土、粉土和砂土的测试手段，宜采用静力触探和标准贯入试验；对碎石土宜采用重型或超重型圆锥动力触探。如上海等软土地基条件下，静力触探已成为桩基勘察中必不可少的测试手段，砂土采用标准贯入试验也颇为有效，而成都、北京等地区的卵石层地基中，重型和超重型圆锥动力触探为选择持力层起到了很好的作用。

（四）勘探孔深度的确定原则

设计对勘探深度的要求，既要满足选择持力层的需要，又要满足计算基础沉降的需要。因此，对勘探孔有控制性孔和一般性孔（包括钻探取土孔和原位测试孔）之分。

1. 一般原则

①一般性勘探孔的深度应达到预计桩长以下 3d ~ 5d（d 为桩径），且不得小于 3 m；对于大直径桩不得小于 5 m。

②控制性勘探孔深度应满足下卧层验算要求；对于需验算沉降单桩基，应超过地基变形计算深度。

③钻至预计深度遇软弱层时，应予加深；在预计深度内遇稳定坚实岩土时，可适当减少。

④对嵌岩桩，应钻入预计嵌岩面以下 3d ~ 5注，并穿过溶洞、破碎带，达到稳定地层。

⑤对可能有多种桩长方案时，应根据最长桩方案确定。

2. 高层建筑的端承型桩

对于高层建筑的端承型桩，勘探孔的深度应符合下列规定：

①当以可压缩地层（包括全风化和强风化岩）作为桩端持力层时，勘探孔深度应能满足沉降计算的要求，控制性勘探孔的深度应深入预计桩端持力层以下 5 ~ 10 m 或 6d ~ 10d，一般性勘探孔的深度应达到预计桩端下 3 ~ 5 m 或 3d ~ 5d。

作为桩端持力层的可压缩地层，包括硬塑、坚硬状态的黏性土，中密、密实的砂土和碎石土，还包括全风化和强风化岩。对这些岩土桩端全断面进入持力层的深度不宜小于：黏性土、粉土为 2d（d 为桩径）：砂土为 1.5d, 碎石土为 1d；当存在软弱下卧层时，桩基以下硬持力层厚度不宜小于 4d；当桩持力层较厚且施工条件允许时，桩端全断面进入持力层的深度宜达到桩端阻力的临界深度，临界深度的经验值：砂与碎石土为 3d ~ 10d, 粉土、黏性土为 2d ~ 6d，愈密实、愈坚硬临界深度愈大，反之愈小。因而，勘探孔进入持力层深度的原则是：应超过预计桩端全断面进入持力层的一定深度，当持力层较厚时，宜达到临界深度。为此，控制性勘探孔应深入预计桩端下 5 ~ 10 m 或 6d ~ 10d，，一般性勘探孔应达到预计桩端下 3 ~ 5 m 或 3d ~ 5d。

②对一般岩质地基的嵌岩桩，勘探孔深度应钻入预计嵌岩面以下 1d ~ 3d，对控制性勘探孔应钻入预计嵌岩面以下 3d ~ 5d，对质量等级为Ⅳ级以上的岩体，可适当放宽。

嵌岩桩是指嵌入中等风化或微风化岩石的钢筋混凝土灌注桩，且系大直径桩，这种桩型一般不需考虑沉降问题，尤其是以微风化岩作为持力层，往往是以桩身强度控制单桩承载力。嵌岩桩的勘探深度与岩石成因类型和岩性有关。一般岩质地基系指岩浆岩、正变质岩及厚层状的沉积岩，这些岩体多系整体状结构和块状结构，岩石风化带明确，层位稳定，进入微风化带一定深度后，其下一般不会再出现软弱夹层，故规定一般性勘探孔进入预计嵌岩面以下 1d ~ 3d, 控制性勘探孔进入预计嵌岩面以下 3d ~ 5d。

③对花岗岩地区的嵌岩桩，一般性勘探孔深度应进入微风化岩 3 ~ 5 m, 控制性勘探孔应进入微风化岩 5 ~ 8 m。

花岗岩地区，在残积土和全、强风化带中常出现球状风化体，直径一般为 1 ~ 3 m, 最大可达 5 m, 岩性呈微风化状，钻探过程中容易造成误判，为此特予强调，一般性和控制性勘探孔均要求进入微风化一定深度，目的是杜绝误判。

④对于岩溶、断层破碎带地区，勘探孔应穿过溶洞或断层破碎带进入稳定地层，进入深度应满足 3d，并不小于 5 m。

⑤具多韵律薄层状的沉积岩或变质岩，当基岩中强风化、中等风化、微风化岩层呈互层出现时，对拟以微风化岩作为持力层的嵌岩桩，勘探孔进入微风化岩深度不应小于 5 m。

在具多韵律薄层状沉积岩或变质岩地区，常有强风化、中等风化、微风化岩层呈互层或重复出现的情况，此时若要以微风化岩层作为嵌岩桩的持力层，必须保证微风化岩层具有足够厚度，为此规定，勘探孔应进入微风化岩厚度不小于 5 m 方能终孔。

3. 高层建筑的摩擦型桩

对于高层建筑的摩擦型桩，勘探孔的深度应符合下列规定：

①一般性勘探孔的深度应进入预计桩端持力层或预计最大桩端入土深度以下不小于 3 m。

②控制性勘探孔的深度应达群桩桩基(假想的实体基础)沉降计算深度以下 1 ~ 2 m，群桩桩基沉降计算深度宜取桩端平面以下附加应力为上覆土有效自重压力20%的深度，或按桩端平面以下（1 ~ 1.5）b（b 为假想实体基础宽度）的深度考虑。

摩擦型桩虽然以侧阻力为主，但在勘察时，还是应寻求相对较坚硬、较密实的地层作为桩端持力层，故规定一般性勘探孔的深度应进入预计桩端持力层或最大桩端入土深度以下不小于 3 m，此 3 m 值是按以可压缩地层作为桩端持力层和中等直径桩考虑确定的；对高层建筑采用的摩擦型桩，多为筏基或箱基下的群桩，此类桩筏或桩箱基础除考虑承载力满足要求外，还要验算沉降，为满足验算沉降需要，提出了控制性勘探孔深度的要求。

（五）岩（土）试样采取、原位测试工作及岩土室内试验要求

1. 试样采取及原位测试工作要求

桩基勘察的岩（土）试样采取及原位测试工作应符合下列规定：

①对桩基勘探深度范围内的每一主要土层，应采取土试样，并根据土质情况选择适当的原位测试，取土数量或测试次数不应少于 6 组（次）。

②对嵌岩桩桩端持力层段岩层，应采取不少于 6 组的岩样进行天然和饱和单轴极限抗压强度试验。

③以不同风化带作桩端持力层的桩基工程，勘察等级为甲级的高层建筑勘察时控制性钻孔宜进行压缩波波速测试，按完整性指数或波速比定量划分岩体完整程度和风化程度。

以基岩作桩端持力层时，桩端阻力特征值取决于岩石的坚硬程度、岩体的完整程度和岩石的风化程度。岩体的完整程度定量指标为岩体完整性指数，它为岩体与岩块压缩波速度比值的平方；岩石风化程度的定量指标为波速比，它为风化岩石与新鲜岩石压缩波波速之比。因此在勘察等级为甲级的高层建筑勘察时宜进行岩体的压缩波波速测试，按完整性指数判定岩体的完整程度，按波速比判定岩石风化程度，这对决定桩端阻力和桩侧阻力的大小有关键性的作用。

2. 室内试验工作要求

桩基勘察的岩（土）室内试验工作应符合下列规定：

①当需估算桩的侧阻力、端阻力和验算下卧层强度时，宜进行三轴剪切试验或无侧限抗压强度试验；三轴剪切试验的受力条件应模拟工程的实际情况。

②对需估算沉降的桩基工程，应进行压缩试验，试验最大压力应大于上覆自重压力与附加压力之和。

③基岩作为桩基持力层时，应进行风干状态和饱和状态下的极限抗压强度试验，必要时尚应进行软化试验；对软岩和极软岩，风干和浸水均可使岩样破坏，无法试验，因此，应封样保持天然湿度以便做天然湿度的极限抗压强度试验。性质接近土时，按土工试验要求。破碎和极破碎的岩石无法取样，只能进行原位测试。

（六）岩土工程分析评价

1. 单桩承载力确定和沉降验算

单桩竖向和水平承载力，应根据工程等级、岩土性质和原位测试成果并结合当地经验确定。对地基基础设计等级为甲级的建筑物和缺乏经验的地区，建议做静载荷试验。试验数量不宜少于工程桩数的1%,且每个场地不少于3个。对承受较大水平荷载的桩，建议进行桩的水平载荷试验；对承受上拔力的桩，建议进行抗拔试验。勘察报告应提出估算的有关岩土的基桩侧阻力和端阻力，必要时提出估算的竖向和水平承载力和抗拔承载力。

从全国范围来看，单桩极限承截力的确定较可靠的方法仍为桩的静载荷试验。虽然各地、各单位有经验方法估算单桩极危承载力，如用静力触探指标估算等方法，也都是与载荷试验建立相应关系后采用。根据经验确定桩的承载力一般比实际偏低较多，从而影响了桩基技术和经济效益的发挥，造成浪费。但也有不安全、不可靠的，以致发生工程事故，故规范强调以静载荷试验为主要手段。

对需要进行沉降计算的桩基工程，应提供计算所需的各层岩土的变形参数，并宜根据任务要求进行沉降估算。

沉降计算参数和指标可以通过压缩试验或深层载荷试验取得，对于难以采取原状土和难以进行深层载荷试验的情况，可采用静力触探试验、标准贯入试验、重型动力触探试验、旁压试验、波速测试等综合评价，求得计算参数。

2. 桩端持力层选择和沉桩分析

勘察报告中可以提出几个可能的桩基持力层，进行技术、经济比较后，推荐合理的桩基持力层。一般情况下应选择具有一定厚度、承载力高、压缩性较低、分布均匀、稳定的坚实土层或岩层作为持力层。报告中应按不同的地质剖面提出桩端标高建议，阐明持力层厚度变化、物理力学性质和均匀程度。

沉桩的可能性除与锤击能量有关外，还受桩身材料强度、地层特性、桩群密集程度、群桩的施工顺序等多种因素制约，尤其是地质条件的影响最大，故必须在掌握准确可靠的地质资料特别是原位测试资料的基础上，提出对沉桩可能性的分析意见。必要时，可通过试桩进行分析。

对钢筋混凝土预制桩、挤土成孔的灌注桩等的挤土效应，打桩产生振动以及泥浆污染，特别是在饱和软黏土中沉入大量、密集的挤土桩时，将会产生很高的超孔隙水压力和挤土效应，从而对周围已成的桩和已有建筑物、地下管线等产生危害。灌注桩施工中的泥浆排放产生的污染，挖孔桩排水造成地下水位下降和地面沉降，对周围环境都可产生不同程度的影响，应予分析和评价。

三、基坑工程

目前基坑工程的勘察很少单独进行，大多是与地基勘察一并完成的。但是由于有些勘察人员对基坑工程的特点和要求不很了解，提供的勘察成果不一定能满足基坑支护设计的要求。例如，对采用桩基的建筑地基勘察往往对持力层、下卧层研究较仔细，而忽略浅部土层的划分和取样试验；侧重于针对地基的承载性能提供土质参数，而忽略支护设计所需要的参数；只在划定的轮廓线以内进行勘探工作，而忽略对周边的调查了解等等。因深基坑开挖属于施工阶段的工作，一般设计人员提供的勘察任务委托书可能不会涉及这方面的内容。因此勘察部门应根据基坑的开挖深度、岩土和地下水条件以及周边环境等参照本节的内容进行认真仔细的工作。

岩质基坑的勘察要求和土质基坑有较大差别，到目前为止，我国基坑工程的经验主要在土质基坑方面，岩质基坑的经验较少。故本节内容主要针对于土质基坑。对岩质基坑，应根据场地的地质构造、岩体特征、风化情况、基坑开挖深度等，根据实际情况参照本章第四节有关内容或按当地标准或当地经验进行勘察。

（一）基坑侧壁的安全等级

根据支护结构的极限状态分为承载能力极限状态和正常使用极限状态。承载能力极限状态对应于支护结构达到最大承载能力或土体失稳、过大变形导致支护结构或基坑周边环境破坏，表现为由任何原因引起的基坑侧壁破坏；正常使用极限状态对应于支护结构的变形已妨碍地下结构施工或影响基坑周边环境的正常使用功能，主要表现为支护结构的变形而影响地下室侧墙施工及周边环境的正常使用。承载能力极限状态应对支护结构承载能力及基坑土体出现的可能破坏进行计算，正常使用极限状态的计算主要是对结构及土体的变形计算。

基坑侧壁安全等级的划分与重要性系数是对支护设计、施工的重要性认识及计算参数的定量选择的依据。侧壁安全等级划分是一个难度很大的问题，很难定量说明，因此，采用结构安全等级划分的基本方法，按支护结构破坏后果分为很严重、严重和不严重三种情况，分别对应于三种安全等级，其重要性系数的选用与《建筑结构可靠度设计统一标准》相一致。

支护结构设计应考虑其结构水平变形、地下水的变化对周边环境的水平与竖向变形的影响，对于安全等级为一级和对周边环境变形有限定要求的二级建筑基坑侧壁，应根据周边环境的重要性、对变形的适应能力及土的性质等因素确定支护结构的水平变形限值。在正常使用极限状态条件下，安全等级为一、二级的基坑变形影响基坑支护结构的正常功能，目前支护结构的水平限值还不能给出全国都适用的具体数值，各地区可根据具体工程的周边环境等因素确定。对于周边建筑物及管线的竖向变形限值可根据有关规范确定。

（二）基坑边坡处理方式类型

目前采用的支护措施和边坡处理方式多种多样。由于各地地质情况不同，勘察人员提供建议时应充分了解工程所在地区工程经验和习惯，对已有的工程进行调查。根据基坑周边环境、开挖深度、工程地质与水文地质、施工作业设备和施工季节等条件选用一种或多种组合形式的边坡处理方式。

（三）勘察要求

1. 主要工作内容

基坑工程勘察主要是为深基坑支护结构设计和基坑安全稳定开挖施工提供地质依据。因此，需进行基坑设计的工程，应与地基勘察同步进行基坑工程勘察。初步勘察阶段应根据岩土工程条件，搜集工程地质和水文地质资料，并进行工程地质调查，必要时可进行少量的补充勘察和室内试验，初步查明场地环境情况和工程地质条件，预测基坑工程中可能产生的主要岩土工程问题；详细勘察阶段应针对基坑工程设计的要求进行勘察，在详细查明场地工程地质条件基础上，判断基坑的整体稳定性，预测可能的破坏模式，为基坑工程的设计、施工提供基础资料，对基坑工程等级、支护方案提出建议；在施工阶段，必要时尚应进行补充勘察。勘察的具体内容包括：

①查明与基坑开挖有关的场地条件、土质条件和工程条件。

②查明邻近建筑物和地下设施的现状、结构特点以及对开挖变形的承受能力。

③提出处理方式、计算参数和支护结构选型的建议。

④提出地下水控制方法、计算参数和施工控制的建议。

⑤提出施工方法和施工中可能遇到问题的防治措施的建议。

⑥提出施工阶段的环境保护和监测工作的建议。

2. 勘探的范围、勘探点的深度和间距的要求

第一，勘探点深度的要求。

基坑工程勘察的范围和深度应根据场地条件和设计要求确定。

由于支护结构主要承受水平力，因此，勘探点的深度以满足支护结构设计要求深度为宜，对于软土地区，支护结构一般需穿过软土层进入相对硬层。勘探孔的深度不宜小于基坑深度的 2 倍，一般宜为开挖深度的 2 ~ 3 倍，在此深度内遇到坚硬黏性土、碎石土和岩层，可根据岩土类别和支护设计要求减小深度。为降水或截水设计需要，控制性勘探孔应穿透主要含水层进入隔水层一定深度；在基坑深度内，遇微风化基岩时，一般性勘探孔应钻入微风化岩层 1 ~ 3 m，控制性勘探孔应超过基坑深度 1 ~ 3 m；控制性勘探点宜为勘探点总数的 1/3，且每一基坑侧边不宜少于 2 个控制性勘探点。

基坑勘察深度范围为基坑深度的 2 倍，大致相当于在一般土质条件下悬臂桩墙的嵌入深度。在土质特别软弱时可能需要更大的深度。但由于一般地基勘察的深度比这更大，所以对结合建筑物勘探所进行的基坑勘探，勘探深度满足要求一般不会有问题。

第二，勘探的范围和间距的要求。

勘察的平面范围宜超出开挖边界外开挖深度的 2 ~ 3 倍。在深厚软土区，勘察深度和范围尚应适当扩大。考虑到在平面扩大勘察范围可能会遇到困难（超越地界、周边环境条件制约等），因此在开挖边界外，勘察手段以调查研究、搜集已有资料为主，由于稳定性分析的需要或布置锚杆的需要，必须有实测地质剖面，故应适量布置勘探点。勘察点的范围应在周边的 1 ~ 2 倍开挖深度范围内布置勘探点，主要是满足整体稳定性计算所需范围，当周边有建筑物时，也可从旧建筑物的勘察资料上查取。

勘探点间距应视地层条件而定，可在 15–30 m 内选择，地层变化较大时，应增加勘探点，查明分布规律。

3. 岩土工程测试参数要求

在受基坑开挖影响和可能设置支护结构的范围内，应查明岩土分布，分层提供支护设计所需的岩土参数。具体包括：

①岩土不扰动试样的采取和原位测试的数量，应保证每一主要岩土层有代表性的数据分别不少于 6 组（个），室内试验的主要项目是含水量、重度、抗剪强度和渗透系数；土的常规物理试验指标中含水量 w 及土体重度 γ 是分析计算所需的主要参数。

②土的抗剪强度指标：分层提供设计所需的抗剪强度指标，土的抗剪强度试验方法应与基坑工程设计要求一致，符合设计采用的标准，并应在勘察报告中说明。对砂、砾、卵石层宜进行水上、水下休止角试验。对岩质基坑，当存在顺层或外倾岩体软弱结构面时，宜在室内或现场测定结构面的抗剪强度。

抗剪强度是支护设计最重要的参数，但不同的试验方法（有效应力法或总应力法，直剪或三轴，UU 或 CU）可能得出不同的结果。勘察时应按照设计所依据的规范、标准的要求进行试验，提供数据。

③室内或原位试验测试土的渗透系数，渗透系数 k 是降水设计的基本指标。

④特殊条件下应根据实际情况选择其他适宜的试验方法测试设计所需参数。

对一般黏性土宜进行静力触探和标准贯入试验；对砂土和碎石土宜进行标准贯入试验和圆锥动力触探试验；对软土宜进行十字板剪切试验；当设计需要时可进行基床系数试验或旁压试验、扁铲侧胀试验。

从理论上说基坑开挖形成的边坡是侧向卸荷，其应力路径是 σ_1 不变 σ_3 减小，明显不同于承受建筑物荷载的地基土。另外有些特殊性岩土（如超固结老黏性土、软质岩），开挖暴露后会发生应力释放、膨胀、收缩开裂、浸水软化等现象，强度急剧衰减。因此选择用于支护设计的抗剪强度参数，应考虑开挖造成的边界条件改变、地下水条件的改变等影响，对超固结土原则上取值应低于原状试样的试验结果。

4. 水文地质条件勘察的要求

深基坑工程的水文地质勘察工作不同于供水水文地质勘察工作，其目的应包括两个方面：一是满足降水设计（包括降水井的布置和井管设计）需要，二是满足对环境影响评估的需要。前者按通常供水水文地质勘察工作的方法即可满足要求，后者因涉及问题很多，要求更高。降水对环境影响评估需要对基坑外围的渗流进行分析，研究流场优化的各种措施，考虑降水延续时间长短的影响。因此，要求勘察对整个地层的水文地质特征作更详细的了解。

当场地水文地质条件复杂，在基坑开挖过程中需要对地下水进行治理（降水或隔渗）时，应进行专门的水文地质勘察。应达到以下要求：

①查明开挖范围及邻近场地地下水含水层和隔水层的层位、埋深和分布情况，查明各含水层（包括上层滞水、潜水、承压水）的补给条件和水力联系。

当含水层为卵石层或含卵石颗粒的砂层时，应详细描述卵石的颗粒组成、粒径大小和黏性土含量；这是因为卵石粒径的大小，对设计施工时选择截水方案和选用机具设备有密切的关系。例如，当卵石粒径大，含量多，采用深层搅拌桩形成帷幕截水会有很大困难，甚至不可能。

②测量场地各含水层的渗透系数和渗透影响半径。

当附近有地表水体时，宜在其间布设一定数量的勘探孔或观测孔；当场地水文地质资料缺乏或在岩溶发育地区，必要时宜进行单孔或群孔分层抽水试验，测求渗透系数、影响半径、单井涌水量等水文地质参数。

③分析施工过程中水位变化对支护结构和基坑周边环境的影响，提出应采取的措施。

④当基坑开挖可能产生流沙、流土、管涌等渗透性破坏时，应有针对性地进行勘察，分析评价其产生的可能性及对工程的影响。当基坑开挖过程中有渗流时，地下水的渗流作用宜通过渗流计算确定。

5. 基坑周边环境勘查要求

周边环境是基坑工程勘察、设计、施工中必须首先考虑的问题，环境保护是深基坑工程的重要任务之一，在建筑物密集、交通流量大的城区尤其突出，在进行这些工作时应有“先人后己”的概念。由于对周边建（构）筑物和地下管线情况不了解，就盲目开挖造成损失的事例很多，有的后果十分严重。所以基坑工程勘察应进行环境状况调查，设计、施工才能有针对性地采取有效保护措施。基坑周边环境勘查有别于一般的岩土勘察，调查对象是基坑支护施工或基坑开挖可能引起基坑之外产生破坏或失去平衡的物体，是支护结构设计的重要依据之一。周边环境的复杂程度是决定基坑工程设计等级、支护结构方案选型等最重要的因素之一，勘察最后的结论和建议亦必须充分考虑对周边环境影响。

勘察时，委托方应提供周边环境的资料，当不能取得时，勘察人员应通过委托方主动向有关单位搜集有关资料，必要时，业主应专项委托勘察单位'采用开挖、物探、专用仪器等进行探测。对地面建筑物可通过观察访问和查阅档案资料进行了解，查明邻近建筑物和地下设施的现状、结构特点以及对开挖变形的承受能力。在城市地下管网密集分布区，可通过地面标志、档案资料进行了解。有的城市建立有地理信息系统，能提供更详细的资料，了解管线的类别、平面位置、埋深和规模。如确实搜集不到资料，必要时应采用开挖、物探、专用仪器或其他有效方法进行地下管线探测。

基坑周边环境勘查应包括以下具体内容：

①查明影响范围内建（构）筑物的结构类型、层数、基础类型、埋深、基础荷载大小及上部结构现状。

②查明基坑周边的各类地下设施，包括上下水、电缆、煤气、污水、雨水、热力等管线或管道的分布和性状。

③查明场地周围和邻近地区地表水汇流、排泄情况，地下水管渗漏情况以及对基坑开挖的影响程度。

④查明基坑四周道路的距离及车辆载重情况。

6. 特殊性岩土的勘察要求

在特殊性岩土分布区进行基坑工程勘察时，可根据相关规范的规定进行勘察，对软土的蠕变和长期强度、软岩和极软岩的失水崩解、膨胀土的膨胀性和裂隙性以及非饱和土增湿软化等对基坑的影响进行分析评价。

（四）基坑岩土工程评价要求

基坑工程勘察，应根据开挖深度、岩土和地下水条件以及环境要求，对基坑边坡的处理方式提出建议。

基坑工程勘察应针对深基坑支护设计的工作内容进行分析，作为岩土工程勘察，应在岩土工程评价方面有一定的深度。只有通过比较全面的分析评价，提供有关计算参数，才能使支护方案选择的建议更为确切，更有依据。深基坑支护设计的具体的工作内容包括：

①边坡的局部稳定性、整体稳定性和坑底抗隆起稳定性。

②坑底和侧壁的渗透稳定性。

③挡土结构和边坡可能发生的变形。

④降水效果和降水对环境的影响。

⑤开挖和降水对邻近建筑物和地下设施的影响。

地下水的妥当处理是支护结构设计成功的基本条件，也是侧向荷载计算的重要指标，是基坑支护结构能否按设计完成预定功能的重要因素之一，因此，应认真查明地下水的性质，并对地下水可能影响周边环境提出相应的治理措施供设计人员参考。在基坑及地下结构施工过程中应采取有效的地下水控制方法。当场地内有地下水时，应根据场地及周边区域的工程地质条件、水文地质条件、周边环境情况和支护结构与基础形式等因素，确定地下水控制方法。当场地周围有地表水汇流、排泄或地下水管渗漏时，应对基坑采取保护措施。

我国是水资源贫乏的国家，应尽量避免降水，保护水资源。降水对环境会有或大或小的影响，对环境影响的评价目前还没有成熟的得到公认的方法。一些规范、规程、规定上所列的方法是根据水头下降在土层中引起的有效应力增量和各土层的压缩模量分层计算地面沉降，这种粗略方法计算结果并不可靠。根据武汉地区的经验，降水引起的地面沉降与水位降幅、土层剖面特征、降水延续时间等多种因素有关；而建筑物受损害的程度不仅与动水位坡降有关，而且还与土层水平方向压缩性的变化和建筑物的结构特点有关。地面沉降最大区域和受损害建筑物不一定都在基坑近旁，可能在远离基坑外的某处。因此评价降水对环境的影响主要依靠调查了解地区经验，有条件时宜进行考虑时间因素的非稳定流渗流场分析和压缩层的固结时间过程分析。

四、建筑边坡工程

建筑边坡是指在建（构）筑物场地或其周边，由于建（构）筑物和市政工程开挖或填筑施工所形成的人工边坡和对建（构）筑物安全或稳定有影响的自然边坡。

（一）建筑边坡类型

根据边坡的岩土成分，可分为岩质边坡和土质边坡。土与岩石不仅在力学参数值上存在很大的差异，其破坏模式、设计及计算方法等也有很大的差别。土质边坡的主要控制因素是土的强度，岩质边坡的主要控制因素一般是岩体的结构面。无论何种边坡，地下水的活动都是影响边坡稳定的重要因素。进行边坡工程勘察时，应根据具体情况有所侧重。

（二）岩质边坡破坏形式和边坡岩体分类

1. 岩质边坡破坏形式

岩质边坡破坏形式的确定是边坡支护设计的基础。众所周知，不同的破坏形式应采用不同的支护设计。岩质边坡的破坏形式宏观地可分为滑移型和崩塌型两大类。实际上这两类破坏形式是难以截然划分的，故支护设计中不能生搬硬套，而应根据实际情况进行设计。

2. 边坡岩体分类

边坡岩体分类是边坡工程勘察中非常重要的内容，是支护设计的基础。确定岩质边坡的岩体类型应考虑主要结构面与坡向的关系、结构面倾角大小和岩体完整程度等因素。本分类主要是从岩体力学观点出发，强调结构面的控制作用，对边坡岩体进行侧重稳定性的分类。建筑边坡高度一般不大于 50 m, 在 50 m 高的岩体自重作用下是不可能将中、微风化的软岩、较软岩、较硬岩及硬岩剪断的。

确定岩质边坡的岩体类型时，由坚硬程度不同的岩石互层组成且每层厚度小于 5 m 的岩质边坡宜视为由相对软弱岩石组成的边坡。当边坡岩体由两层以上单层厚度大于 5 m 的岩体组合时，可分段确定边坡类型。

3. 边坡工程安全等级

边坡工程应按其破坏后可能造成的破坏后果（危及人的生命、造成经济损失、产生社会不良影响）的严重性、边坡类型和坡高等因素。

边坡工程安全等级是支护工程设计、施工中根据不同的地质环境条件及工程具体情况加以区别对待的重要标准。

边坡安全等级分类的原则，除根据《建筑结构可靠度设计统一标准》按破坏后果严重性分为很严重、严重和不严重外，尚考虑了边坡稳定性因素（岩土类别和坡高）。从边坡工程事故原因分析看，高度大、稳定性差的边坡（土质软弱、滑坡区、外倾软弱结构面发育的边坡等）发生事故的概率较高，破坏后果也较严重，因此将稳定性很差的、坡高较大的边坡均划入一级边坡。

建筑边坡场地有无不良地质现象是建筑物及建筑边坡选址首先必须考虑的重大问题。显然在滑坡、危岩及泥石流规模大、破坏后果严重、难以处理的地段规划建筑场地是难以满足安全可靠、经济合理的原则的，何况自然灾害的发生也往往不以人们的意志为转移。因此在规模大、难以处理的、破坏后果很严重的滑坡、危岩、泥石流及断层破碎带地区不应修筑建筑边坡。

在山区建设工程时宜根据地质、地形条件及工程要求，因地制宜设置边坡，避免形成深挖高填的边坡工程。对稳定性较差且坡高较大的边坡宜采用后仰放坡或分阶放坡，有利于减小侧压力，提高施工期的安全和降低施工难度。分阶放坡时水平台阶应有足够宽度，否则应考虑上阶边坡对下阶边坡的荷载影响。

（三）边坡工程勘察的主要工作内容

边坡工程勘察应查明下列内容：

①查明边坡地貌形态，当存在滑坡、危岩和崩塌、泥石流等不良地质作用时，应符合第三章的要求。

②查明岩土的类型、成因、工程特性，覆盖层厚度，基岩面的形态和坡度、岩石风化和完整程度。

③查明岩体主要结构面（特别是软弱结构面）的类型和等级、产状、发育程度、延展情况、闭合程度、风化程度、充填状况、充水状况、力学属性和组合关系，主要结构面与临空面关系，是否存在外倾结构面。

④查明地下水的类型、水位、水压、水量、补给和动态变化，岩土的透水性和地下水的出露情况。

⑤查明地区气象条件（特别是雨期、暴雨强度），汇水面积、坡面植被，地表水对坡面、坡脚的冲刷情况。

⑥查明岩土的物理力学性质和软弱结构面的抗剪强度，提供岩土工程计算参数。

⑦坡顶邻近（含基坑周边）建（构）筑物的荷载、结构、基础形式和埋深，地下设施的分布和埋深。分析边坡和建在坡顶、坡上建筑物的稳定性对坡下建筑物的影响。

⑧在查明边坡工程地质和水文地质条件的基础上，确定边坡类别和可能的破坏形式，评价边坡的稳定性，对所勘察的边坡工程是否存在滑坡（或潜在滑坡）等不良地质现象，以及开挖或构筑的适宜性做出评价，提出最优坡形和坡角的建议，提出不稳定边坡整治措施、施工注意事项和监测方案的建议。

（四）边坡工程勘察工作要求

1. 勘察阶段的划分

一级建筑边坡工程应进行专门的岩土工程勘察，为边坡治理提供充分的依据，以达到安全、合理地整治边坡的目的；二、三级建筑边坡工程作为主体建筑的环境时要求进行专门性的边坡勘察往往是不现实的，可结合对主体建筑场地勘察一并进行。但应满足边坡勘察的深度和要求。

边坡岩土体的变异性一般都比较大，对于复杂的岩土边坡很难在一次勘察中就将主要的岩土工程问题全部查明；对于一些大型边坡，设计往往也是分阶段进行的。因此，大型的和地质环境条件复杂的边坡宜分阶段勘察；当地质环境条件复杂时，岩土差异性就表现得更加突出，往往即使进行了初勘、详勘还不能准确地查明某些重要的岩土工程问题。因此，地质环境复杂的一级边坡工程尚应进行施工勘察。

各阶段应符合下列要求：

①初步勘察应搜集地质资料，进行工程地质测绘和少量的勘探和室内试验，初步评价边坡的稳定性。

②详细勘察应对可能失稳的边坡及相邻地段进行工程地质测绘、勘探、试验、观测和分析计算，做出稳定性评价，对人工边坡提出最优开挖坡角；对可能失稳的边坡提出防护处理措施的建议。

③施工勘察应配合施工开挖进行地质编录，核对、补充前阶段的勘察资料，必要时进行施工安全预报，提出修改设计的建议。

边坡工程勘察前应取得以下资料：

①附有坐标和地形的拟建建（构）筑物的总平面布置图。

②拟建建（构）筑物的性质、结构特点及可能采取的基础形式、尺寸和埋置深度。

③边坡高度、坡底高程和边坡平面尺寸。

④拟建场地的整平标高和挖方、填方情况。

⑤场地及其附近已有的勘察资料和边坡支护形式与参数。

⑥边坡及其周边地区的场地等环境条件资料。

2. 勘察工作量的布置

分阶段进行勘察的边坡，宜在搜集已有地质资料的基础上先进行工程地质测绘。对于岩质边坡，工程地质测绘是勘察工作的首要内容。测绘工作除应符合第六章第一节的要求外，尚应着重查明边坡的形态、坡角、结构面产状和性质等。查明天然边坡的形态和坡角，对于确定边坡类型和稳定坡率是十分重要的。因为软弱结构面一般是控制岩质边坡稳定的主要因素，故应着重查明软弱结构面的产状和性质；测绘范围不能仅限于边坡地段，应适当扩大到可能对边坡稳定有影响的地段。

建筑边坡的勘探范围应包括不小于岩质边坡高度或不小于1.5倍土质边坡高度，以及可能对建（构）筑物有潜在安全影响的区域。但多数勘察单位在专门性的边坡勘察中也常常是范围偏小，将勘察范围局限在指定的边坡范围之内。

勘察孔进入稳定层深度的确定，主要依据查明支护结构持力层性状，并避免在坡脚（或沟心）出现判层错误（将巨块石误判为基岩）等。勘探孔深度应穿过潜在滑动面并深入稳定层 2 ~ 5 m，控制性勘探孔的深度应穿过最深潜在滑动面进入稳定层不小于 5 m，并应进入坡脚地形剖面最低点和支护结构基底下不小于 3 m。

边坡（含基坑边坡）勘察的重点之一是查明岩土体的性状。对岩质边坡而言，是查明边坡岩体中结构面的发育性状。常规钻探往往难以解决问题，难以达到预期效果，需采用多种手段，辅用一定数量的探洞、探井、探槽和斜孔，特别是斜孔、井槽、探槽对于查明陡倾结构是非常有效的。

3. 岩土参数的获取

主要岩土层和软弱层应采取试样，每层的试样对土层不应少于 6 件，对岩层不应少于 9 件，软弱层宜连续取样。

岩土强度室内试验的应力条件应尽量与自然条件下岩土体的受力条件一致，三轴剪切试验的最高围压和直剪试验的最大法向压力的选择，应与试样在坡体中的实际受力情况相近。对控制边坡稳定的软弱结构面，宜进行原位剪切试验，室内试验成果的可靠性较差，对软土可采用十字板剪切试验。对大型边坡，必要时可进行岩体应力测试、波速测试、动力测试、孔隙水压力测试和模型试验。

实测抗剪强度指标是重要的，但更要强调结合当地经验，并宜根据现场坡角采用反分析验证。岩石（体）作为一种材料，具有在静载作用下随时间推移而出现强度降低的“蠕变效应”或称“流变效应”。岩石（体）流变试验在我国（特别是建筑边坡）进行得不是很多。根据研究资料表明，长期强度一般为平均标准强度的 80% 左右。对于一些有特殊要求的岩质边坡（如永久性边坡），从安全、经济的角度出发，进行“岩体流变”试验考虑强度可能随时间降低的效应是必要的。

不同土质、不同工况下，土的抗剪强度是不同的，所以土的抗剪强度指标应根据土质条件和工程实际情况确定。如土坡处于稳定状态，土的抗剪强度指标就应用抗剪断强度进行适当折减，若已经滑动则应采用残余抗剪强度；若土坡处于饱水状态，应用饱和状态下抗剪强度值等。土质边坡按水土合算原则计算时，地下水位以下的土宜采用土的自重固结不排水抗剪强度指标；按水土分算原则计算时，地下水位以下的土宜采用土的有效抗剪强度指标。

4. 气象、水文和水文地质条件

大量的建筑边坡失稳事故的发生，无不说明了雨季、暴雨、地表径流及地下水对建筑边坡稳定性的重大影响，所以建筑边坡的工程勘察应满足各类建筑边坡的支护设计与施工的要求，并开展进一步专门必要的分析评价工作，因此提供完整的气象、水文及水文地质条件资料，并分析其对建筑边坡稳定性的作用与影响是非常重要的。

建筑边坡工程的气象资料收集、水文调查和水文地质勘察应满足下列要求：

①收集相关气象资料、最大降雨强度和十年一遇最大降水量，研究降水对边坡稳定性的影响。

②收集历史最高水位资料，调查可能影响边坡水文地质条件的工业和市政管线、江河等水源因素，以及相关水库水位调度方案资料。

③查明对边坡工程产生重大影响的汇水面积、排水坡度、长度和植被等情况。

④查明地下水类型和主要含水层分布情况。

⑤查明岩体和软弱结构面中地下水情况。

⑥调查边坡周围山洪、冲沟和河流冲淤等情况。

⑦论证孔隙水压力变化规律和对边坡应力状态的影响。

⑧必要的水文地质参数是边坡稳定性评价、预测及排水系统设计所必需的，因此建筑边坡勘察应提供必需的水文地质参数，在不影响边坡安全的前提条件下，可进行现场抽水试验、渗水试验或压水试验等获取水文地质参数。

⑨建筑边坡勘察除应进行地下水力学作用和地下水物理、化学作用（指地下水对边坡岩土体或可能的支护结构产生的侵蚀、矿物成分改变等物理、化学影响及影响程度）的评价以外，还宜考虑雨季和暴雨的影响。对一级边坡或建筑边坡治理条件许可时，可开展降雨渗入对建筑边坡稳定性影响研究工作。

5. 危岩崩塌勘察

在丘陵、山区选择场址和考虑建筑总平面布置时，首先必须判定山体的稳定性，查明是否存在产生危岩崩塌的条件。实践证明，这些问题如不在选择场址或可行性研究中及时发现和解决，会给经济建设造成巨大损失。因此，危岩崩塌勘察应在拟建建（构）筑物的可行性研究或初步勘察阶段进行。工作中除应查明危岩分布及产生崩塌的条件、危岩规模、类型、范围、稳定性，预测其发展趋势以及危岩崩塌危害的范围等，对崩塌区作为建筑场地的适宜性作出判断外，尚应根据危岩崩塌产生的机制有针对性地提出防治建议。

危岩崩塌勘察区的主要工作手段是工程地质测绘。危岩崩塌区工程地质测绘的比例尺宜选用 1 ： 200-1 ： 500, 对危岩体和危岩崩塌方向主剖面的比例尺宜选用 1 ： 200。

危岩崩塌区勘察应满足下列要求：

①收集当地崩塌史（崩塌类型、规模、范围、方向和危害程度等）、气象、水文、工程地质勘察（含地震）、防治危岩崩塌的经验等资料。

②查明崩塌区的地形地貌。

③查明危岩崩塌区的地质环境条件，重点查明危岩崩塌区的岩体结构类型、结构面形状、组合关系、闭合程度、力学属性、贯通情况和岩性特征、风化程度以及下覆洞室等。

④查明地下水活动状况。

⑤分析危岩变形迹象和崩塌原因。

工作中应着重分析、研究形成崩塌的基本条件，判断产生崩塌的可能性及其类型、规模、范围。预测发展趋势，对可能发生崩塌的时间、规模方向、途径、危害范围做出预测，为防治工程提供准确的工程勘察资料（含必要的设计参数）并提出防治方案。

不同破坏形式的危岩其支护方式是不同的。因而勘察中应按单个危岩形态特征确定危岩的破坏形式、进行定性或定量的稳定性评价，提供有关图件（平面图、剖面图或实体投影图）标明危岩分布、大小和数量，提出支护建议。

危岩稳定性判定时应对张裂缝进行监测。对破坏后果严重的大型危岩，应结合监测结果对可能发生崩塌的时间、规模、方向、途径和危害范围做出预测。

（五）边坡的稳定性评价要求

下列建筑边坡应进行稳定性评价：

①选作建筑场地的自然斜坡。

②由于开挖或填筑形成并需要进行稳定性验算的边坡。

③施工期间出现不利工况的边坡。

施工期间存在不利工况的边坡系指在建筑和边坡加固措施尚未完成的施工阶段可能出现显著变形或破坏的边坡。对于这些边坡，应对施工期不利工况条件下的边坡稳定性做出评价。

④使用条件发生变化的边坡。

边坡稳定性评价应在充分查明工程地质条件的基础上，根据边坡岩土类型和结构，确定边坡破坏模式，综合采用工程地质类比法和刚体极限平衡计算法进行边坡稳定性评价。边坡稳定性评价应包括下列内容：

①边坡稳定性状态的定性判断。

②边坡稳定性计算。

③边坡稳定性综合评价。

④边坡稳定性发展趋势分析。

边坡稳定性分析应遵循以定性分析为基础，以定量计算为重要辅助手段，进行综合评价的原则。因此，在进行边坡稳定性计算之前，应根据边坡水文地质、工程地质、岩体结构特征以及已经出现的变形破坏迹象，对边坡的可能破坏形式和边坡稳定性状态做出定性判断，确定边坡破坏的边界范围、边坡破坏的地质模型（破坏模式），对边坡破坏趋势做出判断和估计，是边坡稳定性分析的重要内容。

根据已经出现的变形破坏迹象对边坡稳定性状态做出定性判断时，应重视坡体后缘可能出现的微小张裂现象，并结合坡体可能的破坏模式对其成因作细致分析。若坡体侧边出现斜列裂缝或在坡体中下部出现剪出或隆起变形时，可做出不稳定的判断。

不同的边坡有不同的破坏模式，如果破坏模式选错，具体计算失去基础，必然得不到正确结果。破坏模式有平面滑动、圆弧滑动、锲形体滑落、倾倒、剥落等，平面滑动又有沿固定平面滑动和沿倾角滑动等。有的学者将边坡分为若干类型，按类型确定破坏模式，并列入地方标准，这是可取的。但我国地质条件十分复杂，各地差别很大，目前尚难归纳出全国统一的边坡分类和破坏模式，有待继续积累数据和资料。

鉴于影响边坡稳定的不确定因素很多，边坡的稳定性评价可采用多种方法进行综合评价。常用的有工程地质类比法、图解分析法、极限平衡法和有限单元法等。各区段条件不一致时，应分区段分析。

工程地质类比方法主要依据工程经验和工程地质学分析方法，按照坡体介质、结构及其他条件的类比，进行边坡破坏类型及稳定性状态的定性判断。工程地质类比法具有经验性和地区性的特点，应用时必须全面分析已有边坡与新研究边坡的工程地质条件的相似性和差异性，同时还应考虑工程的规模、类型及其对边坡的特殊要求，可用于地质条件简单的中、小型边坡。

图解分析法需在大量的节理裂隙调查统计的基础上进行。将结构面调查统计结果绘成等密度图，得出结构面的优势方位。在赤平极射投影图上，根据优势方位结构面的产状和坡面投影关系分析边坡的稳定性。

①当结构面或结构面交线的倾向与坡面倾向相反时，边坡为稳定结构。

②当结构面或结构面交线的倾向与坡面倾向一致，但倾角大于坡角时，边坡为基本稳定结构。

③当结构面或结构面交线的倾向与坡面倾向之间夹角大于45°，且倾角小于坡角时，边坡为不稳定结构。

五、地基处理

地基处理是指为提高承载力，改善其变形性质或渗透性质而采取的人工处理地基的方法。

（一）地基处理的目的

根据工程情况及地基土质条件或组成的不同，处理的目的为：

①提高土的抗剪强度，使地基保持稳定。

②降低土的压缩性，使地基的沉降和不均匀沉降减至允许范围内。

③降低土的渗透性或渗流的水力梯度，防止或减少水的渗漏，避免渗流造成地基破坏。

④改善土的动力性能，防止地基产生震陷变形或因土的振动液化而丧失稳定性。

⑤消除或减少土的湿陷性或胀缩性引起的地基变形，避免建筑物破坏或影响其正常使用。

对任一工程来讲，处理目的可能是单一的，也可能需同时在几个方面达到一定要求。地基处理除用于新建工程的软弱和特殊土地基外，也作为事后补救措施用于已建工程地基加固。

（二）地基处理方法的分类

地基处理技术从机械压实到化学加固，从浅层处理到深层处理，方法众多，按其处理原理和效果大致可分为换填垫层法、排水固结法、挤密振密法、拌入法、灌浆法和加筋法等类型。

第一，换填垫层法。

换填垫层法是先将基底下一定范围内的软弱土层挖除，然后回填强度较高、压缩性较低且不含有机质的材料，分层碾压后作为地基持力层，以提高地基的承载力和减少变形。

换填垫层法适用于处理各类浅层软弱地基，是用砂、碎石、矿渣或其他合适的材料置换地基中的软弱或特殊土层，分层压实后作为基底垫层，从而达到处理的目的。它常用于处理软弱地基，也可用于处理湿陷黄土地基和膨胀土地基。从经济合理角度考虑，换土垫层法一般适用于处理浅层地基（深度通常不超过 3 m）。

换填垫层法的关键是垫层的碾压密实度，并应注意换填材料对地下水的污染影响。

第二，预压法（排水固结法）。

预压法是在建筑物建造前，采用预压、降低地下水位、电渗等方法在建筑场地进行加载预压促使土层排水固结，使地基的固结沉降提前基本完成，以减小地基的沉降和不均匀沉降，提高其承载力。

预压法适用于处理深厚的饱和软黏土，分为堆载预压、真空预压、降水预压和电渗排水预压。预压法的关键是使荷载的增加与土的承载力增长率相适应。当采用堆载预压法时，通常在地基内设置一系列就地灌筑砂井、袋装砂井或塑料排水板，形成竖向排水通道以增加土的排水途径，以加速土层固结。

第三，强夯法和强夯置换法。

强夯法又名动力固结法或动力压实法。这种方法是反复将夯锤（质量一般为 10 ~ 40 t）提到一定高度使其自由落下（落距一般为 10-40 m），给地基以冲击和振动能量，从而提高地基的承载力并降低其压缩性，改善地基性能。由于强夯法具有加固效果显著、适用土类广、设备简单、施工方便、节省劳力、施工期短、节约材料、施工文明和施工费用低等优点，我国自 20 世纪 70 年代引进此法后迅速在全国推广应用。大量工程实例证明，强夯法用于处理碎石土、砂土、低饱和度的粉土和黏性土、湿陷性黄土、素填土和杂填土等地基，一般均能取得较好的效果。对于软土地基，一般来说处理效果不显著。

强夯置换法是采用在夯坑内回填块石、碎石等粗颗粒材料，用夯锤夯击形成连续的强夯置换墩。强夯置换法是 20 世纪 80 年代后期开发的方法，适用于高饱和度的粉土与软塑 ~ 流塑的黏性土等地基上对变形控制要求不严的工程。强夯置换法具有加固效果显著、施工期短、施工费用低等优点，目前已用于堆场、公路、机场、房屋建筑、油罐等工程，一般效果良好，个别工程因设计、施工不当，加固后出现下沉较大或墩体与墩间土下沉不等的情况。因此，特别强调采用强夯置换法前，必须通过现场试验确定其适用性和处理效果，否则不得采用。

强夯法虽然已在工程中得到广泛的应用，但有关强夯机理的研究，至今尚未取得满意的结果。因此，目前还没有一套成熟的设计计算方法。强夯施工前，应在施工现场有代表性的场地上进行试夯或试验性施工，通过试验确定强夯的设计参数一单点夯击能、最佳夯击能、夯击遍数和夯击间歇时间等。强夯法由于振动和噪声对周围环境影响较大，在城市使用有一定的局限性。

第四，复合地基法。

复合地基是指由两种刚度（或模量）不同的材料（桩体和桩间土）组成，共同承受上部荷载并协调变形的人工地基。复合地基中的许多独立桩体，其顶部与基础不连接，区别于桩基中群桩与基础承台相连接。因此独立桩体亦称竖向增强体。复合地基中的桩柱体的作用，一是置换，二是挤密。因此，复合地基除可提高地基承载力、减少变形外，还有消除湿陷和液化的作用。复合地基设计应满足承载力和变形要求。对于地基土为欠固结土、膨胀土、湿陷性黄土、可液化土等特殊土时，其设计要综合考虑土体的特殊性质选用适当的增强体和施工工艺。

复合地基的施工方法可分为振冲挤密法、钻孔置换法和拌入法三大类。

振冲挤密法采用振冲、振动或锤击沉管、柱锤冲扩等挤土成孔方法对不同性质的土层分别具有置换、挤密和振动密实等作用。对黏性土主要起到置换作用，对中细砂和粉土除置换作用外还有振实挤密作用。在以上各种土中施工都要在孔内加填砂、碎石、灰土、卵石、碎砖、生石灰块、水泥土、水泥粉煤灰碎石等回填料，制成密实振冲桩，而桩间土则受到不同程度的挤密和振密。可用于处理松散的无黏性土、杂填土、非饱和黏性土及湿陷性黄土等地基，形成桩土共同作用的复合地基，使地基承载力提高，变形减少，并可消除土层的液化。

钻孔置换法主要采用水冲、洛阳铲或螺旋钻等非挤土方法成孔，孔内回填为高黏结强度的材料形成桩体如由水泥、粉煤灰、碎石、石屑或砂加水拌和形成的桩（CFG）、夯实水泥土或素混凝土形成的桩体等，形成桩土共同作用的复合地基，使地基承载力提高，变形减少。

拌入法是指采用高压喷射注浆法、深层喷浆搅拌法、深层喷粉搅拌法等在土中掺入水泥浆或能固化的其他浆液，或者直接掺入水泥、石灰等能固化的材料，经拌和固化后，在地基中形成一根根柱状固化体，并与周围土体组成复合地基而达到处理目的。可适用于软弱黏性土、欠固结冲填土、松散砂土及砂砾石等多种地基。

第五，灌浆法。

灌浆法是靠压力传送或利用电渗原理，把含有胶结物质并能固化的浆液灌入土层，使其渗入土的孔隙或充填土岩中的裂缝和洞穴中，或者把很稠的浆体压入事先打好的钻孔中，借助于浆体传递的压力挤密土体并使其上抬，达到加固处理目的。其适用性与灌浆方法和浆液性能有关，一般可用于处理砂土、砂砾石、湿陷性黄土及饱和黏性土等地基。

注浆法包括粒状剂和化学剂注浆法。粒状剂包括水泥浆、水泥砂浆、黏土浆、水泥黏土浆等，适用于中粗砂、碎石土和裂隙岩体；化学剂包括硅酸钠溶液、氢氧化钠溶液、氯化钙溶液等，可用于砂土、粉土和黏性土等。作业工艺有旋喷法、深层搅拌、压密注浆和劈裂注浆等。其中粒状剂注浆法和化学剂注浆法属渗透注浆，其他属混合注浆。

注浆法有强化地基和防水止渗的作用，可用于地基处理、深基坑支挡和护底、建造地下防渗帷幕，防止砂土液化、防止基础冲刷等方面。

因大部分化学浆液有一定的毒性，应防止浆液对地下水的污染。

第六，加筋法。

采用强度较高、变形较小、老化慢的土工合成材料，如土工织物、塑料格栅等，其受力时伸长率不大于4% ~ 5%，抗腐蚀耐久性好，埋设在土层中，即由分层铺设的土工合成材料与地基土构成加筋土垫层。土工合成材料还可起到排水、反滤、隔离和补强作用。加筋法常用于公路路堤的加固，在地基处理中，加筋法可用于处理软弱地基。

第七，托换技术（或称基础托换）。

托换技术是指对原有建筑物地基和基础进行处理、加固或改建，或在原有建筑物基础下修建地下工程或因邻近建造新工程而影响到原有建筑物的安全时所采取的技术措施的总称。

（三）地基处理的岩土工程勘察的基本要求

进行地基处理时应有足够的地质资料，当资料不全时，应进行必要的补充勘察。地基处理的岩土工程勘察应满足下列基本要求：

①针对可能采用的地基处理方案，提供地基处理设计和施工所需的岩土特性参数；岩土参数是地基处理设计成功与否的关键，应选用合适的取样方法、试验方法和取值标准。

②预测所选地基处理方法对环境和邻近建筑物的影响；如选用强夯法施工时，应注意振动和噪声对周围环境产生的不利影响；选用注浆法时，应避免化学浆液对地下水、地表水的污染等。

③提出地基处理方案的建议。每种地基处理方法都有各自的适用范围、局限性和特点，因此，在选择地基处理方法时都要进行具体分析，从地基条件、处理要求、处理费用和材料、设备来源等综合考虑，进行技术、经济、工期等方面的比较，以选用技术上可靠、经济上合理的地基处理方法。

④当场地条件复杂，或采用某种地基处理方法缺乏成功经验，或采用新方法、新工艺时，应在施工现场对拟选方案进行试验或对比试验，以取得可靠的设计参数和施工控制指标；当难以选定地基处理方案时，可进行不同地基处理方法的现场对比试验，通过试验检验方案的设计参数和处理效果，选定可靠的地基处理方法。

⑤在地基处理施工期间，岩土工程师应进行施工质量和施工对周围环境和邻近工程设施影响的监测，以保证施工顺利进行。

（四）各类地基处理方法勘察的重点内容

1. 换填垫层法的岩土工程勘察重点

①查明待换填的不良土层的分布范围和埋深。

②测定换填材料的最优含水量、最大干密度。

③评定垫层以下软弱下卧层的承载力和抗滑稳定性，估算建筑物的沉降。

④评定换填材料对地下水的环境影响。

⑤对换填施工过程应注意的事项提出建议。

⑥对换填垫层的质量进行检验或现场试验。

2．预压法的岩土工程勘察重点

①查明土的成层条件、水平和垂直方向的分布、排水层和夹砂层的埋深和厚度、地下水的补给和排泄条件等。

②提供待处理软土的先期固结压力、压缩性参数、固结特性参数和抗剪强度指标、软土在预压过程中强度的增长规律。

③预估预桩荷载的分级和大小、加荷速率、预压时间、强度的可能增长和可能的沉降。

④对重要工程，建议选择代表性试验区进行预压试验；采用室内试验、原位测试、变形和孔压的现场监测等手段，推算软土的固结系数、固结度与时间的关系和最终沉降量，为预压处理的设计施工提供可靠依据。

⑤检验预压处理效果，必要时进行现场载荷试验。

3．强夯法的岩土工程勘察重点

①查明强夯影响深度范围内土层的组成、分布、强度、压缩性、透水性和地下水条件。

②查明施工场地和周围受影响范围内的地下管线和构筑物的位置、标高；查明有无对振动敏感的设施，是否需在强夯施工期间进行监测。

③根据强夯设计，选择代表性试验区进行试夯，采用室内试验、原位测试、现场监测等手段，查明强夯有效加固深度，夯击能量、夯击遍数与夯沉量的关系，夯坑周围地面的振动和地面隆起，土中孔隙水压力的增长和消散规律。

4．桩土复合地基的岩土工程勘察重点

①查明暗塘、暗浜、暗沟、洞穴等的分布和埋深。

②查明土的组成、分布和物理力学性质，软弱土的厚度和埋深，可作为桩基持力层的相对硬层的埋深。

③预估成桩施工可能性（有无地下障碍、地下洞穴、地下管线、电缆等）和成桩工艺对周围土体、邻近建筑、工程设施和环境的影响（噪声、振动、侧向挤土、地面沉陷或隆起等），桩体与水土间的相互作用（地下水对桩材的腐蚀性，桩材对周围水土环境的污染等）。

④评定桩间土承载力，预估单桩承载力和复合地基承载力。

⑤评定桩间土、桩身、复合地基、桩端以下变形计算深度范围内土层的压缩性，任务需要时估算复合地基的沉降量。

⑥对需验算复合地基稳定性的工程，提供桩间土、桩身的抗剪强度。

⑦任务需要时应根据桩土复合地基的设计，进行桩间土、单桩和复合地基载荷试验，检验复合地基承载力。

5．注浆法的岩土工程勘察重点

①查明土的级配、孔隙性或岩石的裂隙宽度和分布规律，岩土渗透性，地下水埋深、

流向和流速，岩土的化学成分和有机质含量；岩土的渗透性宜通过现场试验测定。

②根据岩土性质和工程要求选择浆液和注浆方法（渗透注浆、劈裂注浆、压密注浆等），根据地区经验或通过现场试验确定浆液浓度、黏度、压力、凝结时间、有效加固半径或范围，评定加固后地基的承载力、压缩性、稳定性或抗渗性。

③在加固施工过程中对地面、既有建筑物和地下管线等进行跟踪变形观测，以控制灌注顺序、注浆压力和注浆速率等。

④通过开挖、室内试验、动力触探或其他原位测试，对注浆加固效果进行检验。

⑤注浆加固后，应对建筑物或构筑物进行沉降观测，直至沉降稳定为止，观测时间不宜少于半年。

六、地下洞室

（一）地下洞室围岩的质量分级

地下洞室围岩的质量分级应与洞室设计采用的标准一致，无特殊要求时可根据现行国家标准《工程岩体分级标准》执行，地下铁道围岩类别应按现行国家标准《地下铁道、轻轨交通岩土工程勘察规范》执行。

目前国内围岩分类方法很多，国家标准有三种围岩分类：《锚杆喷射混凝土支护技术规范》《工程岩体分级标准》和《地下铁道、轻轨交通岩土工程勘察规范》。另外，水电系统、铁路系统和公路系统均有自己的围岩分类。各种分类方法各有特点、各有用途，使用时应注意与设计采用的标准相一致。

《地下铁道、轻轨交通岩土工程勘察规范》则为了与《地下铁道设计规范》相一致，采用了铁路系统的围岩分类法。这种围岩分类是根据围岩的主要工程地质特征（如岩石强度、受构造的影响大小、节理发育情况和有无软弱结构面等）、结构特征和完整状态以及围岩开挖后的稳定状态等综合确定围岩类别，并可根据围岩类别估算围岩的均布压力。

（二）地下洞室勘察阶段的划分

地下洞室勘察划分为可行性研究勘察、初步勘察、详细勘察和施工勘察四个阶段。

根据多年的实践经验，地下洞室勘察分阶段实施是十分必要的。这不仅符合按程序办事的基本建设原则，也是由于自然界地质现象的复杂性和多变性所决定的。因为这种复杂多变性，在一定的勘察阶段内难以全部认识和掌握，需要一个逐步深化的认识过程。分阶段实施勘察工作，可以减少工作的盲目性，有利于保证工程质量。当然，也可根据拟建工程的规模、性质和地质条件，因地制宜地简化勘察阶段。

（三）各勘察阶段的勘察内容和勘察方法

1. 可行性研究勘察阶段

可行性研究勘察应通过搜集区域地质资料，现场踏勘和调查，了解拟选方案的地形地貌、地层岩性、地质构造、工程地质、水文地质和环境条件，对拟选方案的适宜性做出评价，选择合适的洞址和洞口。

2. 初步勘察阶段

初步勘察应采用工程地质测绘，并结合工程需要，辅以物探、钻探和测试等方法，初步查明选定方案的地质条件和环境条件，初步确定岩体质量等级（围岩类别），对洞址和洞口的稳定性做出评价，为初步设计提供依据。

工程地质测绘的任务是查明地形地貌、地层岩性、地质构造、水文地质条件和不良地质作用，为评价洞区稳定性和建洞适宜性提供资料，为布置物探和钻探工作量提供依据。在地下洞室勘察中，做好工程地质测绘可以起到事半功倍的作用。

地下洞室初步勘察时，工程地质测绘和调查应初步查明下列问题：

①地貌形态和成因类型。

②地层岩性、产状、厚度、风化程度。

③断裂和主要裂隙的性质、产状、充填、胶结、贯通及组合关系。

④不良地质作用的类型、规模和分布。

⑤地震地质背景。

⑥地应力的最大主应力作用方向。

⑦地下水类型、埋藏条件、补给、排泄和动态变化。

⑧地表水体的分布及其与地下水的关系，淤积物的特征。

⑨洞室穿越地面建筑物、地下构筑物、管道等既有工程时的相互影响。

地下洞室初步勘察时，勘探与测试应符合下列要求：

①采用浅层地震剖面法或其他有效方法圈定隐伏断裂、地下隐伏体，探测构造破碎带，查明基岩埋深、划分风化带。

②勘探点宜沿洞室外侧交叉布置，钻探工作可根据工程地质测绘的疑点和工程物探的异常点布置。综合《军队地下工程勘测规范》《地下铁道、轻轨交通岩土工程勘察规范》和《公路隧道勘测规程》等规范的有关内容，勘探点间距和勘探孔深度为：勘探点间距宜为 100 ~ 200 m 时，采取试样和原位测试勘探孔不宜少于勘探孔总数的 2/3；控制性勘探孔深度，对岩体基本质量等级为Ⅰ级和Ⅱ级的岩体宜钻入洞底设计标高下 1 ~ 3 m，对Ⅲ级岩体宜钻入 3 ~ 5 m，对Ⅳ级、Ⅴ级的岩体和土层，勘探孔深度应根据实际情况确定。

③每一主要岩层和土层均应采取试样，当有地下水时应采取水试样；当洞区存在有害气体或地温异常时，应进行有害气体成分、含量或地温测定；对高地应力地区，应进行地应力量测。

④必要时，可进行钻孔弹性波或声波测试，钻孔地震 CT 或钻孔电磁波 CT 测试，可评价岩体完整性，计算岩体动力参数，划分围岩类别等。

3. 详细勘察阶段

详细勘察阶段是地下洞室勘察的一个重要阶段，应采用钻探、钻孔物探和测试为主的勘察方法，必要时可结合施工导洞布置洞探，工程地质测绘在详勘阶段一般情况下不单独进行，只是根据需要做一些补充性调查。详细勘察的任务是详细查明洞址、洞口、洞室穿越线路的工程地质和水文地质条件，分段划分岩体质量级别或围岩类别，评价洞体和围岩稳定性，为洞室支护设计和确定施工方案提供资料。

详细勘察具体应进行下列工作：

①查明地层岩性及其分布，划分岩组和风化程度，进行岩石物理力学性质试验。

②查明断裂构造和破碎带的位置、规模、产状和力学属性，划分岩体结构类型。

③查明不良地质作用的类型、性质、分布，并提出防治措施的建议。

④查明主要含水层的分布、厚度、埋深，地下水的类型、水位、补给排泄条件，预测开挖期间出水状态、涌水量和水质的腐蚀性。

⑤城市地下洞室需降水施工时，应分段提出工程降水方案和有关参数。

⑥查明洞室所在位置及邻近地段的地面建筑和地下构筑物、管线状况，预测洞室开挖可能产生的影响，提出防护措施。

⑦综合场地的岩土工程条件，划分围岩类别，提出洞址、洞口、洞轴线位置的建议，对洞口、洞体的稳定性进行评价，提出支护方案和施工方法的建议，对地面变形和既有建筑的影响进行评价。

详细勘察可采用浅层地震勘探和孔间地震 CT 或孔间电磁波 CT 测试等方法，详细查明基岩埋深、岩石风化程度、隐伏体（如溶洞、破碎带等）的位置，在钻孔中进行弹性波波速测试，为确定岩体质量等级（围岩类别）、评价岩体完整性、计算动力参数提供资料。

详细勘察时，勘探点宜在洞室中线外侧 6 ~ 8 m 交叉布置，山区地下洞室按地质构造布置，且勘探点间距不应大于 50 m；城市地下洞室的勘探点间距，岩土变化复杂的场地宜小于 25 m，中等复杂的宜为 25 ~ 40 m，简单的宜为 40 ~ 80 m。

采集试样和原位测试勘探孔数量不应少于勘探孔总数的 1/2。

详细勘察时，第四系中的控制性勘探孔深度应根据工程地质、水文地质条件、洞室埋深、防护设计等需要确定；一般性勘探孔可钻至基底设计标高下 6 ~ 10 m。控制性勘探孔深度，对岩体基本质量等级为 Ⅰ 级和 Ⅱ 级的岩体宜钻入洞底设计标高下 1 ~ 3 m；对 Ⅲ 级岩体宜钻入 3 ~ 5 m，对 Ⅳ 级、Ⅴ 级的岩体和土层，勘探孔深度应根据实际情况确定。

详细勘察的室内试验和原位测试，除应满足初步勘察的要求外，对城市地下洞室尚应根据设计要求进行下列试验：

①采用承压板边长为 30 cm 的载荷试验测求地基基床系数，基床系数用于衬砌设计时计算围岩的弹性抗力强度。

②采用面热源法或热线比较法进行热物理指标试验，计算热物理参数（导温系数、导热系数和比热容）。

4. 施工勘察和超前地质预报

进行地下洞室勘察，仅凭工程地质测绘、工程物探和少量的钻探工作．其精度是难以满足施工要求的，尚需依靠施工勘察和超前地质预报加以补充和修正。因此，施工勘察和地质超前预报关系到地下洞室掘进速度和施工安全，可以起到指导设计和施工的作用。

施工勘察应配合导洞或毛洞开挖进行．当发现与勘察资料有较大出入时，应提出修改设计和施工方案的建议。

超前地质预报主要内容包括下列四方面：

①断裂、破碎带和风化囊的预报。

②不稳定块体的预报。

③地下水活动情况的预报。

④地应力状况的预报。

超前预报的方法，主要有超前导坑预报法、超前钻孔测试法和工作面位移量测法等。

七、岸边工程

本节所指的岸边工程是指港口工程、造船和修船水工建筑物、通航工程以及取水构筑物等。

（一）岸边工程勘察应着重查明的内容

岸边工程处于水陆交互地带，往往一个工程跨越几个地貌单元；地层复杂，层位不稳定，常分布有软土、混合土、层状构造土；由于地表水的冲淤和地下水动水压力的影响，不良地质作用发育，多滑坡、坍岸、潜蚀、管涌等现象；船舶停靠挤压力，波浪、潮汐冲击力、系揽力等均对岸坡稳定产生不利影响。岸边工程勘察任务就是要重点查明和评价这些问题，并提出治理措施的建议。岸边工程勘察应着重查明下列内容：

①地貌特征和地貌单元交界处的复杂地层。

②高灵敏软土、层状构造土、混合土等特殊土和基本质量等级为Ⅴ级岩体的分布和工程特性。

③岸边滑坡、崩塌、冲刷、淤积、潜蚀、沙丘、管涌等不良地质作用。

（二）各勘察阶段的勘察方法和内容

岸边工程的勘察阶段，大、中型工程分为可行性研究、初步设计和施工图设计三个勘察阶段；对小型工程、地质条件简单或有成熟经验地区的工程可简化勘察阶段。

1. 可行性研究勘察阶段

可行性研究勘察时，应进行工程地质测绘或踏勘调查，通过收集资料、踏勘、工程地质调查、勘探试验和原位测试等，初步查明地层分布、构造特点、地貌特征、岸坡形态、冲刷淤积、水位升降、岸滩变迁、淹没范围等情况和发展趋势，必要时应布置一定数量的勘探点，对场地的工程地质条件做出评价，并应对岸坡的稳定性和场址的适宜性做出评价，为确定场地的建设可行性提供工程地质资料，提出最优场址方案的建议。

勘探点应根据可供选择场地的面积、形状特点、工程要求和地质条件等进行布置。河港宜垂直岸向布置勘探线，线距不宜大于 200 m。线上勘探点间距不宜大于 150 m。海港勘探点可按网格状布置，点距 200-500 m。当基岩埋藏较浅时，宜予加密。勘探点应进入持力层内适当深度。勘探宜采用钻探与多种原位测试相结合的方法。

2．初步设计阶段勘察

第一，主要工作内容。

初步设计阶段勘察工作应根据工程建设的技术要求，并结合场地地质条件完成下列工作内容：

①划分地貌单元。

②初步查明岩土层性质、分布规律、形成时代、成因类型、基岩的风化程度、埋藏条件及露头情况。

③查明与工程建设有关的地质构造和地震情况。

④查明不良地质现象的分布范围、发育程度和形成原因。

⑤初步查明地下水类型、含水层性质，调查水位变化幅度、补给与排泄条件。

⑥分析场地各区段工程地质条件，对场地的稳定性应做出进一步评价，推荐适宜建设地段并对总平面布置、结构和基础形式、基础持力层、施工方法和不良地质作用的防治提出建议。

第二，勘察方法勘察工作量布置。

初步设计阶段勘察应采用工程地质调查、测绘、钻探和多种原位测试方法。初步设计阶段勘察工作量布置应符合下列规定：

①工程地质测绘，应调查岸线变迁和动力地质作用对岸线变迁的影响；埋藏河、湖、沟谷的分布及其对工程的影响；潜蚀、沙丘等不良地质作用的成因、分布、发展趋势及其对场地稳定性的影响。

②勘探工作应充分利用已有资料。勘探过程中应根据逐步掌握的地质条件变化情况，及时调整勘探点间距、深度及技术要求。

勘探线宜垂直岸向布置，勘探线和勘探点的间距应根据工程要求、地貌特征、岩土分布、不良地质作用等确定；岸坡地段和岩石与土层组合地段宜适当加密。

布置勘探线和勘探点时应符合下列各项规定：

• 勘探线和勘探点宜布置在比例尺为 1 ： 1 000 ~ 1 ： 2 000 的地形图上。

• 河港水工建筑物区域，勘探点应按垂直岸向布置，勘探点间距在岸坡区应小于相邻的水、陆域。

• 海港水工建筑物区域，勘探线应按平行于水工建筑长轴方向布置，但当建筑物位于岸坡明显地区时，勘探线、勘探点宜按前款的规定布置。

• 港口陆域建筑区宜按垂直地形、地貌单元走向布置勘探线，地形平坦时按勘探网布置。

③水域地段可采用浅层地震剖面或其他物探方法。

④滑坡地区勘探线沿滑动主轴线布置，应延伸至滑坡体上下两端之外，必要时尚需在滑坡体两侧增加勘探线。勘探点间距应能查明滑动面形状，其间距可取 20 ～ 40 m。勘探点的深度应达到滑动面以下稳定层内 1 ～ 3 m。

⑤勘探点中，取原状土孔数不得少于勘探点总数的 1/2，取样间距宜为 1 m，当土层厚度大且土质均匀时，取样间距可为 1.5 m，其余勘探点为原位测试点。当地基土不易取得原状土样或不宜做室内试验时，可适当减少取原状土孔数量，并增加原位测试的工作量。

锚地、港池和航道区一般以标准贯入试验孔为主，并适当布置取原状土孔。

3. 施工图设计阶段勘察

施工图设计阶段勘察应详细查明各个建筑物影响范围内的岩、土分布及其物理力学性质和影响地基稳定的不良地质条件，分析评价岸坡稳定性和地基稳定性，对地基基础与支护设计方案、防治不良地质作用及岸边工程监测提出建议，为地基基础设计、施工及不良地质现象的防治措施提供工程地质资料。

施工图设计阶段勘察时，应根据工程类型、建筑物特点、基础类型、荷载情况、岩土性质，并结合地貌特征和地质条件和所需查明问题的特点根据工程总平面布置确定勘探点位置、数量和深度等，复杂地基地段应予加密。勘探孔深度应根据工程规模、设计要求和岩土条件确定，除建筑物和结构物特点与荷载外，应考虑岸坡稳定性、坡体开挖、支护结构、桩基等的分析计算需要。

4. 施工期中的勘察

施工期中的勘察应针对需解决的工程地质问题进行布置。勘察方法包括施工验槽、钻探和原位测试等。

遇下列情况之一时，应进行施工期中的勘察：

①为解决施工中出现的工程地质问题。

②地基中有岩溶、土洞、岸（边）坡裂隙发育时。

③以基岩为持力层，当岩性复杂、岩面起伏、风化带厚度变化大时。

④施工中出现其他地质问题，需作进一步的勘察、检验时。

（三）岸坡和地基稳定性评价

评价岸坡和地基稳定性时，应按地质条件和土的性质，划分若干个区段进行验算。评价岸坡和地基稳定性时，应考虑下列因素：

①正确选用设计水位。

②出现较大水头差和水位骤降的可能性。

③施工时的临时超载。

④较陡的挖方边坡。

⑤波浪作用。

⑥打桩影响。

⑦不良地质作用的影响。

对于持久状况的岸坡和地基稳定性验算，设计水位应采用极端低水位，对有波浪作用的直立坡，应考虑不同水位和波浪力的最不利组合。

当施工过程中可能出现较大的水头差、较大的临时超载、较陡的挖方边坡时，应按短暂状况验算其稳定性。如水位有骤降的情况，应考虑水位骤降对土坡稳定的影响。

八、管道工程和架空线路工程

（一）管道工程

管道工程是指长距离输油、气管道线路及其大型穿、跨越工程。长距离输油、气管道主要或优先采用地下埋设方式，管道上覆土厚 1.0–1.2 m；自然条件比较特殊的地区，经过技术论证，亦可采用土堤埋设、地上敷设和水下敷设等方式。

管道工程勘察阶段的划分应与设计阶段相适应。输油、气管道工程可分选线勘察、初步勘察和详细勘察三个阶段。对岩土工程条件简单或有工程经验的地区，可适当简化勘察阶段。一般大型管道工程和大型穿越、跨越工程可分为选线勘察、初步勘察和详细勘察三个阶段。中型工程可分为选线勘察和详细勘察两个阶段。对于小型线路工程和小型穿、跨越工程一般不分阶段，一次达到详勘要求。

1. 管道工程选线勘察

选线勘察主要是搜集和分析已有资料，对线路主要的控制点（如大中型河流穿、跨越点）进行踏勘调查，一般不进行勘探工作。对大型管道工程和大型穿越、跨越工程，选线勘察是一个重要的也是十分必要的勘察阶段。以往有些单位在选线工作中，由于对地质工作不重视，没有工程地质专业人员参加，甚至不进行选线勘察，事后发现选定的线路方案有不少岩土工程问题。例如沿线的滑坡、泥石流等不良地质作用较多，不易整治；如果整治，则耗费很大，增加工程投资；如不加以整治，则后患无穷。在这种情况下，有时不得不重新组织选线。

选线勘察应通过搜集资料、测绘与调查，掌握各方案的主要岩土工程问题，对拟选穿、跨越河段的稳定性和适宜性做出评价，提出各方案的比选推荐建议，并应符合下列要求：

①调查沿线地形地貌、地质构造、地层岩性、水文地质等条件，推荐线路、越岭方案。

②调查各方案通过地区的特殊性岩土和不良地质作用，评价其对修建管道的危害程度。

③调查控制线路方案河流的河床和岸坡的稳定程度，提出穿、跨越方案比选的建议。

④调查沿线水库的分布情况，近期和远期规划，水库水位、回水浸没和坍岸的范围及其对线路方案的影响。

⑤调查沿线矿产、文物的分布概况。

⑥调查沿线地震动参数或抗震设防烈度。

管道遇有河流、湖泊、冲沟等地形、地物障碍时，必须跨越或穿越通过。根据国内外的经验，一般是穿越较跨越好。但是管道线路经过的地区，各种自然条件不尽相同，有时因为河床不稳，要求穿越管线埋藏很深；有时沟深坡陡，管线敷设的工程量很大；有时水深流急施工穿越工程特别困难；有时因为对河流经常疏浚或渠道经常扩挖，影响穿越管道的安全。在这些情况下，采用跨越的方式比穿越方式好。因此，应根据具体情况因地制宜地确定穿越或跨越方式。

河流的穿、跨越点选得是否合理，是设计、施工和管理的关键问题。所以，在确定穿、跨越点以前，应进行必要的选址勘察工作。通过认真的调查研究，比选出最佳的穿、跨越方案。既要照顾到整个线路走向的合理性，又要考虑到岩土工程条件的适宜性。从岩土工程的角度，穿越和跨越河流的位置应选择河段顺直、河床与岸坡稳定、水流平缓、河床断面大致对称、河床岩土构成比较单一、两岸有足够施工场地等有利河段。宜避开下列河段：

①河道异常弯曲，主流不固定，经常改道。

②河床为粉细砂组成，冲淤变幅大。

③岸坡岩土松软，不良地质作用发育，对工程稳定性有直接影响或潜在威胁。

④断层河谷或发震断裂。

2. 管道工程初步勘察

初勘工作，主要是在选线勘察的基础上，进一步搜集资料，现场踏勘，进行工程地质测绘和调查，对拟选线路方案的岩土工程条件做出初步评价 . 并推荐最优线路方案；对穿、跨越工程尚应评价河床及岸坡的稳定性，提出穿、跨越方案的建议。

初步勘察应主要包括下列内容：

①划分沿线的地貌单元。

②初步查明管道埋设深度内岩土的成因、类型、厚度和工程特性。

③调查对管道有影响的断裂的性质和分布。

④调查沿线各种不良地质作用的分布、性质、发展趋势及其对管道的影响。

⑤调查沿线井、泉的分布和地下水位情况。

⑥调查沿线矿藏分布及开采和采空情况。

⑦初步查明拟穿、跨越河流的洪水淹没范围，评价岸坡稳定性。

这一阶段的工作主要是进行测绘和调查，尽量利用天然和人工露头，一般不进行勘探和试验工作，只在地质条件复杂、露头条件不好的地段才进行简单的勘探工作。因为在初勘时，可能有几个比选方案，如果每一个方案都进行较为详细的勘察工作，那样工作量太大。所以，在确定工作内容时，要求初步查明管道埋设深度内的地层岩性、厚度和成因，要求把岩土的基本性质查清楚，如有无流沙、软土和对工程有影响的不良地质作用。

管道通过河流、冲沟等地段的穿、跨越工程的初勘工作，以搜集资料、踏勘、调查为主，必要时进行物探工作。山区河流、河床的第四系覆盖层厚度变化大，单纯用钻探手段难以控制，可采用电法或地震勘探，以了解基岩埋藏深度。对于地质条件复杂的大中型河流，除地面调查和物探工作外，尚需进行少量的钻探工作，每个穿、跨越方案宜布置勘探点 1 ~ 3 个。对于勘探线上的勘探点间距．考虑到本阶段对河床地层的研究仅是初步的，山区河流同平原河流的河床沉积差异性很大，即使是同一条河流，上游与下游也有较大的差别。因此，勘探点间距应根据具体情况确定，以能初步查明河床地质条件为原则。至于勘探孔的深度，可以与详勘阶段的要求相同。

3. 管道工程详细勘察

详细勘察应查明沿线的岩土工程条件和水、土对金属管道的腐蚀性，应分段评价岩土工程条件，提出岩土工程设计所需要的岩土特性参数和设计、施工方案的建议；对穿越工程尚应论述河床和岸坡的稳定性，提出护岸措施的建议。穿、跨越地段的勘察应符合下列规定；

①穿越地段应查明地层结构、土的颗粒组成和特性；查明河床冲刷和稳定程度；评价岸坡稳定性，提出护坡建议。

②跨越地段的勘探工作应按架空线路工程的有关规定执行。

详细勘察勘探点的布置，应满足下列要求：

①对管道线路工程，勘探点间距视地质条件复杂程度而定，宜为 200 ~ 1 000 m，包括地质点及原位测试点．并应根据地形、地质条件复杂程度适当增减；勘探孔深度宜为管道埋设深度以下 1 ~ 3 m。

②对管道穿越工程，勘探点应布置在穿越管道的中线上，偏离中线不应大于 3 m，勘探点间距宜为 30-100 m，并不应少于 3 个；当采用沟埋敷设方式穿越时，勘探孔深度宜钻至河床最大冲刷深度以下 3 ~ 5 m；当采用顶管或定向钻方式穿越时，勘探孔深度应根据设计要求确定。

管道穿越工程详勘阶段的勘探点间距规定“宜为 30-100 m”，范围较大。这是考虑到山区河流与平原河流的差异大。对山区河流而言，30 m 的间距有时还难以控制地层的变化；对平原河流，100m 的间距甚至再增大一些也可以满足要求。因此，当基岩面起伏大或岩性变化大时，勘探点的间距应适当加密，或采用物探方法，以控制地层变化。按现用设备，当采用定向钻方式穿越时，钻探点应偏离中心线 15 m。

③抗震设防烈度等于或大于 6° 地区的管道工程，勘察工作应满足查明场地和地基的地震效应的要求。

（二）架空线路工程

大型架空线路工程，主要是高压架空线路工程，包括 220 kV 及其以上的高压架空送电线路、大型架空索道等，其他架空线路工程也可参照执行。

大型架空线路工程可分初步设计勘察和施工图设计勘察两阶段，小型架空线路可合并勘察阶段。

1. 初步设计勘察

初步设计勘察查明沿线岩土工程条件和跨越主要河流地段的岸坡稳定性，选择最优线路方案。初步设计勘察应符合下列要求：

①调查沿线地形地貌、地质构造、地层岩性和特殊性岩土的分布、地下水及不良地质作用，并分段进行分析评价。

②调查沿线矿藏分布、开发计划与开采情况；线路宜避开可采矿层；对已开采区，应对采空区的稳定性进行评价。

③对大跨越地段，应查明工程地质条件，进行岩土工程评价，推荐最优跨越方案。

初步设计勘察应以搜集和利用航测资料为主。大跨越地段应做详细的调查或工程地质测绘，必要时，辅以少量的勘探、测试工作。为了能选择地质地貌条件较好、路径短、安全、经济、交通便利、施工方便的线路路径方案，可按不同地质、地貌情况分段提出勘察报告。

调查和测绘工作，重点是调查研究路径方案跨河地段的岩土工程条件和沿线的不良地质作用，对各路径方案沿线地貌、地层岩性、特殊性岩土分布、地下水情况也应了解，以便正确划分地貌、地质地段，结合有关文献资料归纳整理提出岩土工程勘察报告。对特殊设计的大跨越地段和主要塔基，应做详细的调查研究，当已有资料不能满足要求时，尚应进行适量的勘探测试工作。

2. 施工图设计勘察

施工图设计勘察阶段，应提出塔位明细表，论述塔位的岩土条件和稳定性，并提出设计参数和基础方案以及工程措施等建议。施工图设计勘察应符合下列要求：

①平原地区应查明塔基土层的分布、埋藏条件、物理力学性质、水文地质条件及环境水对混凝土和金属材料的腐蚀性。

②线路经过丘陵和山区，应围绕塔基稳定性并以此为重点进行勘察工作；主要是查明塔基及其附近是否有滑坡、崩塌、倒石堆、冲沟、岩溶和人工洞穴等不良地质作用及其对塔基稳定性的影响，提出防治措施建议。

③大跨越地段尚应查明跨越河段的地形地貌、塔基范围内地层岩性、风化破碎程度、软弱夹层及其物理力学性质；查明对塔基有影响的不良地质作用，并提出防治措施建议。

④对特殊设计的塔基和大跨越塔基，当抗震设防烈度等于或大于 6° 时，勘察工作应满足查明场地和地基的地震效应的要求。

施工图设计勘察阶段，是在已经选定的线路下进行杆塔定位，结合塔位进行工程地质调查、勘探和测试，提出合理的地基基础和地基处理方案、施工方法的建议等。各地段的具体要求如下：

• 对架空线路工程的转角塔、耐张塔、终端塔、大跨越塔等重要塔基和地质条件复杂地段，应逐个进行塔基勘探。对简单地段的直线塔基勘探点间距可酌情放宽；直线塔基地段宜每 3 ~ 4 个塔基布置一个勘探点。

• 对跨越地段杆塔位置的选择，应与有关专业共同确定；对于岸边和河中立塔，尚需根据水文调查资料（包括百年一遇洪水、淹没范围、岸边与河床冲刷以及河床演变等），结合塔位工程地质条件，对杆塔地基的稳定性做出评价。

• 跨越河流或湖沼，宜选择在跨距较短、岩土工程条件较好的地点布设杆塔。对跨越塔，宜布置在两岸地势较高、岸边稳定、地基土质坚实、地下水埋藏较深处；在湖沼地区立塔，则宜将塔位布设在湖沼沉积层较薄处，并需着重考虑杆塔地基环境水对基础的腐蚀性。

架空线路杆塔基础受力的基本特点是上拔力、下压力或倾覆力。因此，应根据杆塔性质（直线塔或耐张塔等），基础受力情况和地基情况进行基础上拔稳定计算、基础倾覆计算和基础下压地基计算，具体的计算方法可参照《架空送电线路基础设计技术规定》执行。

旧、废弃物处理工程

废弃物处理工程是指工业废渣堆场、核废料处理场、垃圾填埋场等固体废弃物处理工程。废弃物包括矿山尾矿、火力发电厂灰渣、氧化铝厂赤泥、核废料等工业废渣（料）以及城市固体垃圾等各种废弃物。我国工业和城市废弃物处理的问题日益突出，废弃物处理工程的建设日益增多，各种废弃物堆场的特点虽各有不同，但其基本特征是类似的。过去废弃物处理工程勘察的重点是坝体的勘察，如“尾矿坝”和“贮灰坝”。但事实上，对于山谷型堆填场，不仅有坝，还有其他工程设施。除山谷型外，还有平地型、坑埋型等。矿山废石、冶炼厂炉渣等粗粒废弃物堆场，目前一般不作勘察，但有时也会发生岩土工程问题，如引发泥石流，应根据任务要求和具体情况确定如何勘察。核废料的填埋处理要求很高，有核安全方面的专门要求，尚应满足相关规范的规定。

选矿厂的大量脉石“废渣”（即尾矿），通常以矿浆状态排出，个别情况下也有以干砂状态排出。大量的尾砂如不妥善处理就会大面积地覆没农田和污染水系，对环境造成严重的危害。同时，尾矿中往往还含有目前尚不能回收的贵重稀有金属，也不允许随意丢弃，需要存贮起来，待以后开发提炼。选矿厂的尾矿处理设施，就是为妥善解决上述问题而建造的各种建（构）筑物的联合系统。尾矿处理的方法有湿式、干式或介于两者之间的混合式，我国大多数选矿厂的尾矿均采用湿式处理。尾矿库中排出的澄清水，多数情况下设回水系统，回收一部分水供选矿厂重复利用；多余部分排往下游河道，当排放的澄清水中含有有害成分，且超过废水排水标准和卫生标准时，则需设置净化构筑物对废水进行净化处理。

燃煤电厂产生大量的灰渣即粉煤灰，颗粒细小，多为粉粒，易随风飞扬，增加空气中可吸入颗粒物的含量，降低大气质量，对人体有较大的危害；沉降至地面后又可在土壤表面和孔隙中积累而破坏土壤的透气、透水性和土壤特有的团粒结构，从而降低了土壤的效能。一般采用湿式排灰方式，将粉煤灰加水制成粉煤灰浆，利用管道输送至贮灰场（库）贮存。贮灰坝是贮灰场（库）用来拦截粉煤灰的主要水工建筑物。贮灰场（库）的主要目的是贮灰，所以对贮灰坝坝基及整个场（库）区的防渗要求不是十分严格。一般不需要对坝基进行固结灌浆和帷幕防渗处理，而坝基及库区边坡的稳定则是其研究的主要问题。

赤泥是铝厂冶炼过程中产生的含铁的废弃物，成胶泥状态。

城市建设和生活过程中产生大量的固体废弃物——垃圾，可分为建筑垃圾和生活垃圾。其中生活垃圾富含有机物、细菌以及一些化学制品，这些物质对环境影响很大，随意堆放会影响大气、水和土地，造成污染。选择合适的填埋场所、建立相应的处理措施是十分必要的。

废弃物处理工程一般由若干配套工程组成。例如，对于山谷型废弃物堆场，一般由以下工程组成：

①初期坝：一般为土石坝，有的上游用砂石、土工布组成反滤层。

②堆填场：即库区，有的还设有截洪沟，防止洪水进入库区。

③管道、排水井、隧洞等，用于输送尾矿、灰渣、降水、排水。对于垃圾堆埋场，还设有排气设施，以排出堆填物内部产生的沼气等气体。

④截污坝、污水池、截水墙、防渗帷幕等，用以集中有害渗出液，防止对周围环境的污染，对垃圾填埋场尤为重要。

⑤加高坝：废弃物堆填超过初期坝后，用废渣材料加高的坝体。也有用其他材料如混凝土或钢筋混凝土加高或筑成堆填场坝，以确保安全。

⑥污水处理场、办公用房等建筑物。

⑦垃圾填埋场的底部设有复合型密封层，以防渗出液污染地下水；顶部设有密封层，防止垃圾随风飞扬，污染大气；赤泥堆场底部也有土工膜或其他密封层。

⑧稳定、变形、渗漏、污染的监测系统。

（一）一般规定

1. 应着重查明的内容

废弃物处理工程的岩土工程勘察，应着重查明下列内容：

①地形地貌特征和气象水文条件。

②地质构造、岩土分布和不良地质作用。

③岩土的物理力学性质。

④水文地质条件、岩土和废弃物的渗透性。

⑤场地、地基和边坡的稳定性。

⑥污染物的运移，对水源和岩土的污染，对环境的影响。

⑦筑坝材料和防渗覆盖用黏土的调查。

⑧全新活动断裂、场地地基和堆积体的地震效应。

2. 废弃物处理工程勘察的范围

废弃物处理工程勘察的范围，应包括堆填场（库区）、初期坝、相关的管线、隧洞等构筑物和建筑物，以及邻近相关地段，并应进行地方建筑材料的勘察。由于废弃物的种类、地形条件、环境保护要求等各不相同，工程建设运行过程有较大差别，勘察范围

应根据任务要求和工程具体情况确定。

3. 勘察阶段的划分及各阶段的主要任务

废弃物处理工程的勘察应配合工程建设分阶段进行。不同的行业由于情况不同，各工程的规模不同，要求也不同，所以在具体勘察时应根据具体情况确定勘察的阶段划分。一般情况下，废弃物处理工程的勘察，可分为可行性研究勘察、初步勘察和详细勘察。废渣材料加高坝不属于一般意义勘察，而属于专门要求的详细勘察。

可行性研究勘察应主要采用踏勘调查，必要时辅以少量勘探工作，对拟选场地的稳定性和适宜性做出初步评价。

初步勘察应以工程地质测绘为主，辅以勘探、原位测试、室内试验，对拟建工程的总平面布置、场地的稳定性、废弃物对环境的影响等进行初步评价，并提出建议。

详细勘察应采用勘探、原位测试和室内试验等手段进行，地质条件复杂地段应进行工程地质测绘，获取工程设计所需的参数，提出设计施工和监测工作的建议，并对不稳定地段和环境影响进行评价，提出治理建议。

废弃物处理工程勘察前，除搜集与一般场地勘察要求相同的地形图、地质图、工程总平面图等资料外，尚应收集下列专门性技术资料：

①废弃物的成分、粒度、物理和化学性质，废弃物的日处理量、输送和排放方式。

②堆场或填埋场的总容量、有效容量和使用年限。

③山谷型堆填场的流域面积、降水量、径流量、多年一遇洪峰流量。

④初期坝的坝长和坝顶标高，加高坝的最终坝顶标高。

⑤活动断裂和抗震设防烈度。

⑥邻近的水源地保护带、水源开采情况和环境保护要求。

废弃物处理工程的工程地质测绘应包括场地的全部范围及其邻近有关地段，其比例尺，初步勘察宜为1∶2 000～1∶5 000，详细勘察的复杂地段不应小于1∶1 000，除应按一般工程地质测绘的要求执行外，尚应着重调查下列内容：

①地貌形态、地形条件和居民区的分布。

②洪水、滑坡、泥石流、岩溶、断裂等与场地稳定性有关的不良地质作用，滑坡和泥石流还可挤占库区，减小有效库容。

③有价值的自然景观、文物和矿产的分布，矿产的开采和采空情况。

有价值的自然景观包括有科学意义需要保护的特殊地貌、地层剖面、化石群等。文物和矿产常有重要的文化和经济价值，应进行调查，并由专业部门评估，对废弃物处理工程建设的可行性有重要影响。

④与渗漏有关的水文地质问题，是建造防渗帷幕、截污坝、截水墙等工程的主要依据，测绘和勘探时应着重查明。

⑤生态环境。

⑥废弃物处理工程应按第五章的要求，进行专门的水文地质勘察。

⑦在可溶岩分布区，应着重查明岩溶发育条件，溶洞、土洞、塌陷的分布，岩溶水

的通道和流向，岩溶造成地下水和渗出液的渗漏，岩溶对工程稳定性的影响。

⑧初期坝的筑坝材料及防渗和覆盖用黏土材料的费用对工程的投资影响较大，勘察时应包括材料的产地、储量、性能指标、开采和运输条件。可行性勘察时应确定产地，初步勘察时应基本完成。

（二）工业废渣堆场

工业废渣堆场详细勘察时，勘探测试工作量和技术要求应根据工程实际情况和有关行业标准的要求确定，以能满足查明情况和分析评价要求为准并应符合下列规定：

①勘探线宜平行于堆填场、坝、隧洞、管线等构筑物的轴线布置，勘探点间距应根据地质条件复杂程度确定。

②对初期坝，勘探孔的深度应能满足分析稳定、变形和渗漏的要求。

③与稳定、渗漏有关的关键性地段，应加密加深勘探孔或专门布置勘探工作。

④可采用有效的物探方法辅助钻探和井探。

⑤隧洞勘察应符合本章第六节的规定。

废渣材料加高坝的勘察，应采用勘探、原位测试和室内试验的方法进行，并应着重查明下列内容：

①已有堆积体的成分、颗粒组成、密实程度、堆积规律。

②堆积材料的工程特性和化学性质。

③堆积体内浸润线位置及其变化规律。

④已运行坝体的稳定性，继续堆积至设计高度的适宜性和稳定性。

⑤废渣堆积坝在地震作用下的稳定性和废渣材料的地震液化可能性。

⑥加高坝运行可能产生的环境影响。

废渣材料加高坝的勘察，可按堆积规模垂直坝轴线布设不少于三条勘探线，勘探点间距在堆场内可适当增大；一般勘探孔深度应进入自然地面以下一定深度，控制性勘探孔深度应能查明可能存在的软弱层。

工业废渣堆场的岩土工程分析评价应重点对不良地质作用、稳定性等进行岩土工程分析评价，并提出防治措施的建议。具体包括下列内容：

①洪水、滑坡、泥石流、岩溶、断裂等不良地质作用对工程的影响。

②坝基、坝肩和库岸的稳定性，地震对稳定性的影响。

③坝址和库区的渗漏及建库对环境的影响。

④对地方建筑材料的质量、储量、开采和运输条件，进行技术经济分析。

⑤对废渣加高坝的勘察，应分析评价现状和达到最终高度时的稳定性，提出堆积方式和应采取措施的建议。

⑥提出边坡稳定、地下水位、库区渗漏等方面监测工作的建议。

（三）垃圾填埋场

垃圾填埋场勘察前搜集资料时，除了搜集与一般场地勘察要求相同的地形图、地质图、工程总平面图等资料外，还应收集一般废弃物处理工程专门性技术资料和下列内容：

①垃圾的种类、成分和主要特性以及填埋的卫生要求。

②填埋方式和填埋程序以及防渗衬层和封盖层的结构，渗出液集排系统的布置。

③防渗衬层、封盖层和渗出液集排系统对地基和废弃物的容许变形要求。

④截污坝、污水池、排水井、输液输气管道和其他相关构筑物情况。

废弃物的堆积方式和工程性质不同于天然土，按其性质可分为似土废弃物和非土废弃物。似土废弃物如尾矿、赤泥、灰渣等，类似于砂土、粉土、黏性土，其颗粒组成、物理性质、强度、变形、渗透和动力性质，可用土工试验方法测试。非土废弃物如生活垃圾，取样测试都较困难，应针对具体情况，专门考虑。有些力学参数也可通过现场监测，用反分析方法确定。垃圾填埋场的勘探测试，除应遵守本节工业废渣堆场的规定外，尚应符合下列要求：

①需进行变形分析的地段，其勘探深度应满足变形分析的要求。

②岩土和似土废弃物的测试，可按一般土的有关规定执行，非土废弃物的测试，应根据其种类和特性采用合适的方法，并可根据现场监测资料，用反分析方法获取设计参数。

③测定垃圾渗出液的化学成分，必要时进行专门试验，研究污染物的运移规律。

力学稳定和化学污染是废弃物处理工程评价两大主要问题，垃圾填埋场勘察报告的岩土工程分析评价除应满足工业废渣堆场的有关规定外，尚宜包括下列内容：

①工程场地的整体稳定性以及废弃物堆积体的变形和稳定性。

②地基和废弃物变形，导致防渗衬层、封盖层及其他设施失效的可能性。如土石坝的差异沉降可引起坝身裂缝；废弃物和地基土的过量变形，可造成封盖和底部密封系统开裂等。

③坝基、坝肩、库区和其他有关部位的渗漏。

④预测水位变化及其影响。

⑤污染物的运移及其对水源、农业、岩土和生态环境的影响。

⑥提出保证稳定、减少变形、防止渗漏和保护环境措施的建议。

⑦提出筑坝材料、防渗和覆盖用黏土等相关事项的建议。

⑧提出有关稳定、变形、水位、渗漏、水土和渗出液化学性质监测工作的建议。

十、核电厂

核电站是通过核反应堆产生核能，并经过核供汽系统（又称一回路系统）和汽轮发电机系统（或称二回路系统）的协调工作来生产电能的一种电力设施。其中，核供汽系统被安装在一个称为安全壳的密闭厂房内，其目的是隔离核辐射，以保证核电站在正常运行或发生事故时都不会影响环境安全。核电站主体工程的主要构筑物包括：安全壳以及围绕着安全壳的燃料库、主控制楼、管廊和一回路辅助厂房、二回路系统的汽轮发电机房、应急柴油机房等，冷却水供应装置，取、排水系统及其护岸工程，核废料贮存设施，等等。

安全壳是一个直径一般为 40-50 m 的钢筋混凝土圆柱体，其基础为一块整体钢筋混凝土垫板，埋置在地面以下 10-20 m，一般要求其嵌入岩基。燃料库基础埋深略小一些，而主控制楼、管廊和一回路辅助厂房的基础埋深均大于安全壳基础埋深。因此，这些构筑物的基坑实际上是一个连成一体的、底部呈台阶状的巨大深基坑。

冷却水供、排水设施主要由水泵房、引水隧洞或明渠等组成。大多数核电站将水泵房深埋于地下，采用引水隧洞连接水泵房与大型水体。水泵房和输水隧洞的标高均在大型水体历年最枯水位之下。

核废料贮存设施可分为两类：一类核废料贮存的安全年限为 500 ~ 600 年，一般是在厂区附近选择稳定的山体开挖洞坑作为贮存这类核废料的场地；另一类核废料需要加以集中后进行永久贮存。目前国际上普遍认为在地下盐矿、深层黏土层（岩）以及花岗岩体中建造永久贮存设施较为现实、可行，其中以地下盐矿最为理想。

核电厂岩土工程勘察的安全分类，可分为与核安全有关建筑和常规建筑两类。核电厂的下列建筑物为与核安全有关的建筑物：①核反应堆厂房；②核辅助厂房；③电气厂房；④核燃料厂房及换料水池；⑤安全冷却水泵房及有关取水构筑物；⑥其他与核安全有关的建筑物。

除上列与核安全有关建筑物之外，其余建筑物均为常规建筑物。

与核安全有关建筑物应为岩土工程勘察的重点。本节规定是在总结已有核电厂勘察经验的基础上，遵循核电厂安全法规和导则的有关规定，参考国外核电厂前期工作的经验制订的，适用于各种核反应堆型的陆地固定式商用核电厂的岩土工程勘察。

（一）勘察阶段的划分

核电厂是各类工业建筑中安全性要求最高、技术条件最为复杂的工业设施，建造投资规模巨大。因此，根据基建审批程序和已有核电厂工程的实际经验，核电厂岩土工程勘察可划分为初步可行性研究、可行性研究、初步设计、施工图设计和工程建造等五个勘察阶段。各个阶段循序渐进、逐步投入。

（二）初步可行性研究勘察

1. 勘察工作的内容和目的

根据原电力工业部《核电厂工程建设项目可行性研究内容与深度规定》（试行），初步可行性研究阶段应对 2 个或 2 个以上厂址进行勘察，最终确定 1 ~ 2 个候选厂址。初步可行性研究勘察工作应以搜集资料为主，根据地质复杂程度，进行调查、测绘、钻探、测试和试验，对各拟选厂址的区域地质、厂址工程地质和水文地质、地震动参数区划、历史地震及历史地震的影响烈度以及近期地震活动等方面资料加以研究分析，对厂址的场地稳定性、地基条件、环境水文地质和环境地质做出初步评价，提出建厂的适宜性意见，满足初步可行性研究阶段的深度要求。

2. 勘察的基本要求

初步可行性研究勘察，厂址工程地质测绘的比例尺应选用1=10 000 ~ 1 ：25 000；范围应包括厂址及其周边地区，面积不宜小于4 km2。工程地质测绘内容包括地形、地貌、地层岩性、地质构造、水文地质以及岩溶、滑坡、崩塌、泥石流等不良地质作用。重点调查断层构造的展布和性质，必要时应实测剖面。

初步可行性研究勘察，应通过工程地质调查，对岸坡、边坡的稳定性进行分析，必要时可做少量的勘探和测试工作，提出厂址的主要工程地质分层，提供岩土初步的物理力学性质指标，了解预选核岛区附近的岩土分布特征，并应符合下列要求：

①每个厂址勘探孔不宜少于两个，深度应为预计设计地坪标高以下30 ~ 60 m。

②应全断面连续取芯，回次岩芯采取率对一般岩石应大于85%，对破碎岩石应大于70%。

③每一主要岩土层应采取3组以上试样；勘探孔内间隔2 ~ 3 m应做标准贯入试验一次，直至连续的中等风化以上岩体为止；当钻进至岩石全风化层时，应增加标准贯入试验频次，试验间隔不应大于0.5 m。

④岩石试验项目应包括密度、弹性模量、泊松比、抗压强度、软化系数、抗剪强度和压缩波速度等；土的试验项目应包括颗粒分析、天然含水量、密度、塑限、液限、压缩系数、压缩模量和抗剪强度等。

⑤初步可行性研究勘察，对岩土工程条件复杂的厂址，可选用物探辅助勘察，了解覆盖层的组成、厚度和基岩面的埋藏特征，了解隐伏岩体的构造特征，了解是否存在洞穴和隐伏的软弱带。在河海岸坡和山丘边坡地区，应对岸坡和边坡的稳定性进行调查，并做出初步分析评价。

3. 厂址适宜性评价

为了确保核电站的绝对安全以及投资效益的需要，选择核电站站址时，评价厂址适宜性应考虑下列因素：

①有无能动断层，是否对厂址稳定性构成影响。

站址及其附近是否存在能动断层是评价站址适宜性的重要因素。根据有关规定，在地表或接近地表处有可能引起明显错动的断层为能动断层。符合以下条件之一者应鉴定为能动断层：

• 该断层在晚更新世（距今约10万年）以来在地表或接近地表处有过运动的证据；

• 证明与已知能动断层存在构造上的联系，由于已知能动断层的运动可能引起该断层在地表或近地表处的运动；

• 站址附近的发震构造，当其最大潜在地震可能在地表或近地表产生断裂时，该发震构造应认为是能动断层。

②是否存在影响厂址稳定的全新世火山活动。

③是否处于地震设防烈度大于8度的地区，是否存在与地震有关的潜在地质灾害。

地震是影响核电站安全的另一个主要的地质因素，包括地震动本身可影响核电站建筑物的安全与稳定以及地震引起的地基液化、滑动、边坡失稳等地质灾害的影响。

④厂址区及其附近有无可开采矿藏，有无影响地基稳定的人类历史活动、地下工程、采空区、洞穴等。

⑤是否存在可造成地面塌陷、沉降、隆起和开裂等永久变形的地下洞穴、特殊地质体、不稳定边坡和岸坡、泥石流及其他不良地质作用。

⑥有无可供核岛布置的场地和地基，并具有足够的承载力。

根据我国目前的实际情况，核岛基础一般选择在中等风化、微风化或新鲜的硬质岩石地基上，其他类型的地基并不是不可以放置核岛，只是由于我国在这方面的经验不足，必须加以严密的勘察与论证。因此，本节规定主要适用于核岛地基为岩石地基的情况。

⑦是否危及供水水源或对环境地质构成严重影响。

（三）可行性研究勘察

1. 主要工作内容

可行性研究勘察阶段应对初步可行性研究阶段选定的核电站站址进行勘察，勘察内容应包括：

①查明厂址地区的地形地貌、地质构造、断裂的展布及其特征。

②查明厂址范围内地层成因、时代、分布和各岩层的风化特征，提供初步的动静物理力学参数；对地基类型、地基处理方案进行论证，提出建议。

③查明危害厂址的不良地质作用及其对场地稳定性的影响，对河岸、海岸、边坡稳定性做出初步评价，并提出初步的治理方案。

④判断抗震设计场地类别，划分对建筑物有利、不利和危险地段，判断地震液化的可能性。

⑤查明水文地质基本条件和环境水文地质的基本特征。

2. 勘察的基本要求

可行性研究勘察应进行工程地质测绘，测绘范围应视地质、地貌、构造单元确定，包括厂址及其周边地区，测绘地形图比例尺为 1 5 1 000-1 ： 2 000, 在厂址周边地区可采用 1 ： 2 000 的比例尺，但在厂区不应小于 1 ： 1 000。

本阶段厂址区的岩土工程勘察应以钻探和工程物探相结合的方式，工程物探是本阶段的重点勘察手段，通常选择 2 ~ 3 种物探方法进行综合物探，物探与钻探应互相配合，以便有效地获得厂址的岩土工程条件和有关参数，查明基岩和覆盖层的组成、厚度和工程特性；基岩埋深、风化特征、风化层厚度等；并应查明工程区存在的隐伏软弱带、洞穴和重要的地质构造；对水域应结合水工建筑物布置方案，查明海（湖）积地层分布、特征和基岩面起伏状况。

可行性研究阶段的勘探和测试应符合下列规定：

①厂区的勘探应结合地形、地质条件采用网格状布置，勘探点间距宜为 150 m。

《核电厂地基安全问题》中规定：厂区钻探采用 150 m × 150 m 网格状布置钻孔，

对于均匀地基厂址或简单地质条件厂址较为适用。如果地基条件不均匀或较为复杂，则钻孔间距应适当调整。

控制性勘探点应结合建筑物和地质条件布置，数量不宜少于勘探点总数的 1/3，沿核岛和常规岛中轴线应布置勘探线，勘探点间距宜适当加密，并应满足主体工程布置要求，保证每个核岛和常规岛不少于 1 个；对水工建筑物宜垂直河床或海岸布置 2 ~ 3 条勘探线，每条勘探线 2 ~ 4 个钻孔。泵房位置不应少于 1 个钻孔。

②勘探孔深度，对基岩场地宜进入基础底面以下基本质量等级为Ⅰ级、Ⅱ级的岩体不少于 10 m；对第四纪地层场地宜达到设计地坪标高以下 40 m，或进入Ⅰ级、Ⅱ级岩体不少于 3 m；核岛区控制性勘探孔深度，宜达到基础底面以下 2 倍反应堆厂房直径；常规岛区控制性勘探孔深度，不宜小于地基变形计算深度，或进入基础底面以下Ⅰ级、Ⅱ级、Ⅲ级岩体 3 m；对水工建筑物应结合水下地形布置，并考虑河岸、海岸的类型和最大冲刷深度。

③岩石钻孔应全断面取芯，每回次岩芯采取率对一般岩石应大于 85%，对破碎岩石应大于 70%，并统计 RQD、节理条数和倾角；每一主要岩层应采取 3 组以上的岩样。

④根据岩土条件，选用适当的原位测试方法，测定岩土的特性指标，并用声波测试方法评价岩体的完整程度和划分风化等级。

⑤在核岛位置，宜选 1 ~ 2 个勘探孔，采用单孔法或跨孔法，测定岩土的压缩波速和剪切波速，计算岩土的动力参数。

⑥岩土室内试验项目除应符合初步可行性研究阶段的要求外，尚应增加每个岩体（层）代表试样的动弹性模量、动泊松比和动阻尼比等动态参数测试。

可行性研究阶段的地下水调查和评价，包括对核环境有影响的水文地质工作和常规的水文地质工作两方面。应符合下列规定：

①结合区域水文地质条件，查明厂区地下水类型，含水层特征，含水层数量、埋深、动态变化规律及其与周围水体的水力联系和地下水化学成分。

②结合工程地质钻探对主要地层分别进行注水、抽水或压水试验，测求地层的渗透系数和单位吸水率，初步评价岩体的完整性和水文地质条件。

③必要时，布置适当的长期观测孔，定期观测和记录水位，每季度定时取水样一次作水质分析，观测周期不应少于一个水文年。

可行性研究阶段应根据岩土工程条件和工程需要，进行边坡勘察、土石方工程和建筑材料的调查和勘察。

（四）初步设计勘察

1. 勘察的主要工作内容

根据核电厂建筑物的功能和组合，初步设计勘察应分核岛、常规岛、附属建筑和水工建筑四个不同的建筑地段进行，这些不同建筑地段的安全性质及其结构、荷载、基础形式和埋深等方面的差异，是考虑勘察手段和方法的选择、勘探深度和布置要求的依据。初步设计勘察应符合下列要求：

①查明各建筑地段的岩土成因、类别、物理性质和力学参数，并提出地基处理方案。

②进一步查明勘察区内断层分布、性质及其对场地稳定性的影响，提出治理方案的建议。

③对工程建设有影响的边坡进行勘察，并进行稳定性分析和评价，提出边坡设计参数和治理方案的建议。

④查明建筑地段的水文地质条件。

⑤查明对建筑物有影响的不良地质作用，并提出治理方案的建议。

2. 勘探点间距及孔深的基本要求

第一，核岛。

核岛是指反应堆厂房及其紧邻的核辅助厂房。初步设计核岛地段勘察应满足设计和施工的需要，勘探孔的布置、数量和深度应符合下列规定：

①应布置在反应堆厂房周边和中部，当场地岩土工程条件较复杂时，可沿十字交叉线加密或扩大范围。勘探点间距宜为 10-30 m。

②勘探点数量应能控制核岛地段地层岩性分布，并能满足原位测试的要求。每个核岛勘探点总数不应少于 10 个，其中反应堆厂房不应少于 5 个，控制性勘探点不应少于勘探点总数的 1/2。

③控制性勘探孔深度宜达到基础底面以下 2 倍反应堆厂房直径，一般性勘探孔深度宜进入基础底面以下，Ⅰ、Ⅱ级岩体不少于 10 m。波速测试孔深度不应小于控制性勘探孔深度。

以上要求只是对核岛地段钻孔数量的最低的界限，主要考虑了核岛的几何形状和基础面积。在实际工作中，可根据场地实际工程地质条件进行适当调整。

第二，常规岛地段。

常规岛地段按其建筑物安全等级相当于火力发电厂汽轮发电机厂房，考虑到与核岛系统的密切关系，初步设计常规岛地段勘察，除应符合相关规范的规定外，尚应符合下列要求：

①勘探点应沿建筑物轮廓线、轴线或主要柱列线布置，每个常规岛勘探点总数不应少于 10 个，其中控制性勘探点不宜少于勘探点总数的 1/4。

②控制性勘探孔深度对岩质地基应进入基础底面下 I 级、II 级岩体不少于 3 m, 对土质地基应钻至压缩层以下 10 ~ 20 m。

一般性勘探孔深度，岩质地基应进入中等风化层 3 ~ 5 m, 土质地基应达到压缩层底部。

第三，水工建筑物。

水工建筑物种类较多，各不同的结构和使用特点，且每个场地工程地质条件存在着差别。勘察工作应充分考虑上述特点，有针对性地布置工作量。初步设计阶段水工建筑的勘察应符合下列规定：

①泵房地段钻探工作应结合地层岩性特点和基础埋置深度，每个泵房勘探点数量不

应少于 2 个。一般性勘探孔应达到基础底面以下 1 ～ 2 m；控制性勘探孔应进入中等风化岩石 1.5-3.0 m；土质地基中控制性勘探孔深度应达到压缩层以下 5 ～ 10 m。

②位于土质场地的进水管线，勘探点间距不宜大于 30 m, 一般性勘探孔深度应达到管线底标高以下 5 m, 控制性勘探孔应进入中等风化岩石 1.5-3.0 m。

③与核安全有关的海堤、防波堤，钻探工作应针对该地段所处的特殊地质环境布置，查明岩土物理力学性质和不良地质作用；勘探点宜沿堤轴线布置，一般性勘探孔深度应达到堤底设计标高以下 10m, 控制性勘探孔应穿透压缩层或进入中等风化岩石 1.5 ～ 3.0m。

3. 测试及室内试验的基本要求

初步设计阶段勘察的测试，除应满足一般工业与民用建筑物的基本要求外，尚应符合下列规定：

①根据岩土性质和工程需要，选择合适的原位测试方法，包括波速测试、动力触探试验、抽水试验、注水试验、压水试验和岩体静载荷试验等；并对核反应堆厂房地基进行跨孔法波速测试和钻孔弹模测试，测求核反应堆厂房地基波速和岩石的应力应变特性。

②室内试验除进行常规试验外，尚应测定岩土的动静弹性模量、动静泊松比、动阻尼比、动静剪切模量、动抗剪强度、波速等指标。

以上几种原位测试方法是进行岩土工程分析与评价所需要的项目，应结合工程的实际情况予以选择采用。核岛地段波速测试，是一项必须进行的工作，是取得岩土体动力参数和抗震设计分析的主要手段，该项目测试对设备和技术有很高的要求，因此，对服务单位的选择、审查十分重要。

（五）施工图设计阶段和工程建造阶段勘察

施工图设计阶段应完成附属建筑的勘察和主要水工建筑以外其他水工建筑的勘察，并根据需要进行核岛、常规岛和主要水工建筑的补充勘察。勘察内容和要求可按初步设计阶段有关规定执行，每个与核安全有关的附属建筑物不应少于一个控制性勘探孔。

工程建造阶段勘察主要是现场检验和监测。核电站工程为有特殊要求的工程，一旦损坏，将造成生命财产的重大损失，同时将产生重大的社会影响。现场检验和监测工作对保证工程安全有重要作用。当监测数据接近安全临界值时，必须加密监测，并迅速向有关方面报告，以便及时采取措施，保证工程和人身安全。其内容和要求按有关规范、规定执行。

十一、既有建筑物的增载和保护

既有建筑物的增载和保护的类型主要指在大中城市的建筑密集区进行改建和新建时可能遇到的岩土工程问题。特别是大城市，高层建筑的数量增加很快，高度也在增高，建筑物增层、增载的情况较多，不少大城市正在兴建或计划兴建地铁，城市道路的大型立交工程也在增多。深基坑，地下掘进，较深、较大面积的施工降水，新建建筑物的荷载在既有建筑物地基中引起的应力状态的改变等是这些工程的岩土工程特点，给我们提出了一些特殊的岩土工程问题。我们必须重视和解决好这些问题，以避免或减轻对既有建筑物可能造成的影响，在兴建建筑物的同时，保证既有建筑物的完好与安全。

（一）一般要求

注意搞清各类增载和保护工程的岩土工程勘察的工作重点，使勘探、试验工作的针对性强，所获的数据资料科学、适用，从而使岩土工程分析和评价建议能抓住主要矛盾，符合实际情况。此外，系统的监测工作是重要手段之一，往往不能缺少。

既有建筑物的增载和保护的岩土工程勘察应符合下列要求：

①搜集建筑物的荷载、结构特点、功能特点和完好程度资料，基础类型、埋深、平面位置，基底压力和变形观测资料；场地及其所在地区的地下水开采历史，水位降深、降速，地面沉降、形变，地裂缝的发生、发展等资料。

②评价建筑物的增层、增载和邻近场地大面积堆载对建筑物的影响时，应查明地基土的承载力，增载后可能产生的附加沉降和沉降差；对建造在斜坡上的建筑物尚应进行稳定性验算。

③对建筑物接建或在其紧邻新建建筑物，应分析新建建筑物在既有建筑物地基土中引起的应力状态改变及其影响。

④评价地下水抽降对建筑物的影响时，应分析抽降引起地基土的固结作用和地面下沉、倾斜、挠曲或破裂对既有建筑物的影响，并预测其发展趋势。

⑤评价基坑开挖对邻近既有建筑物的影响时，应分析开挖卸载导致的基坑底部剪切隆起，因坑内外水头差引发管涌、坑壁土体的变形与位移、失稳等危险；同时还应分析基坑降水引起的地面不均匀沉降的不良环境效应。

⑥评价地下工程施工对既有建筑物的影响时，应分析伴随岩土体内的应力重分布出现的地面下沉、挠曲等变形或破裂，施工降水的环境效应，过大的围岩变形或坍塌等对既有建筑物的影响。

（二）建筑物的增层、增载和邻近场地大面积堆载的岩土工程勘察的重点内容

为建筑物的增载或增层而进行的岩土工程勘察的目的，是查明地基土的实际承载能力（临塑荷载、极限荷载），从而确定是否尚有潜力可以增层或增载。建筑物的增层、增载和邻近场地大面积堆载的岩土工程勘察的重点应包括下列内容：

①分析地基土的实际受荷程度和既有建筑物结构、材料状况及其适应新增荷载和附加沉降的能力。

②勘探点应紧靠基础外侧布置，有条件时宜在基础中心线布置，每栋单独建筑物的勘探点不宜少于 3 个；在基础外侧适当距离处，宜布置一定数量勘探点。

③勘探方法除钻探外，宜包括探井和静力触探或旁压试验；取土和旁压试验的间距，在基底以下一倍基宽的深度范围内宜为 0.5 m，超过该深度时可为 1 m；必要时，应专门

布置探井查明基础类型、尺寸、材料和地基处理等情况。

④压缩试验成果中应有 e—lg P 曲线，并提供先期固结压力、压缩指数、回弹指数和与增荷后土中垂直有效压力相应的固结系数，以及三轴不固结不排水剪切试验成果；当拟增层数较多或增载量较大时，应作载荷试验，提供主要受力层的比例界限荷载、极限荷载、变形模量和回弹模量。

⑤岩土工程勘察报告应着重对增载后的地基土承载力进行分析评价，预测可能的附加沉降和差异沉降，提出关于设计方案、施工措施和变形监测的建议。

增层、增载所需的地基承载力潜力不宜通过查以往有关的承载力表的办法来衡量。这是因为：

①地基土的承载力表是建立在数理统计基础上的，表中的承载力只是符合一定的安全保证概率的数值，并不直接反映地基土的承载力和变形特性，更不是承载力与变形关系上的特性点。

②地基土承载力表的使用是有条件的，岩土工程师应充分了解最终的控制与衡量条件是建筑物的容许变形（沉降、挠曲、倾斜）。

因此，原位测试和室内试验方法的选择决定于测试成果能否比较直接地反映地基土的承载力和变形特性，能否直接显示土的应力一应变的变化、发展关系和有关的力学特性点。

根据测试成果分析得出的地基土的承载力与计划增层、增载后地基将承受的压力进行比较，并结合必要的沉降历史关系预测，就可得出符合或接近实际的岩土工程结论。下列是比较明确的土的力学特性点：①载荷试验 S—P 曲线上的比例界限和极限荷载；②固结试验 e—lg P 曲线上的先期固结压力和再压缩指数与压缩指数；③旁压试验 V ~ p 曲线上的临塑压力力与极限压力加；④静力触探锥尖阻力亦能在相当接近的程度上反映土的原位不排水强度等。

当然，在作出关于是否可以增层、增载和增层、增载的量值和方式、步骤的最后结论之前，还应考虑既有建筑物结构的承受能力。

（三）建筑物接建、邻建的岩土工程勘察的重点内容

建筑物的接建、邻建所带来的主要岩土工程问题，是新建建筑物的荷载引起的、在既有建筑物紧邻新建部分的地基中的应力叠加。这种应力叠加会导致既有建筑物地基土的不均匀附加压缩和建筑物的相对变形或挠曲，直至严重裂损。针对这一主要问题，需要在接建、邻建部位专门布置勘探点。原位测试和室内试验的重点，如同建筑物的增载或增层所述，也应以获得地基土的承载力和变形特性参数为目的，以便分析研究接建、邻建部位的地基土在新的应力状态下的稳定程度，特别是预测地基土的不均匀附加沉降和既有建筑物将承受的局部性的相对变形或挠曲。

建筑物接建、邻建的岩土工程勘察应符合下列要求：

①除应符合建筑物的增载或增层的要求外，尚应评价建筑物的结构和材料适应局部挠曲的能力。

②除按房屋建筑的要求对新建建筑物布置勘探点外，尚应为研究接建、邻建部位的地基土、基础结构和材料现状布置勘探点，其中应有探井或静力触探孔，其数量不宜少于 3 个，取土间距宜为 1 m。

③压缩试验成果中应有 e—lg$P$ 曲线，并提供先期固结压力、压缩指数、回弹指数和与增荷后土中垂直有效压力相应的固结系数，以及三轴不固结不排水剪切试验成果。

④岩土工程勘察报告应评价由新建部分的荷载在既有建筑物地基土中引起的新的压缩和相应的沉降差；评价新基坑的开挖、降水、设桩等对既有建筑物的影响，提出设计方案、施工措施和变形监测的建议。

（四）评价地下水抽降影响的岩土工程勘察要求

在国内外由于城市、工矿地区开采地下水或以疏干为目的的降低地下水位所引起的地面沉降、挠曲或破裂的例子日益增多。这种伴随地下水抽降而来的地面形变严重时，可导致沿江沿海城市的海水倒灌或扩大洪水淹没范围，成群成带的建筑物沉降、倾斜与裂损，或一些采空区、岩溶区的地面塌陷等。

由地下水抽降所引起的地面沉降与形变不仅发生在软黏性土地区，土的压缩性并不很高但厚度巨大的土层也可能出现数值可观的地面沉降与挠曲。若一个地区或城市的土层巨厚、不均或存在有先期隐伏的构造断裂时，地下水抽降引起的地面沉降会以地面的显著倾斜、挠曲，以至有方向性的破裂为特征。

评价地下水抽降影响的岩土工程勘察应符合下列要求：

①研究地下水抽降与含水层埋藏条件、可压缩土层厚度、土的压缩性和应力历史等的关系，做出评价和预测。

②表现为地面沉降的土层压缩可以涉及深处的土层，这是因为由地下水抽降造成的作用于土层上的有效压力的增加是大范围的。因此，岩土工程勘察需要勘探、取样和测试的深度很大，这样才能预测可能出现的土层累计压缩总量（地面沉降）。因此，勘探孔深度应超过可压缩地层的下限，并应取土试验或进行原位测试。

③压缩试验成果中应有 e-lg P 曲线，并提供先期固结压力、压缩指数、回弹指数和与增荷后土中垂直有效压力相应的固结系数，以及三轴不固结不排水剪切试验成果。

④岩土工程勘察报告应分析预测场地可能产生的地面沉降、形变、破裂及其影响，提出保护既有建筑物的措施。

（五）评价基坑开挖对邻近建筑物影响的岩土工程勘察要求

深基坑开挖是高层建筑岩土工程问题之一。高层建筑物通常有多层地下室，需要进行深挖；有些大型工业厂房、高耸构筑物和生产设备等也要求将基础埋置很深，因而也有深基坑问题。深基坑开挖对相邻既有建筑物的影响主要有：①基坑边坡变形、位移甚至失稳的影响；②由于基坑开挖、卸荷所引起的相邻地面的回弹、挠曲；③由于施工降水引起的邻近建筑物软基的压缩或地基土中部分颗粒的流失而造成的地面不均匀沉降、破裂，在岩溶、土洞地区施工降水还可能导致地面塌陷。

岩土工程勘察研究的内容就是要分析上述影响产生的可能性和程度，从而决定采取何种预防、保护措施。评价基坑开挖对邻近建筑物影响的岩土工程勘察应符合下列要求：

①搜集分析既有建筑物适应附加沉降和差异沉降的能力，与拟挖基坑在平面与深度上的位置关系和可能采用的降水、开挖与支护措施等资料。

②查明降水、开挖等影响所及范围内的地层结构，含水层的性质、水位和渗透系数，土的抗剪强度、变形参数等工程特性。

③岩土工程勘察报告除应符合基坑工程的要求外，尚应着重分析预测坑底和坑外地面的卸荷回弹，坑周土体的变形位移和坑底发生剪切隆起或管涌的危险，分析施工降水导致的地面沉降的幅度、范围和对邻近建筑物的影响，并就安全合理地开挖、支护、降水方案和监测工作提出建议。

信息法的施工方法可以弥补岩土工程分析和预测的不足，同时还可积累宝贵的科学数据，提高今后分析、预测水平。因此，应加强基坑开挖过程中的监测工作。

（六）评价地下开挖对建筑物影响的岩土工程勘察要求

地下开挖对建筑物的影响主要表现为：

①由地下开挖引起的沿工程主轴线的地面下沉和轴线两侧地面的对倾与挠曲。这种地面变形会导致地面既有建筑物的倾斜、挠曲甚至破坏；为了防止这些破坏性后果的出现，岩土工程勘察的任务是在勘探测试的基础上，通过工程分析，提出合理的施工方法、步骤和最佳保护措施的建议，包括系统的监测。

②地下工程施工降水，其可能的影响和分析研究方法与基坑开挖的施工降水相同。

评价地下开挖对建筑物影响的岩土工程勘察应符合下列要求：

①分析已有勘察资料，必要时应做补充勘探测试工作。

②分析沿地下工程主轴线出现槽形地面沉降和在其两侧或四周的地面倾斜、挠曲的可能性及其对两侧既有建筑物的影响，并就安全合理的施工方案和保护既有建筑物的措施提出建议。

③提出对施工过程中地面变形、围岩应力状态、围岩或建筑物地基失稳的前兆现象等进行监测的建议。

在地下工程的施工中，监测工作特别重要。通过系统的监测，不但可验证岩土工程分析预测和所采取的措施正确与否，而且还能通过对岩土与支护工程性状及其变化的直接跟踪，判断问题的演变趋势，以便及时采取措施。系统的监测数据、资料还是进行科学总结、提高岩土工程学术水平的基础。

参考文献

[1] 李林 . 岩土工程 [M]. 武汉理工大学出版社有限责任公司，2020.08.

[2] 李向阳，张石虎 . 岩土工程便捷设计导图 [M]. 武汉：中国地质大学出版社，2020.12.

[3] 顾金才，沈俊，陈安敏 . 岩土工程预应力锚索加固机理及设计计算方法研究 [M]. 武汉理工大学出版社有限责任公司，2020.06.

[4] 王志佳，吴祚菊，张建经 . 岩土工程振动台试验模型设计理论及技术 [M]. 成都：西南交通大学出版社，2020.08.

[5] 沈小康 . 岩土工程勘察与施工 [M]. 西安：陕西科学技术出版社，2020.07.

[6] 徐长节，童立红 . 交通岩土工程 [M]. 北京：机械工业出版社，2020.

[7] 卢玉南 . 广西岩土工程理论与实践 [M]. 长春：吉林大学出版社，2020.08.

[8] 李保，龚建波 . 岩土工程绘图编程实例 [M]. 北京：地质出版社，2020.01.

[9] 雷斌，尚增弟 . 大直径潜孔锤岩土工程施工新技术 [M]. 北京：中国建筑工业出版社，2020.

[10] 夏飞，阮艳彬，王云 . 中欧岩土工程设计标准对比分析 [M]. 人民交通出版社股份有限公司，2020.

[11] 王祥国 . 岩土工程与隧道施工技术研究 [M]. 成都：电子科学技术大学出版社，2020.07.

[12] 龚晓南，沈小克 . 岩土工程地下水控制理论、技术及工程实践 [M]. 北京：中国建筑工业出版社，2020.01.

[13] 席永慧 . 环境岩土工程学 [M]. 上海：同济大学出版社，2019.06.

[14] 谢东，许传遒，丛绍运 . 岩土工程设计与工程安全 [M]. 长春：吉林科学技术出版社，2019.05.

[15] 赵斌，张鹏君，孙超 . 岩土工程施工与质量控制 [M]. 北京工业大学出版社有限责任公司，2019.10.

[16] 王鹏，李红建，吴健 . 岩土工程检测技术研究与特殊岩土工程检测 [M]. 北京工业大学出版社有限责任公司，2019.10.

[17] 马明，童静波，刘良平 . 水利水电勘探及岩土工程发展与实践 [M]. 武汉：中国地质大学出版社，2019.10.

[18] 刘克文，沈家仁，毕海民 . 岩土工程勘察与地基基础工程检测研究 [M]. 文化发展出版社，2019.06.

[19] 刘先林 . 三维地质建模技术在交通岩土工程中的应用 [M]. 长春：吉林大学出版社，2019.03.
[20] 夏才初，陈忠清 . 岩土与地下工程监测实验指导书 [M]. 上海：同济大学出版社，2019.10.
[21] 王博，任青明，张畅 . 岩土工程勘察设计与施工 [M]. 长春：吉林科学技术出版社，2019.05.
[22] 李振华 . 岩土工程施工技术与安全管理 [M]. 北京工业大学出版社有限责任公司，2019.10.
[23] 秦荣 . 岩土工程分析的新理论新方法 [M]. 北京：科学出版社，2019.11.
[24] 孙铁成 . 岩土工程仿真分析理论篇 [M]. 科学出版社，2019.09.
[25] 王笃礼，黎良杰 . 航空工业岩土工程技术新进展 [M]. 北京：中国建筑工业出版社，2019.07.
[26] 黄传志 . 岩土工程极限分析理论与方法 [M]. 北京：人民交通出版社，2019.09.
[27] 刘春 . 地质与岩土工程矩阵离散元分析 [M]. 北京：科学出版社，2019.06.
[28] 夏向进 . 岩土工程勘察技术及现场管理研究 [M]. 哈尔滨工业大学出版社，2019.03.
[29] 范美宁，管彦武，许家姝 . 勘查地球物理教程 [M]. 北京：地质出版社，2018.06.
[30] 刘代志 . 资源・环境与地球物理 [M]. 西安：西安地图出版社，2018.10.
[31] 刘光鼎 . 地球物理通论 [M]. 上海：上海科学技术出版社，2018.01.
[32] 井柳新 . 地下水污染场地地球物理探测技术及应用 [M]. 中国环境出版集团，2018.12.
[33] 熊盛青，周锡华，薛典军 . 航空地球物理综合探测理论技术方法装备应用 [M]. 北京：地质出版社，2018.11.
[34] 曾绍发 . 工程与环境地球物理 [M]. 北京：地质出版社，2018.06.
[35] 杨勤勇 . 页岩气地球物理技术 [M]. 北京：中国石化出版社，2018.03.